# 污染水文地质学原理（原书第二版）

〔美〕克里斯托弗·帕尔默　著
邓一荣　张鲁钧　吕明超 等　译

科学出版社
北京

图字号：01-2020-5349

## 内 容 简 介

本书以污染场地调查、监测、修复和环境监管为主线，重点介绍污染水文地质学的基本原理，污染物迁移途径及调查方法，地下勘探、样本采集及测绘，地下水监测井设计和安装，地下水监测井采样，监管和法律框架，地下水地球化学和含水层分析，修复技术和案例等，旨在阐述污染水文地质条件对场地土壤和地下水环境调查的重要作用，剖析典型污染场地修复技术特点，推动场地环境调查方法和污染场地修复技术的应用和发展。

本书可供从事水文地质调查和场地环境调查修复相关工作的工程技术人员、科研人员和管理人员参考，也可供高等院校环境科学与工程、土壤学、水文地质及相关专业师生参阅。

Principles of Contaminant Hydrogeology, 2nd Edition / by Christopher M. Palmer / ISBN: 978-1-5667-0169-3



**图书在版编目(CIP)数据**

污染水文地质学原理：原书第二版/（美）克里斯托弗·帕尔默（Christopher M. Palmer）著；邓一荣等译. —北京：科学出版社，2024. 1

书名原文：Principles of Contaminant Hydrogeology（2nd Edition）

ISBN 978-7-03-076992-3

Ⅰ. ①污… Ⅱ. ①克… ②邓… Ⅲ. ①水污染-水文地质学 Ⅳ. ①X143

中国国家版本馆 CIP 数据核字（2023）第 220699 号

责任编辑：王 倩 / 责任校对：樊雅琼

责任印制：赵 博 / 封面设计：无极书装

科学出版社 出版

北京东黄城根北街 16 号

邮政编码：100717

http://www.sciencep.com

北京富资园科技发展有限公司印刷

科学出版社发行 各地新华书店经销

*

2024 年 1 月第 一 版 开本：787×1092 1/16

2024 年 9 月第二次印刷 印张：13 1/4

字数：300 000

**定价：178.00 元**

（如有印装质量问题，我社负责调换）

# 编译工作组

**组　　长：** 邓一荣　张鲁钧　吕明超

**成　　员：** 姜利国　邓达义　金　彪　梁　医
祝晓彬　吴　鸣　张　晋　刘宝蕴
李书鹏　廖高明　熊韡慧　程功弼
陆海建　李洪伟　常春英　廖　静
刘丽丽　李韦钰　杨　婕　李　硕
钟名誉　王　俊　吴　俭　闫洛菲
张维琦

**校核人员：** 丁爱中　高志明　何建仁　卢至人
林财富　王兴润　汪　军　徐　建

**技术顾问：** 汪永红　李朝晖　彭平安

# 中 文 版 序

土壤环境质量关系食品安全和人居环境安全，但当前我国土壤环境总体状况不容乐观，部分地区土壤污染较为严重，这已成为全面建成小康社会的突出短板之一。为此，国家日益重视土壤污染防治工作，并于2016年5月印发了《土壤污染防治行动计划》，2018年8月31日第十三届全国人民代表大会常务委员会第五次会议通过了《中华人民共和国土壤污染防治法》，这是党中央、国务院推进生态文明建设，坚决向土壤污染宣战的一项重大举措。正处于高速建设发展时期的中国城市，用地范围不断扩张，用地功能急剧演化，社会经济形态和产业结构的转变导致的工业退役场地与人居环境安全问题愈发明显，城市“退二进三”进程中，大量老工业企业用地转变成为商住用地，需统筹考虑场地土壤和地下水污染状况调查、修复等工作。

污染地块的生产格局、污染物类型与地质条件共同影响污染物分布特征，水文地质条件对污染物迁移存在重要影响，水文地质调查是污染地块土壤污染状况调查的重要部分。水文地质调查能够查明地块内各土层的渗透性，判断相对隔水层和透水层的分布特征，这些信息为建立场地水文地质模型、设计污染土壤取样范围和深度、确定地下水监测井设置深度和滤网位置提供科学依据，从而有效节约调查经费，提高调查结果的准确性。获取的污染水文地质数据，不仅能使布设的土壤点位和采集的土壤样品深度更具科学性和代表性，设计的地下水监测井位置、深度和滤水管设置更符合地块地下水流场特征，还能使调查的土壤和地下水污染深度及范围更加准确，更有利于污染地块的精准化修复。

土壤及地下水修复领域所涉及的专业知识相当广泛，对我们来说，真的是所谓“活到老学到老”。该书比较系统全面地介绍了土壤和地下水调查及修复领域的基础知识，对我国从事土壤及地下水调查与修复、环境工程实践、环境管理与技术咨询服务工作的人员有很好的参考和借鉴意义，对从事土壤及地下水调查技术研发和环境科学基础与应用研究的科学家及技术人员也有重要的参考价值。

[signature]

2022年10月1日

# 中文版序

# 译者前言

土壤是人类赖以生存和国家文明建设的基础性自然资源。土壤圈是地球表层系统最为活跃的圈层，连接着大气圈、水圈、岩石圈和生物圈，具有显著的区域差异性。近年来，随着经济社会的快速发展，我国土壤污染越来越普遍，呈现区域化态势，威胁国家农产品安全、人居环境安全和生态环境安全。土壤污染防治是打好、打赢污染防治攻坚战的重要内容，也是保护和改善生态环境、保障公众健康的一项重要措施。调查是了解土壤污染情况的基本手段，掌握地块的水文地质情况，对有效节约调查经费及提高调查结果的准确性至关重要。

克里斯托弗·帕尔默（Christopher M. Palmer）先生是一位有丰富土壤及地下水修复经验的水文地质学家。他将自己多年从事土壤及地下水调查与修复的经验系统地书写出来，本书是其心血之作。受其委托，邓一荣、张鲁钧等组织将本书译为中文版本，希望对国内土壤及地下水污染状况调查与修复工作起到促进作用。

目前，国内的土壤及地下水污染防治工作仍处于起步阶段，土壤及地下水修复市场快速发展，需进一步提升土壤及地下水调查与修复技术水平。本书对水文地质理论、调查技术、法规及修复技术做了精要的阐述，是一本不可多得的夯实土壤及地下水修复基础的佳作。

本书共分为9章，第1章主要叙述水文地质的基础知识，第2~5章详述场地调查技术的内容，第6章讲述美国土壤及地下水法令架构，第7~8章讲述在进行土壤及地下水修复前需了解的含水层特性及需获取的相关含水层的参数，最后第9章精要叙述主要土壤及地下水修复技术的选择方法。

本书的编译出版得到国家重点研发计划项目（2022YFC3703105、2018YFC1800806）、中央土壤污染防治专项资金项目、国家自然科学基金资助项目（U1911202）的支持。广东省生态环境厅自然生态保护处（土壤生态环境处）对编译工作给予了大量指导和帮助，在此一并致谢。希望本书的出版能为我国大力实施土壤污染防治，特别是工业污染地块调查和治理修复工作提供有益借鉴。

由于译者经验和水平有限，书中难免存在疏漏之处，望同行和读者批评指正。

邓一荣

2022年10月1日

# 原书前言

本书旨在指导初学者了解并帮助专业人士回顾污染水文地质学的基本原理。书内大部分材料在加州大学圣克鲁兹分校区所教授的地下水监测入门课程与其他的一些研讨会成果的基础上进行了改良。很多学生在修读该课程时表现出了参加关于地下水污染处理工作的渴望，但只有少部分人真正了解到地下勘探过程中需要应用的知识。此外，很多学生都没有意识到调查时应当注意的饱和带与非饱和带，以及遵守场地治理守则的重要性。因此，本书希望通过回顾一些地理学与水文地理学顾问们常用的解决问题的方法，来达到监管指导并为客户履行义务的目的。

作为一位水文地质学顾问，目标通常是制定一个准确的，并能够为工厂/客户群提供合适的规章制度的地下污染处理计划。在判定污染程度、场地修复的有效程度与花费时，调查所得数据的准确性对其有着深远的影响。所有调查工作都应致力于了解影响污染物迁移和场地修复有效性的因素。

调查水文地质污染时，应以基本地理性质为重点。若要了解水文地质学，就得先了解地质结构——含水层、弱透水层、水质、孔隙度、渗透性等。Davis（1987）指出，水文地质学领域源于地质科学，而不是工程或其他领域。场地地质通常会被过度简化，甚至忽略，这对工作者来说是一种悲哀。这里并不是说工程学原理、化学以及实验分析是不必要或可以不优先考虑的。污染物调查通常是一项多学科的研究。然而，对于钻研水文地质学的个人来说，应当具备关于地下的数据收集与对其进行说明等相关的地理及衍生领域的学术能力。因此，正确地进行水文地质学类的样本制作、测试相关的技术也至关重要。这样一来，对污染物迁移的解释也会变得更加容易理解。

尽管本书旨在介绍地质调查的概况，但对场地地质、地层学和含水层性质的理解，仍应作为读者的主要目标。污染物的定位以及污染修复的成功皆取决于此。不够清晰的地下地质调查通常会导致对地下的理解不够充分，从而导致对地下水以及污染物迁移的了解更加困难。通常情况下，在一个项目中，我们需要使用有限的资金与资源去完成对污染的研究。由于地质材料的易变性，我们永远都无法拥有足够的资金去深入到每一个孔以得到所有问题的绝对正解。

一个成功的问题定义，取决于工作者在地下场地的水文地质中收集到的样本的质量与数量。由于地质调查的独特性，在每一次地下调查中，必须对数据的合适程度做出审定。在个别区域信息不足的情况下，这些数据与模型将会被用来推断出该区域的地质状况。因此，为了满足数据外推的需要，地下的信息获取理应为最值得投入时间、资金以及进行监管约束的环节。当修复系统构建完毕并开始检测治理情况时，水文地质数据的合适程度与外推的合理性将受到极大的考验。

一项调查的执行过程往往涉及很多互相关联的领域，其中包含了现场踏勘、钻探技术、采样方法、污染物迁移的基本原理以及场地修复。专业工作者应当时刻保持对最新的文献、仪器、分析技术、地下水情况与相关书籍的了解，以及每时每刻都有可能发生变化的管制规则。对于新人以及监督水文地质污染项目的负责人来说，有必要去仔细整合研究过程中不同的思路，由此保证所报告信息的合理性。在必须完成一项技术方案的目标时，需考虑到该目标的合法性、经济效应，以及是否偏离道德准则，这些因素与项目目标同等重要。本书并非开启一切答案的万能钥匙，也无法手把手、按部就班地教你在处理水文地质的工作上获得成功。比起这些，本书更致力于为水文地质工作新手、化学家、工程师、管理者、律师等培养基础的信息收集能力，构建出基础的水文地质以及污染物模型。

工作者们同时也需要处理好项目预算、与客户的合作关系以及与监管要求的关系。当与客户签约时，通常会约定工作范围，在此范围内通过调查解决客户的难题。然而，这也意味着地理学家们与水文地质学家们必须了解实际应用的限制以及牵扯到的法律问题。项目的预算通常被用在特定的工作范围内，预算的多少直接决定了能收集到的信息的丰富程度。但是这样一来就有了一个烦恼，在花费了相应的时间与金钱后，收集到多少信息才算合格？所进行的调查工作可以是勘察性或初步性的。在问题被充分确定之前，可能需要经历数个调查阶段之后才能给出正式的“综合性报告”。

一般情况下，水文地质工程师所写出的技术报告也会经非技术人员过目。报告中应清晰地展示最迫切的问题，并且该论点能够被场地数据所支持，即使这可能是个“坏消息”。工作者需要意识到，他们现在接手的这份工作，日后可能被其他业内人士或监管部门带有批判性地审阅。在地下调查中，收集到的数据必须具有合理性与时效性，才能被称为具有先进的技术水平。

本书的目的是让大家对水文地质项目基本问题的处理方法有一个大致的了解。不论是入门工作者、经验充足的专业人士、监管者、律师，还是那些只是单纯抱有兴趣的普通读者，我都希望他们能从中获得帮助。

# 作者介绍

克里斯托弗·帕尔默（Christopher M. Palmer）是一位美国加利福尼亚州圣何塞的执业地理学家与水文地质学家。他拥有水文地质学士和硕士学位，并从1979年起担当该领域的顾问。他也是一位同时在加利福尼亚州、阿肯色州、佛罗里达州以及宾夕法尼亚州注册的地理学家。从1988年开始，帕尔默先生就开始在加州大学圣克鲁兹分校区担任危险材料认证课程的讲师，并数次出席由美国地质学会和美国环境保护署举办的研讨会。帕尔默先生对应用地质学、水文地质学、污染物转移、场地评估与治理有着浓厚的兴趣。

# 目　　录

# 1 污染物水文地质调查的地质框架

## 1.1 绪　论

通过地下调查的方法可以了解受污染的地下水及其范围，其是水文地质调查的主要方法。场地的地质条件是影响地下水和污染物迁移的物理结构，所以了解场地的地质条件是了解场地水文地质及定义污染物迁移的基础。这些信息对模拟地下水流动、污染物迁移以及场地修复至关重要。在建立地质模型后，可再逐一建立水文地质模型、污染分布模型等。虽然地质环境会因地而异，但均需解答诸如地下水埋深、含水层分布等一系列基础性问题。

调查工作还需结合土壤学、应用化学和环境工程的知识。虽然地球物理技术有助于地下调查，但目前还是以钻探为主来收集土壤、岩心、沉积物、土壤气和地下水等污染场地信息。事实上，在工业发达的美国，部分州和联邦法规及政府条文对污染场地的调查已有明确要求。

无论场地大小或者非饱和带（包气带）或饱和带是否存在潜在的污染问题，场地调查皆需收集目前修复标准和相关规范规定的信息。然而这二者之间可能产生冲突，因此场地调查须注意包气带和含水层的地质条件与调查程序，这样可以得到场地的地质状况、水文地质资料、含水层分布、地下水赋存产状和流向、水力梯度、物理和化学监测及含水层抽水试验的信息。这些信息将有助于地质和水文地质专家在地块修复中识别和跟踪污染物。

地表下含有地下水的岩石和地层称为含水层。含水层通常由多孔隙和渗透率较高的物质组成（图1-1），组成的物质有河相沉积物、沉积岩和破碎的变质岩。水力传导系数（透水系数或渗透系数）较小的地层称为隔水层或弱透水层，但需注意其并非完全不透水。

本书将从地质的角度来定义含水层，即以砂和砾石为主的沉积物称为含水层，以粉砂和黏土为主的沉积物则称为弱透水层或隔水层。对裂隙岩含水层进行单独讨论。由于大多数含水层和弱透水层通常为水平分布，故常假设含水层和弱透水层为水平分布，以便说明地下勘探结果以及地下水和污染物的移动。

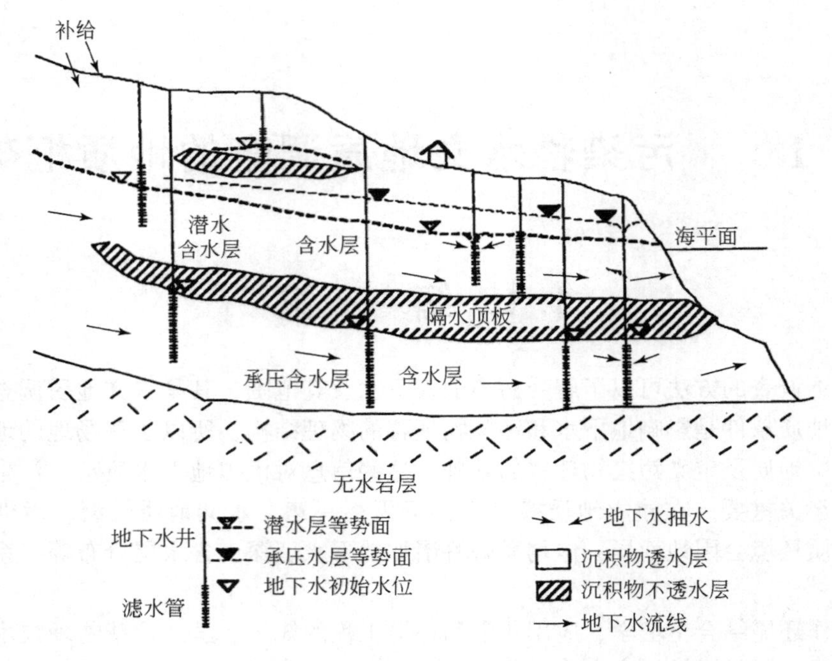


图 1-1　饱和及非饱和含水层水循环

## 1.2　非饱和及饱和层的地质条件

不同类型的地质条件中几乎都有地下水存在。因此，对所有的地质和水文地质环境的详尽回顾已超出了本书所讨论的范围。地下水的产状已在其他教科书中有所描述［如 Davis 和 DeWeist（1966）、Fetter（1988）、Freeze 和 Cherry（1979）、Heath（1982）］，读者可自行参考。本书首先对非饱和带的地质条件进行回顾，然后对地下水产状和流动的一般概念进行回顾。

### 1.2.1　非饱和带（包气带）

一般而言，包气带会覆盖在饱和带（含水层）上方。污染物泄漏后，必须经过这个区域进入含水层。尽管这个区域未含饱和水（即所有可用的孔隙空间都充满了水），但局部区域可能是饱水状态。此时包气带内的水分移动主要受表面张力和毛细管力控制。包气带通常也是挥发性污染物气体或蒸汽产生并移动的区域（图 1-2）。

从地质学的角度而言，包气带是一个非常不均质的区域。其典型的土层皆位于地表，可能经过河流的冲积作用和河滩的沉积作用被逐层埋藏。包气带的厚度可从几英尺①（约

① 英尺符号为 ft，$1ft=3.048\times10^{-1}m$。

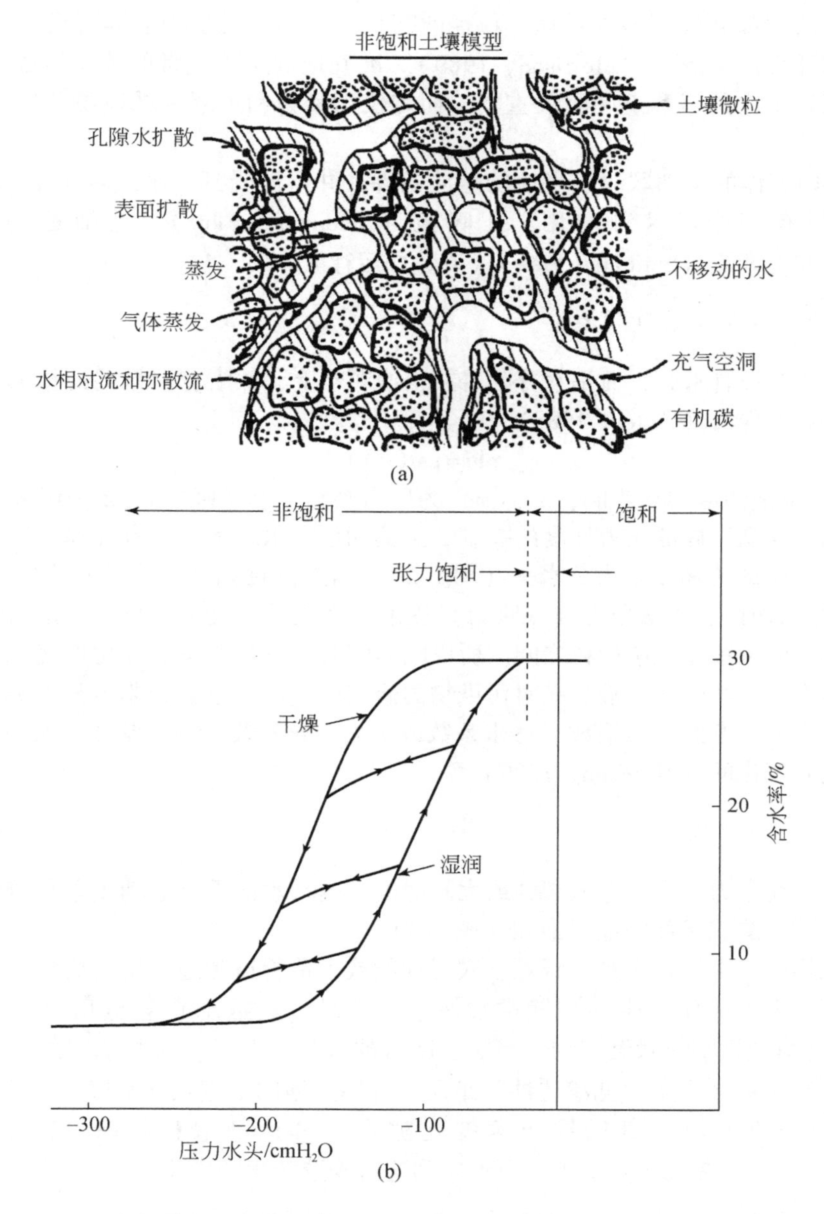


图 1-2 (a) 包气带的土壤模型显示了物质传输和迟滞机制 (Gierke et al., 1985) 和 (b) 土壤含水率、基质吸力 (压力水头) 和水力传导系数间的关系 (Freeze and Cherry, 1979, 1993)

数米) 至几百英尺 (约数百米) 不等。美国西部的冲积盆地为典型的厚层包气带。“土壤”一词可广泛地描述任何非岩石的物质，所以可能会引起某些地质上的误解。例如，场地的土壤可能是被土壤覆盖的破碎岩石，其中包含土壤、崩积物和岩石的混合物，数尺厚的该类型“土壤”可因迅速的水平层状沉积作用而被系统地埋在富含生物的表层土下。此外，大多数污染问题发生在城市环境中，如地下室、地下管线或基坑开挖的土地，其开发活动都会破坏地层层理。粒径的变化、层理、沉积构造等都会对土壤气和液体污染物的迁移产生影响（Morrison，1989）。准确地确定包气带的地质组成，对了解污染物迁移至地下水的运移途径至关重要。而定位污染物和了解区域地质环境通常需要较多努力。

包气带内流体的流动取决于当地的地质条件，并可能受到一个或者多个机制的影响。其影响机制有四个：迟滞作用、孔隙流（Macropore Flow）、毛细运动（Capillary Movement）和饱和流（Saturated Flow）（或达西定律）。

#### 1.2.1.1 迟滞作用（现象）

包气带并非没有水分，而是水分附着在土壤颗粒上，并沿着颗粒间的孔隙流动。非饱和流动的一般方程为（Fetter，1988）

$$\text{phi}=\text{psi}(\varphi)+Z$$

式中，phi 为不饱和流的总势能；psi（$\varphi$）为压力水头（基质吸力）；$Z$ 为位置水头。

流体运动会受到局部压力梯度的控制。土壤和地下水之间的吸力（通常以 $cbar/cm^3$ 为单位）对包气带的传输效果为负水头（图 1-2）。当土壤逐渐达到饱和状态时（即有效孔隙逐渐被水充满时），土壤压力（或吸力）逐渐下降至零。反之，当土壤排水时，吸力增加，直至使水分滞留在土壤颗粒之间。所以吸力随着土壤含水率的变化而变化，此作用也适用于污染物在土壤中的传输。在对污染物的研究中，饱和土壤和非饱和土壤之间最重要的区别是非饱和土壤的渗透系数（透水系数或水力传导系数）不是常数，而是随着土壤含水率的变化而变化的（Morrison，1989）。

#### 1.2.1.2 孔隙流

当地表水在重力作用下进入裂隙或大孔隙时，这种水的垂直运动现象会持续进行直到裂隙被水填满，造成局部的地层饱和（图 1-3）。

在沉积物中，由植物根系、蚯蚓、穴居动物或人造管道和地基所形成的孔洞和裂隙是常见的。黏土因干燥而产生的裂缝常常深达几英尺（约数米）甚至几十英尺（约几十米），其中常填充粗颗粒状沉积物。当黏土逐渐被水分浸湿后，这些填充的颗粒状沉积物可以使流体迅速贯穿这类“低渗透性”地层，并明显地向下流入含水层。这种垂直的水流会以一个较慢速度填充其四周土壤的孔隙直至其达到饱和状态（Morrison，1989；U. S. EPA，1987）。在现场调查中，须考虑到这些构造产生的影响。

#### 1.2.1.3 毛细运动

毛细运动发生在紧邻饱和带的上方区域。有效孔隙中的水分因为表面张力产生与重力方向相反的垂直运动。毛细运动可达到的高度取决于粒径大小。黏土和粉砂的孔隙要小得多，有助于液体借表面张力的作用往上移动（Hillel，1980）。因此，黏土或粉砂的毛细运动可达到的高度比砂和砾石的高。

#### 1.2.1.4 饱和流

当足够的水聚集在不透水层上并使孔隙饱和时，就会发生饱和流动，造成位于含水层

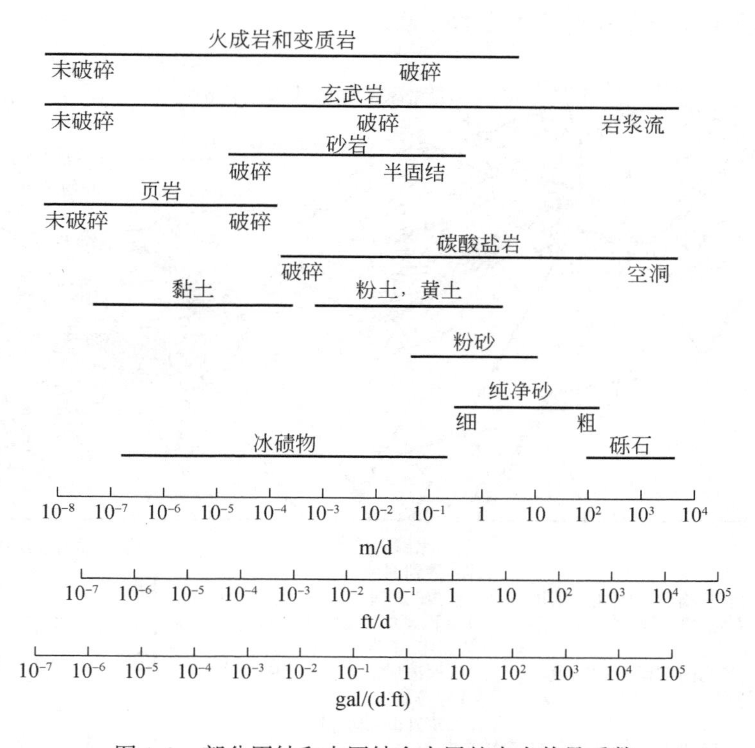


图 1-3　部分固结和未固结含水层的水力传导系数

之上呈透镜状的“上层滞水”。其范围可能很小也可能很大，形成局部的“迷你含水层”。在这种情况下，达西定律可用于模拟液体的运动。如果存在大量的水或污染物，起初在非饱和状态下，其可能是横向或水平移动，饱和后便以垂直运动为主。

## 1.2.2　饱和地质环境——含水层

本节将简要回顾在水文地质研究中可能遇到的三种地质环境：火成岩-变质岩环境、沉积环境和冲积盆地，并在本书中以这三种环境类型作为含水层的例子进行讨论。此种对地下水产状的讨论与美国环境保护署开发的用于污染调查的地质等级评定 DRASTIC 模型有些相似（Heath，1984；Aller et al.，1988）。下面的论述并不是为了修正 DRASTIC 方法或其他已经建立的水文地质常识，只是让读者参考由以下讨论所引出的文献。其目的是介绍在不同地层中，孔隙度和渗透率如何影响地下水的产状［关于这部分内容的详细回顾，请参考 Back 等（1988）］。

污染水文地质调查最基本的目的是定位和确认可作为饮用水水源的含水层，以实现保护该水资源的目的。因此，环境调查工程师需要正确地认识地质特性和地质环境，从而选择合适的调查方法。显然，对于需要修复的场地，在任何情况下均需评估其独特的水文地质条件。不同类型岩石，其地质组成各不相同。图 1-3 展示了不同类型岩石和沉积物的粒径及其典型孔隙度和渗透率的关系（Heath，1982；Morris and Johnson，1967）。图 1-4 展示了理想的地质单元分布和地下水流的关系。

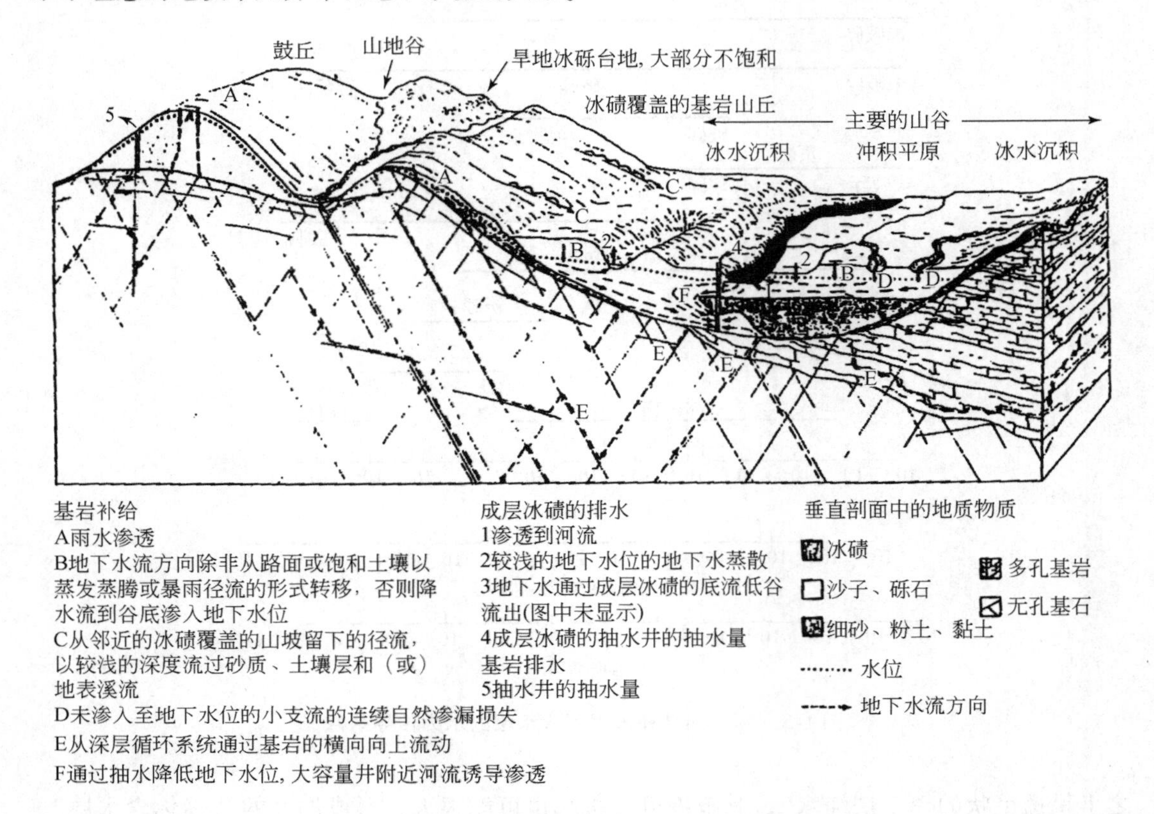


图 1-4　地质单元和地下水流的理想分布

非比例图。山谷占据5%~30%的盆地面积（Randall，1988）

### 1.2.2.1　火成岩–变质岩

结晶的火成岩或变质岩以及一些完全岩化或轻微变质的沉积岩皆属于此类岩层。此类岩层为弱透水层，严格来说并不具有水资源的特性。地下水一般在其节理、裂隙、构造间断面、矿物或变质沉积颗粒之间的孔隙流动。裂隙密集且补给丰富的地区，会具有较大的局部出水量。在火成岩或变质岩地层中，裂隙带通常产生于地层300ft（91.44m）以上，其上覆的冲积物或风化带有较多的且能储存水分的有效孔隙，从而形成储水层。但是大多数裂隙会随着深度的增加而逐渐闭合，仅有少数的裂隙能深入地下。地下水的储量也相应减少。尽管层流假设可能并不适用于裂隙流，但并不妨碍描述裂隙系统中的水流流动和传输现象。

### 1.2.2.2　沉积岩

沉积岩包括岩化或半岩化的沉积物，以及化学沉积物（如石灰岩）。沉积岩的孔隙度和渗透率往往要大于火成岩或变质岩。地下水资源在砂岩和石灰岩中更丰富，而在粉砂岩和页岩中相对较少。尽管在高度岩化或胶结的岩石中，裂隙可能成为地下水流动的主要通道，但水流通常流动于颗粒间的孔隙或孔洞中。

一般层状含水层和隔水层系统的“传统”模型可以在这些地形中实现。在这些地形中，我们通常假设含水层为水平可无限延展的地层。

碳酸盐岩中的水流路径可能通过裂隙与颗粒间的孔隙流入溶洞中。岩层中溶洞的形成和充填、角砾岩的存在和成岩变质作用的出现以及地层内部的成层作用，都可能影响水流的速度和方向，从而使得水流的路径变得难以预测。地下水经孔隙和溶洞向下游流动，可能会在地表形成泉水或河流。可以用示踪剂来跟踪碳酸盐岩中水的流动情况。碳酸盐岩的水文地质条件在本书中不予讨论，相关内容可参考 White（1988）以及其他资料。

## 1.3 冲积盆地和沉积环境的介绍

冲积盆地是沉积物在河流作用下沉积所形成的洼地，其沉积环境包括冲积扇、河流、河漫滩、冰川沉积和湖泊等。这些沉积物在山间形成大量可用的地下水资源，特别是在美国西部，如加利福尼亚州圣华金河谷（San Joaquin Valley）的巨厚沉积物，其巨大的潜水含水层和承压含水层蕴藏着极丰富的地下水资源。亚利桑那州和内华达州类似的冲积盆地满足了凤凰城和拉斯维加斯的用水需求。部分冲积盆地可能非常小，如在山间悬谷的水资源仅足够供给小城市甚至单个家庭使用。冲积盆地中的地下水产状与沉积岩相似：砂岩层为含水层，粉砂岩和黏土层形成隔水层。由于高度城市化地区往往是在地势相对较平坦的区域，其地下水会受到更多污染的威胁。关于美国地下水区域的详细介绍，详见 Heath (1984)。

冲积盆地的地层形成于特定的沉积环境，其砂岩和黏土层的构造和产状详见图 1-5 和图 1-6（Reineck and Singh，1986）。砂砾、砂、粉砂土、黏土的比例及组成会影响地层的水力传导系数。沉积物依沉积环境的不同分为连续沉积和不连续沉积两种。层间组织会使砂层和黏土层形成砾级层和互层等沉积物构造。场地地质和环境的关系已在多篇调查报告的地质剖面中被反复描绘（Vishner，1965）。冰川的沉积作用可形成黏土质的湖泊沉积物、河道砂砾石、冰水沉积物或上述沉积物的组合。然而，如果能确认沉积环境的类型，并且调查人员对沉积环境有一定的了解，那么就有可能预测沉积层的位置。除非利用这些地质知识，否则很难对含水层和隔水层系统的构造和层理进行合理解释，对地下污染区域的确认也同样困难。

表 1-1 列出了典型沉积环境的特征，以便说明这些地区的沉积物分布情况。一旦识别出这些特征，就可以估计出沉积构造、位置和水平分布范围。如此就可以将含水层概念模式化，并可以了解含水层和隔水层之间的分布关系。这是了解地下水的位置、帮助识别可能的污染途径、评估地下水的出水量和污染物的移动方向的有力工具。

| 环境 | | | | | 沉积模型 |
| --- | --- | --- | --- | --- | --- |
| 潮间环境 | 三角洲环境 | 三角洲上部平原 | 曲流带 | 河道 | 三角洲型式：鸟足–舌形（三角洲平原；三角洲上部平原；三角洲下部平原；湖；三角洲平原沉积环境；外缘） |
| | | | | 自然堤 | |
| | | | | 沙洲 | |
| | | | 泛滥盆 | 河流、湖泊及沼地 | |
| | | 三角洲下部平源 | 支流之河道 | 河道 | 尖弧三角洲（感潮河道；海流） |
| | | | | 自然堤 | |
| | | | 支流间之区域 | 沼泽、湖泊感潮河道、潮间平原 | |
| | | 三角洲边缘 | 三角洲前缘 内 | 河口沙洲沙滩区、潮间平原 | 河口三角洲（大陆棚） |
| | | | 三角洲前缘 外 | | |
| | | 三角洲末稍 | | | |

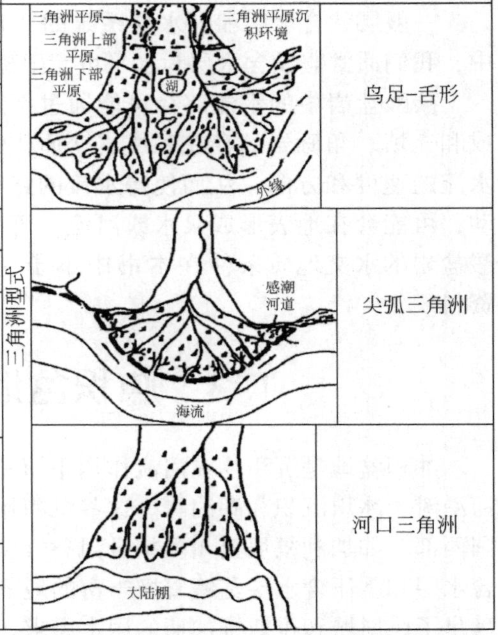

图 1-5 碎屑作用下的三角洲沉积模型（LeBlanc，1971）

| 环境 | | | | | 沉积模型 |
| --- | --- | --- | --- | --- | --- |
| 陆地 | 冲积(河流) | 冲积扇(扇的顶、中、基部) | 河流 | 河道 | 冲积扇（扇顶；扇中；扇底；辫状河道和废弃河道；路面；盐田） |
| | | | | 片洪 | |
| | | | | 筛选沉积 | |
| | | | 滞流 | 碎屑流 | |
| | | | | 泥石流 | |
| | | 辫状河 | 河道(大小不一) | | 辫状河流（纵面沙洲；横状沙洲） |
| | | | 沙洲 | 纵横 | |
| | | 曲流河(冲积谷) | 曲流带 | 河道 | 曲流河（曲流带；自然堤；河曲沙洲；河道；流向） |
| | | | | 自然堤坝 | |
| | | | | 边滩 | |
| | | | 泛洪区 | 河流、湖泊和沼泽 | |
| | 风成 | 沙丘 | 海岸沙丘 | 类型：横向沙丘、(纵向)新月形沙丘、抛物线穹顶形 | 海岸沙丘（沙滩；流向；老的沉积物）；沙漠沙丘 |
| | | | 沙漠沙丘 | | |
| | | | 其他沙丘 | | |

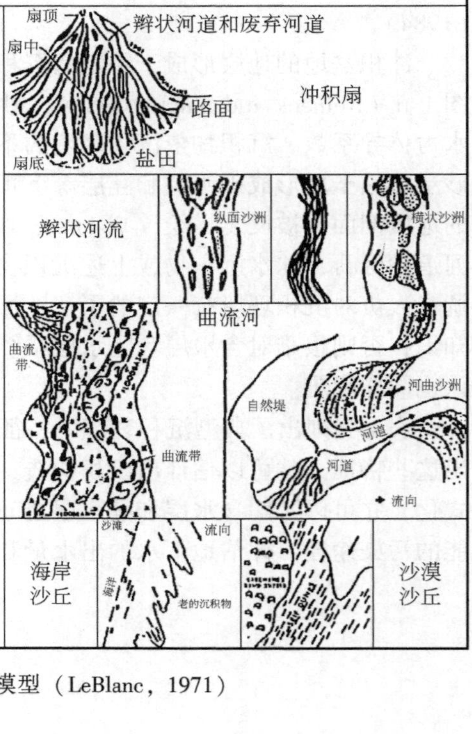

图 1-6 碎屑作用下的冲积扇和风积模型（LeBlanc，1971）

表 1-1　五种沉积环境的普遍特征

| 沉积环境类型 | 沉积物类型 | 典型的地质层 | 垂直循环沉积物 |
| --- | --- | --- | --- |
| 冲积扇 | 砂质黏土；一条主河道与许多废河道 | 较为杂乱，颗粒向扇尾逐渐变细；砂层与砾石层界限不明显 | 无次序；砾石含量丰富，河道中有砂，各层在水平和垂直方向不连续 |
| 辫状河 | 砂/粗砾，少量的粉砂或黏土；有许多河道 | 以砂为主；有砾石夹层 | 砂/砾石层可分辨且垂直堆积，粉砂/黏土层薄且不连续 |
| 曲流河 | 砾石、砂质粉土和黏土；为一条大型河道 | 横向延伸的粗砾岩层，通常局限于河道沉积 | 砾石/砂和粉砂/黏土层垂直叠加，两者在水平方向都连续 |
| 曲流河/河漫滩 | 河道中主要有黏土、砂和细砾石；由大的弯曲河流组成 | 黏土层夹薄砂层，少有砂砾和细砾河道 | 黏土层水平方向连续分布；黏土层的管状河道中含有沙和细砾石 |
| 冰川 | 存在岩石、砾石至黏土；因地理位置和冰川的历史而异 | 杂乱的；冰水沉积物为砂/砾石以及冰碛砂/黏土；还有粉土-黄土地层 | 因冰川史有无沉积循环的不同，可能有辫状河地层、冰碛、冰水和黄土在水平方向上连续出现 |

## 1.3.1　冲积扇

冲积扇环境形成于河川流入平坦山谷的山脚下。活跃的板块运动使盆地下沉，因此大量的沉积物堆积在山脚处，最终沉积在山谷中。这些沉积物的粒径可能很大，当由河流带离山脉时，随着河水向下游流动，在靠近山脉的地方沉积，因此靠近山脉的区域沉积物较多。随着河川能量的降低，挟带的沉积物便由巨砾逐渐变为细砾、砂、粉砂和黏土，偶尔粒径大小相近的沉积物会同时沉积（如碎屑流）。河流支流的淘选作用较差，所以其切割的沉积物地层的分选度较差。山脚下的沉积盆地中也有相同的状况，为崩积物。

## 1.3.2　辫状河

辫状河环境发生在冲积扇的下游处，但二者具有渐变关系。辫状河在冲积河谷中占有大量的支流河道。河流能挟带和淘选所有的沉积物，包括全部的砾石、砂、粉砂和黏土，并且河流有足够的能量挟带粉土和黏土顺流而下。当河流有最大负载力时，其挟带的砾石便会出现在河曲沙洲中；当能量降低时，河曲沙洲中便不会沉积砾石，砂会替代砾石在河曲沙洲的河道弯曲处沉积。直到河流下次达到最大负载力时（如暴雨等），砾石才会再次沉积。砂层的沉积分布较广且均匀，砾石的沉积则较不连续。当河流水速很低时，粉土和黏土就会开始沉积下来。这些细粒沉积物不太常见且分布不多。

## 1.3.3　曲流河与河漫滩

曲流河形成于沉积时间长、河流坡度较缓的地方。例如，被巨厚的沉积物（数千到数万英尺厚）所覆盖的密西西比河河谷。河流由于坡度的关系，形成正弦状的一个环形的回路状河道。重复的侵蚀和沉积作用，使得河道下切深层的沉积物如细粒和粗砂，如此循环产生细砾在下、粗砂在上的现象。当河流泛滥时，砂则会形成河堤。当河川切过迂回的河道时，产生截流现象，留下的旧河道称为牛轭湖（Oxbow Lake）。此湖会逐渐被洪水泛滥时所带来的粉土和黏土所填满。当这个过程发生时，有机物也会随之沉积，形成富含腐殖质的环境。当河流坡度更缓时，三角洲可能会形成泥炭沉积（与上述两种环境的河川能量形成对比）。

河漫滩与河道沉积是密切关联的。当河流泛滥时，粉土和黏土（悬浮荷载）将流出河道进入河漫滩。当洪水退去时，河道变缓，粉土和黏土会沉积下来。偶尔河堤决堤也会产生类似的效果。由于沉积物会因压密作用变得紧凑，盆地会下沉，粉土和黏土会形成分布广泛的沉积物。长时间作用下，细粒沉积物会覆盖河道，形成包裹砂及细砾的黏土层。砂及细砾通常为薄层，且仅在局部出现。河道可能再度通过此区域下切及沉积作用，形成相当复杂的地层。

### 1.3.4 冰川沉积物

不同厚度的冰川沉积物覆盖了美国的北部地区及山谷。最近的地质历史中，较老的沉积物可能会被覆盖、移动或再次沉积。Stephenson 等（1988）描述了以下冰川类型的沉积物。

冰碛物（Till）：沉积物直接由冰川沉积，未经淘选，通常含水潜力较差。

冰水沉积物（Glaciofluvial）：伴随冰川的水流挟带的沉积物，含有淘选过的砂及砾石，具有成为良好含水层的潜质。冰川活动形成的湖泊沉积物具有丰富的含水潜力。

冰湖沉积物（Glaciolacustrine）：冰河活动形成的湖泊沉积物，含水潜力多样。

黄土（Loess）：可由非冰川活动造成，但其通常由冰川活动造成，形成粉土沉积的地表景观，其含水潜力不一。

地层非常多变，地质单位在横向或纵向上均可能连续或不连续。低渗透性的地层可能会因破碎带的形成，从而使水在其中容易流通。孔隙的形成、风化和生物过程可能是裂隙中发育冰碛物和黄土的原因。冰川冲刷沉积物中所含的“纯净”的砂和砾石使其储水量较大。Jopling 和 McDonald（1975）曾对冰川作用进行了深入研究。

## 1.4 地下水运动的简要回顾

在此对地下水运动和相关机制作一个简要回顾。这一讨论借鉴了文献 Domenico 和 Schwarts（1990）、Driscoll（1986）、Fetter（1988）、Freeze 和 Cherry（1979）、Heath（1983）。

水文地质将土壤分为包气带和饱和带。每个区域由沉积物和含有空隙的岩石组成。孔隙度（$n$）是孔隙体积除以总体积后用百分数表示的结果。渗透率（$k$）描述流体通过多孔岩石或沉积物的难易程度，用流速表示。水力传导系数（$K$）表示多孔介质传输水的能力，为水文地质学者用以表示地层传输水分能力的量化数据。水力传导系数的大小因岩石及沉积物的不同而不同。即使相同的岩层，在不同的地区，其水力传导系数大小亦可能不同（Heath，1982）。一般情况下，水平方向的水力传导系数大于垂直方向的水力传导系数。如果各个方向水力传导系数都基本相同，表示此含水层为各向同性，相反则为各向异性。自然界中极少发现具有真正同向性和均质的含水层。

地下水会往总水头（高程水头和测压水头之和）减少的方向流动。地下水沿水力梯度（$i$）运动。水力梯度是某方向上单位距离的水头差（通常是水井之间的水位差除以井间的距离），可用达西定律 $Q=KAi$ 表示，其中出水量 $Q$ 等于水力传导系数 $K$ 乘以截面面积 $A$ 再乘以水力梯度 $i$（图 1-7）。

传导系数（$T$）为含水层在单位厚度上传输水的能力，公式为 $T=Kb$，$b$ 为饱和含水层厚度。储水系数（$s$）为无量纲系数，计算方式为地层的出水量除以单位面积，再乘以单位水头的改变量（图 1-7 和图 1-8）。

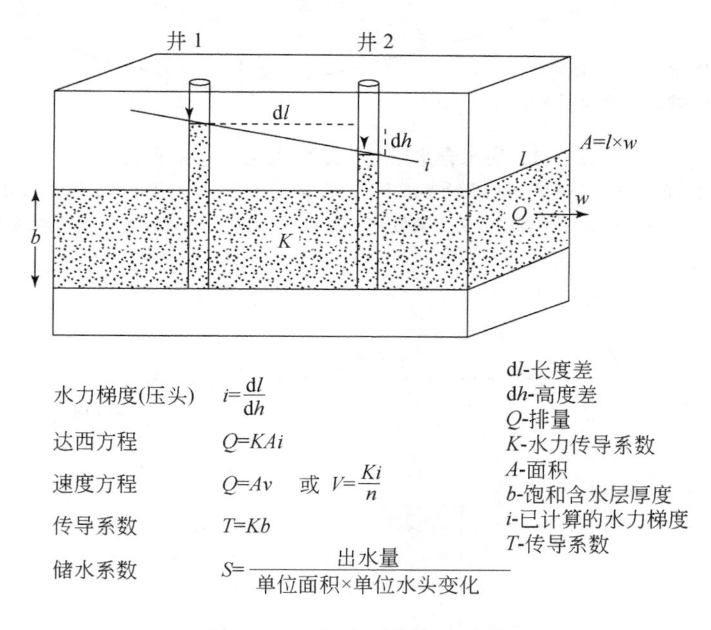


图 1-7　一般地下水水流公式

地下水流向可由等水位线图绘出，等水位线连接具有相同水头的点，这些线条称为地下水等水位线，其可利用测得的水位高程资料绘出。地下水由补给区流向排泄区，等水位线的表示类似于大气等压线。潜水含水层的等压面与水位高程相符，承压含水层受限于上覆地层，其等压面由穿透上覆地层井中的想象水位表示，井水位所在位置的水头与大气压力相等（图 1-9）。流线方向为垂直等压面的方向，该方向为理想的水流方向。流线图可以简明地表示出水流方向和水力梯度。地下水的水流方向和水力梯度会随着地下水补给区或排泄区的变化而变化。水力梯度的变化通常反映季节水位变化或局部的抽水现象。因此，在研究过程中，如果假设水力梯度及流向始终保持不变，则会对调查工作造成误导。

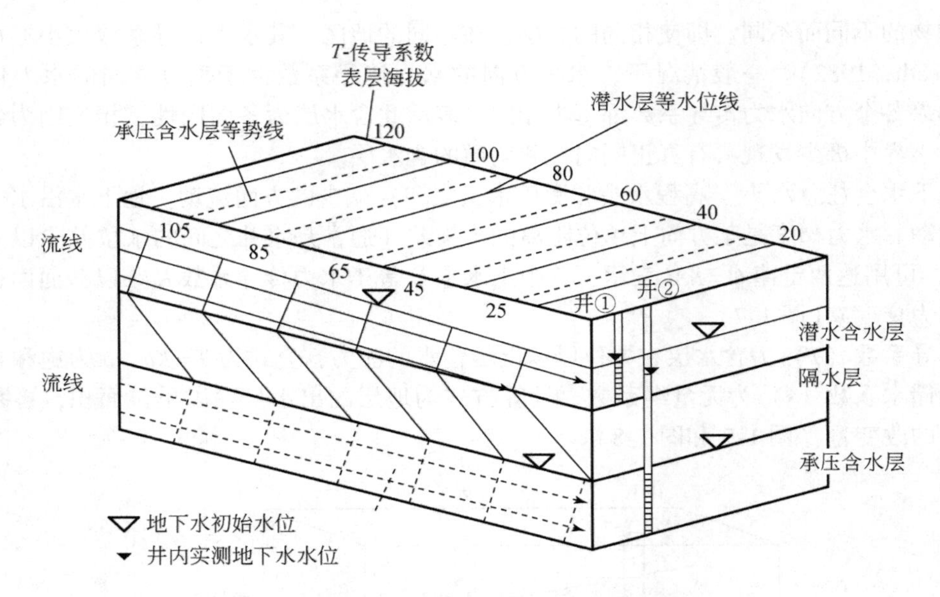


图 1-8　潜水含水层与承压含水层的等势面图

此图为含水层的截面图，等势面以地表为基准点进行测量。1 号井和 2 号井均贯穿含水层。地下水的水平面高度即为 1 号井的等势面高度；2 号井的压力水面高度即为其等势面高度

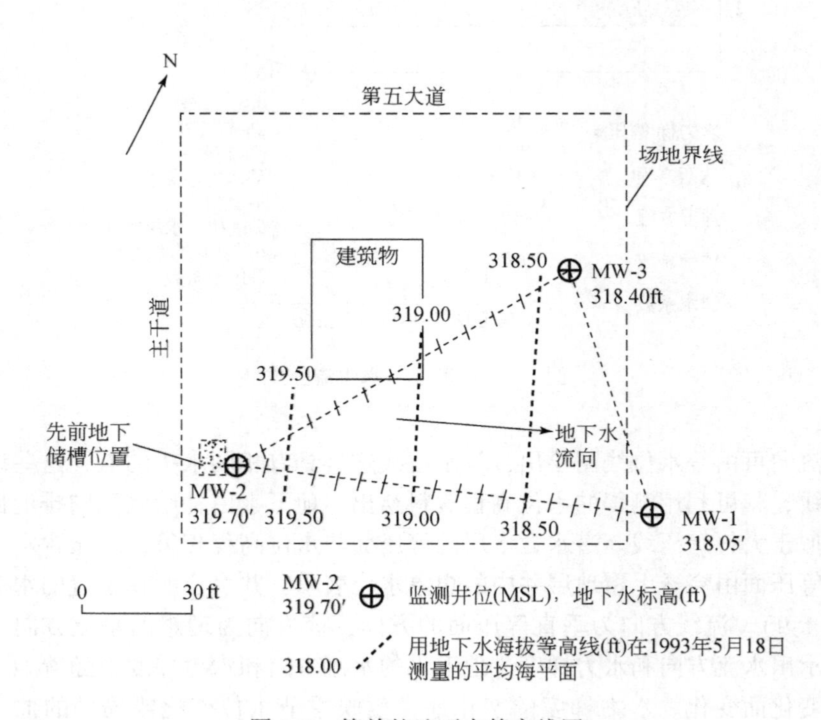


图 1-9　简单的地下水等高线图

项目地图显示了井与等高线测量的日期。等高线的绘制方法是测量两口井之间的距离，然后将该距离除以两口井之间的高度差，再对每口井重复等高线的绘制。通过计算和现场观测，可以将井高程差大致划分为等长和等高线。等高线图是地下水流动线垂直于等高线绘制的解释图

在概念模型及数学模型中，含水层通常被视为均质的、各向同性的、具有明显接触面或边界的水平状地质体，这些都是为了易于建立概念模型和数学模型，但大自然中却存在着许多例外情况。同时，这些假设是为了量化含水层特征和描述水流情况。含水层的地质会因环境的演变而产生很大的变化，这对上述简化含水层模型的假设会产生明显的影响。在用数学方法分析地下水流及传输时，必须将污染场地的地质状况纳入分析。

### 1.4.1 上层滞水

上层滞水常位于包气带中的弱透水层之上，其分布区域通常是小范围的，水质和水量的变化很大。其补给方式可能是天然的也可能是人为的（排水沟、农业灌溉设施、沉淀池）或两者的结合。有时上层滞水在经过相当长的一段时间后，会成为区域含水层的补给源向下渗透。有时，上层滞水可能大到足以作为当地的水源。

上层滞水可以以多种方式出现。例如，若黏土层中局部夹杂着砂层，则会使地下水在砂层中集中形成上层滞水；冲积层和崩积层沉积物覆盖在渗透率相对较低的岩层上，便会使水集中于冲积层或崩积层中形成上层滞水；若水分聚集在岩层的断裂面或节理面内，其垂向流动会受制于孔穴宽度、填充物以及随深度而逐渐闭合的裂隙。因此，地下水沿裂隙向下“流动”，并累积停留在弱透水的岩层之上形成上层滞水。在许多情况下，上层滞水通常先受到下渗污染物的影响。

### 1.4.2 裂隙岩体中的地下水运动

正如上面所讨论的，地下水在岩石裂隙（火成岩、变质岩、碳酸盐岩、黏土质冰碛物和黏土质沉积物）中的运动通常取决于岩石的产状、裂隙和破裂面的密度等。尽管在裂隙岩中使用了相同的数学方法，但通常需对其进行修正才能建立起流动模型。在前面的讨论中，颗粒间的流动通常可以忽略不计，因为水流的贡献很小，水的流量和流向通常由裂隙来控制。

裂隙的开口或孔洞可使水在岩石中流动，因此裂隙的闭合或填充将抑制水的流动，裂隙开度增加和高度贯通会使水流更容易流动。裂隙面可能沿着或平行层理面、沉积接触面、板块或构造不连续面、溶蚀面、节理面和叶理面等产生；采矿、滑坡、修路和深层风化作用皆会使裂隙增大。虽然一般情况下，裂隙会在地表附近（距离地表大约 300ft 的范围内）趋于闭合，但它们也可能在地表以下数百英尺处开放并产水。绘制裂隙图有助于寻找裂隙连通的规律和绘制裂隙与泉水、水井和河流的关系。

与冲积盆地和某些碳酸盐岩含水层相比，裂隙岩体中的地下水的开发潜力可能很小。裂隙可能直接发育至地表或贯穿土壤冲积层，因此孔隙流在此类岩体中的补给会变得非常重要。如果裂隙连接了多孔沉积物或与其他裂隙带相连，则裂缝开口的产状就会成为影响水流方向的主要机制。利用地表测绘和钻井勘探技术可以确定裂隙面的位置，这对评价地下水流动路径是必需的，因为污染物也可能依循相同路径进行迁移。

地下水可能注入溪流或河流，也可能注入山脚冲积物或山间河谷中（图 1-4），追踪地下水流动和污染路径是一项具有挑战性的工作。此工作可能很容易，也可能非常困难，全凭当地的实际情况而定。建立裂隙流动路径的数学模型以及开展含水层抽水试验是对裂隙进行修正的有效方法。关于裂隙水流更为详尽的论述，请参考阅读 Hitchon 和 Bachu（1988）、Bear 等（1933）与 Gustafson 和 Krasny（1944）。

## 1.5 污染物水文地质调查的概念研究方法

针对场地污染的水文地质调查包括地下研究，所以场地的特征须加以了解。污染场地地质及水文地质的研究可以用来帮助决定场地的污染范围以及如何修复。污染场地地质条件决定着地下水及污染物迁移的物理机制。因此，地质模型的建立首先需要描述污染场地水文地质的限制条件，这可能是最具争议且最重要的模拟步骤。地质研究的精确度直接受调查人员的地下钻探、制图、取样和分析经验的影响。因为钻孔费用比较昂贵，且钻孔的位置也会受到污染场地的进场条件或法规的限制，所以需进行事先的规划设计，以便在有限的时间及经费下得到完整及正确的信息。

水文地质工作者可以在几十万平方英尺的范围内进行污染调查（1 亩[①]是 43.560ft$^2$，约 666.67m$^2$），一人足以详细判断一个区域的水文地质状况。美国地质调查局（United States Geological Survey，USGS）的调查范围通常包含几十到几百平方英里[②]（几十到几百平方千米）。在城市地区进行污染物的调查需评估潜水含水层（最上层的含水区域或含水层），场地的地质研究将会提供全部相关的水文地质资料。任何细微的地质特征，如几英寸[③]或几英尺（数十厘米至数米）厚的地层和潜在的污染途径（如动物洞穴或树根的孔隙）都可能非常重要。关注的含水层可能只有几英尺（数米）厚，而且这些地层可能形成于复杂且沉积渐变的不连续地层中。现场的调查研究不仅需要收集大尺度的地质信息、用于大规模调查的相同类型的资料，而且还需要收集详细和小尺度的资料。

水文地质工作者应尽可能收集历史野外地质资料，包括图书馆或大学中所有和本污染场地有关的区域地质和水文地质资料，美国地质调查局是最佳的资料来源提供者。局部及区域的地质调查、水文与地球化学资料等地下水报告和美国国家电脑数据库，皆可在美国地质调查局查询。美国环境保护署和各州均颁布了指导手册，指导当地的资料收集、地质调查和相关污染物的研究。各州和区域环境保护局所收集的地方性资料对小区域的研究相当有帮助，这些资料在过去几年中已经对外公布，虽然不能完全了解污染物的迁移和转化，但调查者可以用这些资料作为场地调查的参考资料。

当需要更多有用信息时，便需要更多的资料来源，如当地市、县规划和工程办公室保存的岩土勘察报告等。其中也包含了地下钻孔记录、地下水位埋深、土壤类型以及成井细节等，所有这些都是公共记录并且可供查阅的。地方水资源管理局和水利机构保存着井位、溪流、地下水抽采历史、区域水文地质和水资源开发利用的历史记录。地方消防和应

---

① 1 亩≈666.7m$^2$。

② 平方英里单位为 mi$^2$，1mi$^2$ = 2.589988km$^2$。

③ 英寸符号为 in，1in = 2.54cm。

急响应机构可能保存有针对有害物质管理的法律法规记录和相关材料，如包括工厂管制品的仓储记录、有害物质储藏室的建筑许可和地下储罐（Underground Storage Tank，UST）记录等。

最后，环境调查工程师可能倾向讨论化学、修复标准、法律和工程方面的问题。污染问题通常较为复杂，且需要运用学科交叉法解决。因此，修复标准也变得更加复杂。环境调查工程师在有限的预算和时间内完成工作，非常具有挑战性，而且很少有环境调查工程师有充足的时间、金钱和所需资料。在项目开始初期，掌握的信息越多，问题就越容易得到解决。

## 1.6 场地调查初期含水位层的调查方式

若你受聘开始场地调查，从哪里开始？需要做什么？首先，场地位置、使用历史和相邻地区的信息是必需的，以便规划初期的调查计划。执行初期的调查计划似乎很容易，但许多时候场地的位置、物理布局和场地的地理位置都不清楚。例如，该地可能在过去有一个工业设施，后来被拆除，现在是一个荒废的区域。因此，应先通过委托人获得所有关于该场地的文件，并通过访问人员访谈了解该场地历史。然后，你可能需要去城市规划办公室查阅任何与之相关的岩土工程报告或建筑许可，这有助于获得场地初始或修正的平面布局图。之后应该去现场进行踏勘，这是获取场地周边工业活动的最佳方式。此外，场地内包括如地基轮廓、地下管道、通风管道、修补沥青等都是不可排除的场地资料。通过这些信息还可以评估可能的钻孔位置和限制约束，如钻机是否可以移动至井点或地面是否能承受机器重量。

未进行地质钻探工作的场地，初步工作调查者可结合专家的地质建议进行规划。有了场地的粗略概念后，调查者就可以估计出钻孔的数量和采样的深度，这可应用于后续的工作。回顾区域地质资料和当地规划办公室或水利局的资料，有助于初步评估地下水深度、流动方向以及土壤和沉积物类型，其中部分信息有助于评估采样深度以及测试分析项目。

了解场地中控制地下水流动和污染物迁移的机制后，可以将其有效应用于包气带和饱和带。由区域地质信息可以得到岩石和沉积物的种类、沉积环境或裂隙带的位置。这可以用来估计砂和黏土的位置、空间连续性、分布范围以及它们的水文特征。虽说场地特征须由地下勘探研究得出，但是通过收集已有的资料仍然可以对地质、水文地质、场地历史和潜在的污染物有大致的了解。对这些前期信息的研究分析，可以帮助你预测潜在的污染程度和适用的法律法规，以便让委托者了解所面临的问题。

## 1.7 “可变”含水层的例子

若所研究的场地有河流经过，并且已经利用深、浅监测井监测了数月，最初认为含水层是薄且不连续的砂质黏土，随着深度的增加逐渐形成厚的砂质含水层，则推测其为河漫滩的沉积物覆盖在辫状河巨大的河道沉积物之上。其浅层水流较慢，深层水流较快。

由于浅层井中定期出现了溶解性污染物及浮油，监测的结果令人费解。深层井水质干净，且不含浮油。当水位低于浅层井时，监测结果显示浮油不会进入深层井，因此溶解性污染物也不会进入深层井。

这个场地位于一条巨大的河流附近，这条河流的水位会随着降水和水库泄洪的变化而升降。当河水上涨时，浅层井注入河水。但当河水下降时，浅层井的水位会下降，浮油和溶解性污染物也会下降，深层的地下水仍保持不受污染。场地地层剖面显示，黏土层中的砂层相互连接，水流可经由砂质黏土注入河流中（图 1-10）。当河流和地下水位上升时，水位会高于砂和砂质黏土的接触面，地下水开始在浅井中出现（图 1-11）。当河流水位下降时，浅井会呈现向下部砂层单元的垂直坡度，浅层水中的污染物则开始缓慢地向下层的砂层移动，而河水仍能避免浮油进入砂层，所以深层水并不会受到影响。所以上方含水层的地下水运动是垂直的，而不是水平的。

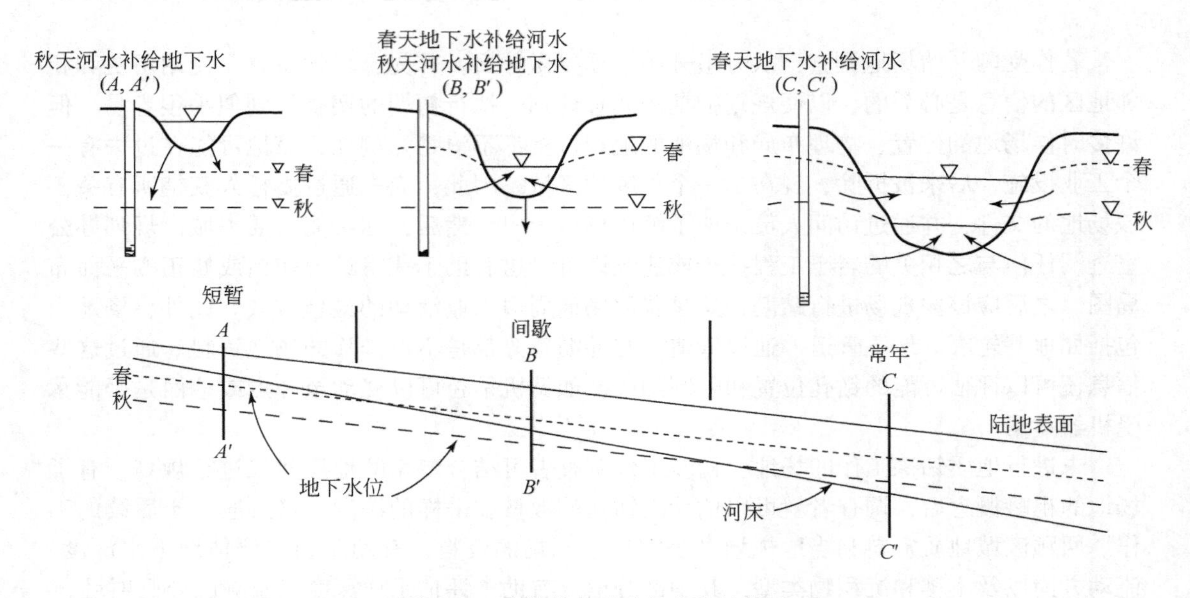


图 1-10　水位线和季节性水位的关系

上方含黏土的含水层类似弱透水层，但仍能在高水位时传输部分水流。由于污染物已经影响了场地内的地下水，所以地下水的污染被认为是最上层含水层被污染。此含水层中包含高渗透和低渗透的沉积物，并由其组成上方含水层。观察深浅井的地下水等势面时，由于浅井位于黏土沉积物中，故其对外面地下水位的影响反应较慢。油类污染物或多或少都会随水位的变化以浮油及溶解的形式赋存于地下水和黏土中。该场地的河川冲积沉积物控制着地下水的流动，并会在局部区域形成异常水位和污染物迁移。随着水位的下降，黏土释放出较少的水分和污染物。黏土层中所含的薄砂层就和下方的含水层呈现不同的水文地质特征。也就是说，等势面是因监测井设置地点的水位变化较慢而有所不同。污染物受限于垂直梯度而停留于黏土层中，不会穿过砂质黏土进入下方的含水层中，这对该场地的拥有者来说是幸运的。

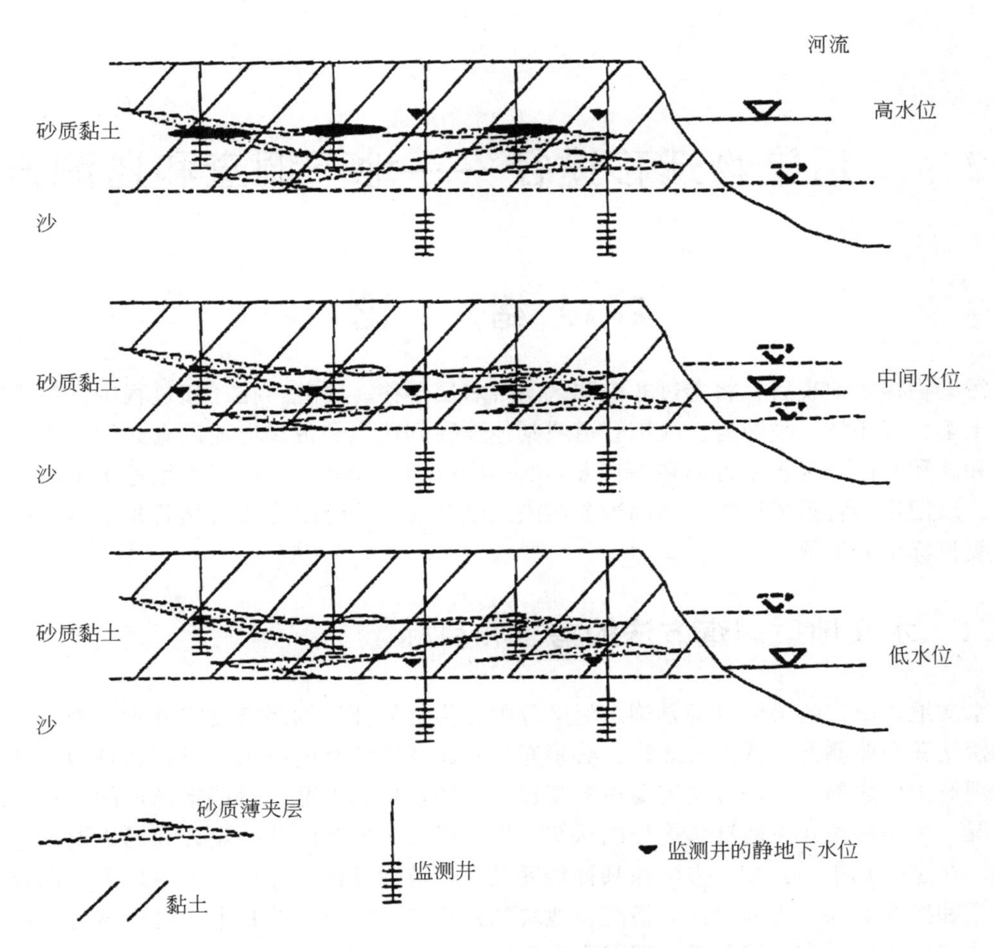


图 1-11　浮油只在水位上升并产生较大水流的时候出现

由于黏土质沉积物的关系，污染物不会纵向移动，且存在于砂质层中。水位在某一下层砂质、上层黏土质的含水层中运动，并引起明显不规则的浮油运动

# 2 污染物迁移途径——地下调查和监测方法

## 2.1 绪 论

污染物接触地表后，将透过非饱和区向含水层迁移。因此，在迁移过程中，污染物会通过土壤、沉积物、裂隙岩、人工管道或其他途径到达饱和带。场地调查必须明确污染物在饱和区和非饱和区水平方向和垂直方向的污染范围。此外，分析当前场地土壤与地下水资料，以便作为背景值比较，明确当前污染区域被污染前的浓度或自然背景浓度，这对制定修复目标十分重要。

### 2.1.1 水文地质调查方法的需求和目标

水文地质研究的最终目的是确定污染范围，为修复计划的制定奠定基础。为了使布设的勘探钻孔和监测井发挥最大效率，必须充分考虑场地调查的需求、目标和场地条件。在开展现场工作之前，工作方案需要得到管理部门的审核和批准。对特定场地的含水层的地层情况、污染种类及可能迁移途径的认知，将会极大影响监测井的设计和场地调查过程的成功。在过去几年中，相关方法在某种程度上已经被标准化，并作为场地地下水调查的政府规章和指导文件。为确定污染情况，地块的钻孔和井位布设的基本原理应该解决以下问题：明确场地地质和地层条件；明确水文地质条件（地下水赋存梯度和流向）；收集土壤样品，刻画包气带中污染物垂直和水平方向分布范围；收集地下水样品，确定溶解污染羽范围；为实现整个场地覆盖范围，允许数据收集过程中的灵活性。

对于水文地质专家来说，应从场地调查获得尽可能多的信息，来回答监管方的疑问并解决业主的问题。地下水流经污染地块或其他地层时会引起地下水质的变化，并影响下游的水质。另外，清洁地块也可能会由于上游污染羽扩散而被污染。如果仅仅因为污染扩散到了业主的地块而不是其自身造成的污染，则清理污染的工作不应该由业主承担。由于地下水穿越了财产或行政边界，责任方及其潜在责任问题逐渐变得复杂。各种团体经常就污染成因和谁“拥有”污染这个问题展开讨论。但是，污染羽迁移扩散的时间越长，污染区域就会变得越大，地质调查和最终修复就会变得越广泛、复杂、昂贵。

### 2.1.2 污染物种类和来源

污染物是进入地下并给自然或当前状态下的地下水质量造成损害的“非自然”物质。虽然完整的污染物清单已被研究人员列出，并且讨论清单的完整性已超出本书的范围，但本书还是列出了污染物种类。污染物分类对场地调查人员了解工厂的工艺流程和化学品可能有所帮助，因为工业过程或其他过程可能会使用某些原料，这些原料会产生一系列的污染物“套装”（如微芯片制造过程中的溶剂和某些重金属，炼油厂或加油站的石油烃）。这些污染物种类可能包括无机“重”金属（微量元素）以及其他有机物，如烷烃汽油、油脂和石油、工业溶剂和化学品、除草剂和杀虫剂、冷却剂、爆炸品以及农业化学品和废料（U. S. EPA，1986a，1986b）。

这些物质来源广泛且数不胜数。我们再次强调，场地调查过程中，对污染物进行分类可以把我们感兴趣的几类污染物联系到一起（Miller，1980）。以下是污染物分类（图 2-1和表 2-1）：市政——污水处理厂、垃圾填埋场、废液处理井、军事基地；工业——制造业、地下储罐、管道、采矿业、油田；农业——肥料、杀虫剂、废料、灌溉回流；其他——运输泄漏、原料堆积、化粪池、测试实验室。

一旦这些污染物从源头开始迁移，它们一定会经由某些路径进入土壤或岩石并进入地下水（图 2-1）。场地调查要特别注意土壤和地下水中存在的“自然”污染物，将“自然”污染物与污染问题进行区分。场地中原本存在的微量元素或通过生物过程甚至自然产生的石油类化合物可能被误认为是污染物。另外，如果工业地区广泛使用某类原料，则该地区可能会出现背景污染物。因此，痕量浓度级别不能作为判定是否存在污染的依据，除非有地块特征数据和分析的支撑。

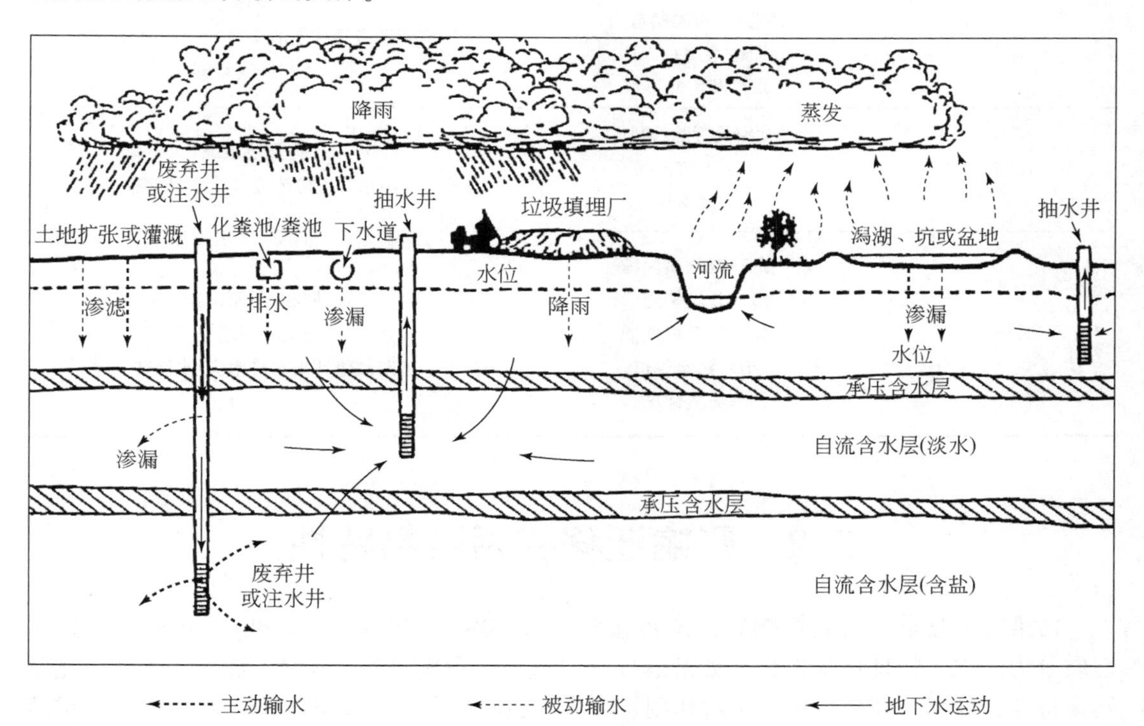


图 2-1　污染物进入地下的示意图以及可能的迁移途径

**表 2-1　按土地使用分类的地下水污染源**

| 类别 | 污染源 | |
|---|---|---|
| 农业 | 动物墓地<br>饲养场<br>肥料储存/使用 | 灌溉的场地<br>施厩肥区域/坑<br>农药储存/使用 |
| 商业 | 机场<br>汽车维修店<br>造船厂<br>装配厂<br>洗车厂<br>墓地<br>干洗店<br>加油站<br>高尔夫球场 | 珠宝/金属电镀<br>洗衣用品<br>医疗机构<br>油漆车间<br>摄影机构<br>铁路轨道和车场<br>研究实验室<br>废品和废品场<br>储罐 |
| 工业 | 沥青工厂<br>化学制造/存储<br>电子产品制造<br>电镀行业<br>铸造厂/金属制造商<br>机械/金属加工店<br>采矿和矿井排水 | 石油生产/存储<br>管道<br>化粪池和污泥区<br>储罐<br>有毒和有害物质泄漏井（使用中/废弃）<br>木材防腐设施 |
| 住宅 | 燃油家具拆除/再加工<br>家庭有害产品<br>家庭草坪 | 化粪池系统<br>污水管道游泳池（化学品储存） |
| 其他 | 危险废物填埋场<br>市政垃圾焚烧厂<br>城市垃圾填埋场<br>市政污水管道<br>露天焚烧场 | 回收/还原设施<br>道路除冰作业<br>道路维修站雨水排水沟/水池转运站 |

## 2.2　影响迁移的污染物特性

污染物的化学性质会影响它们的传输和迁移。Moore 和 Ramamoorthy（1984）把这些性质分为两类：物理化学特性，如溶解度、蒸气压、分配系数、吸附-解吸、挥发；化学转化特性，如氧化还原行为、水解作用、卤化和脱卤反应与光化学分解。本节将大量借鉴 Moore 和 Ramamoorthy（1984）、Lewis（1993）中的工作来简要讨论这些过程。其信息图表和参考书籍可以提供有关污染物或原料的化学性质数据。

## 2.2.1 物理化学特性

溶解度是指化学品或化合物在水中溶解的难易程度。溶解度决定污染物在水中的浓度，决定污染物是否会和其他化合物反应，以及决定它们是以分子态存在还是以离子态存在于溶剂中。溶解度的精确测定对很多污染物来说尚未实现，某些水相溶解度只是估计值。很多环境敏感的化合物在水中的溶解度非常低。混溶性是指某种液体或气体均匀溶解在另外一种液体或气体中的能力。例如，乙醇和水因具有相似的化学性质是完全混溶的。其他液体仅能部分混溶或不相溶，如石油化合物和水。但是，即使非常低的水溶解度依然可能大大超过了饮用水的摄入标准。

蒸气压与化合物的溶解度有关，这里是指化合物从液相向空气中扩散形成的溶解度。蒸气压的单位是毫米汞柱（mmHg），本质上是大气中的液体压力，表示物质的挥发性。

分配系数是假定某化合物在两相中都是简单溶解过程，该化合物在两相之间的分布，以浓度比值表示。事实上，由于分子变化，情况可能更复杂。

吸附-解吸，如 Moore 和 Ramamoorthy（1984）所述，有机化合物越疏水，与沉积物吸附的可能性就越大。当某物质被另一物质吸引并附着在该物质表面时会发生吸附。吸附是指气体或液体原子、离子或分子黏附在另一种被称为吸附剂的物质表面（Lewis，1993）。基质的吸附剂特性包括表面积、电荷性质、电荷密度、疏水区域的数量、有机质的数量以及吸附强度。吸附可以用以下公式表达：

$$C_s = K_p C_w 1/n$$

式中，$C_s$和 $C_w$分别为有机化合物在固相和液相中的浓度；$K_p$为吸附分配系数；$1/n$ 为指数因子。

挥发是化合物在给定温度条件下，从液态转变为气态的方式。这是具有高蒸气压和低溶解度的化合物的重要迁移过程。挥发性有机化合物（Volatile Organic Compound，VOC）包括除了甲醇和乙醇以外，蒸气压大于或等于 0.1mmHg 的所有碳氢化合物（Lewis，1993）。

## 2.2.2 化学转化特性

氧化还原反应包括释放电子的氧化作用和得到电子的还原作用。很多有机化合物可以得到电子或失去电子。这对于环境方面的意义非常重要，因为有机物被氧化或者还原后可能具有完全不同的物理和化学特性。

水解作用包括氢原子、羟基自由基或水分子与有机化合物的反应，这取决于 pH 和分子反应基团的极性。

有机化合物的卤化和脱卤反应大多在人工条件或极端环境下发生。Moore 和 Ramamoorthy（1984）认为，缓慢的氯化反应可能发生在含有余氯废水的自然水体中。脱卤反应可能在多种水解或歧化反应中发生。

光化学分解过程包括在紫外-可见光范围内的辐射诱导引发的分子结构变化。通常，光化学反应能否发生取决于有机化合物的分子结构。

## 2.3 包气带中的污染物迁移途径

地下储罐、管线、建筑地下室或任何地下污染源的泄漏都可能造成并促进污染物迁移，因为这些污染源都在地下，无法直接观察。这些污染源直接向地下包气带释放污染物，当地下水位较浅时，污染物垂直运动会加快，同时缩短污染物传输到含水层的时间。如今许多法律和管理规定都强调监测潜在地下泄漏点的必要性。泄漏情况可能持续数年后才被发现，在此期间，污染问题随时间增长会逐渐扩大。

根据前文所讨论的运动过程，污染物穿越包气带后将随地下水迁移而迁移。如果存在裂隙或较大的孔隙，污染物可能会直接沿着裂隙向下运动。这类现象也会发生于污染物是固体的情况，如粉末状物质被风吹动，落到有裂隙存在的地表。这在被黏土质土壤覆盖的场地里是非常重要的地下水污染传输途径。黏土质土壤在干燥状态时，可形成深达几英尺的裂缝。因此，就算地块被黏土覆盖（指减缓污染物迁移的低渗透性表层），也并不能阻止可能的流体或污染物快速迁移（图 2-2）。

污染物在地下的迁移可能会因土壤或沉积物中的生物结构和空隙得到增强。动植物以及沉积物的生物扰动作用可能会留下由大量孔洞和空隙组成的网络。首先，尽管这些空隙直径可能只有十分之几英寸（几厘米），但如果靠近污染源，液体仍可以在水平和垂直方向上传输。

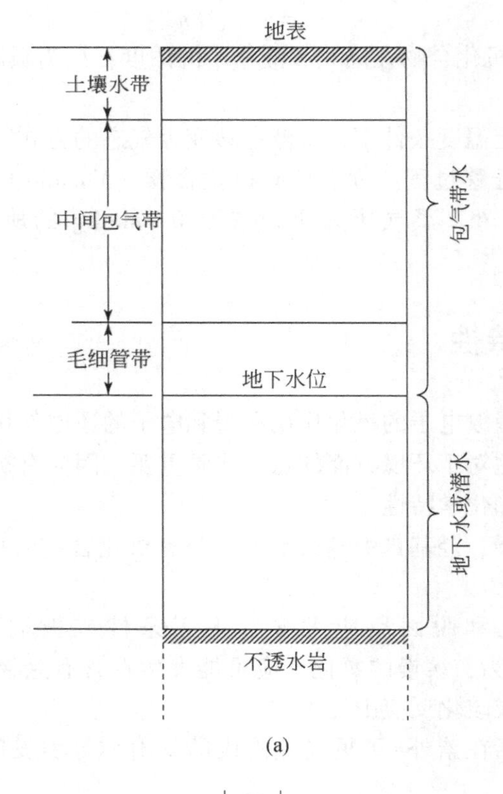

(a)

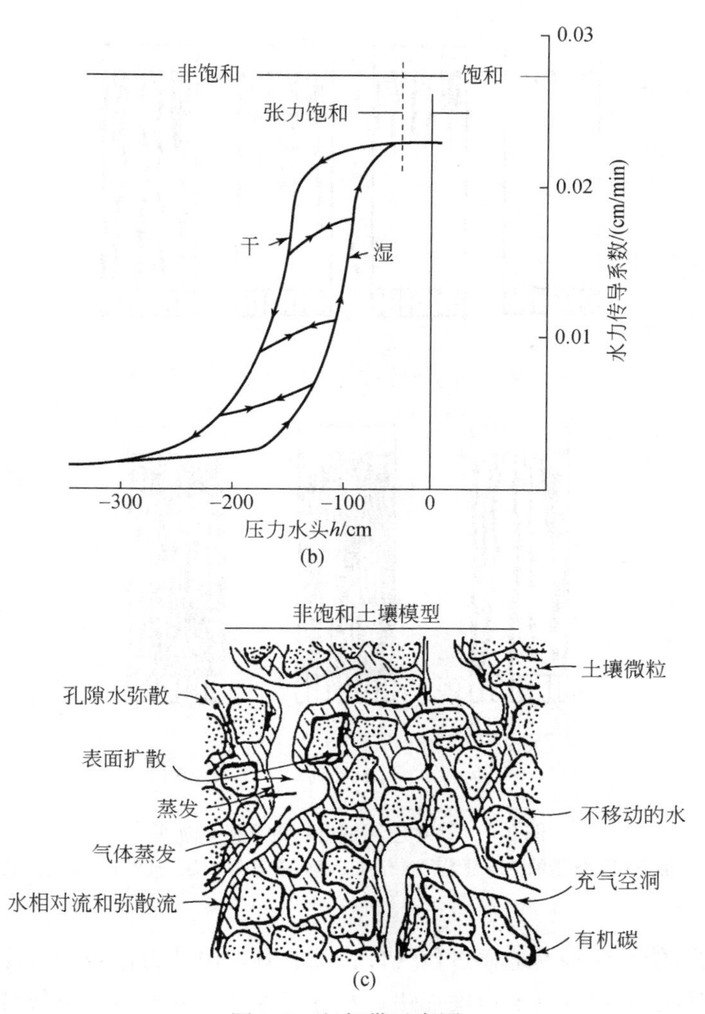


图 2-2　包气带示意图

（a）包气带与地下水层间的区隔；（b）迟滞现象——土壤越干，吸力越大（取自 Freeze and Cherry，1979）；（c）不饱和土壤模型，显示了物质传输和延缓机制（取自 Gierke et al.，1985）

其次，这些空隙可能会在巨厚冲积层中延伸到数十英尺深度。因此，这些空隙并不总是会随深度增加而闭合。最后，空隙可能会被不同类型的沉积物填充，如黏土中的砂，从而在渗透率较低地层造成局部水力传导系数偏高。Morrison（1989）曾运用一个杀虫剂传输模型评估并明确了虫类活动造成的开放通道是如何增大孔隙流速的（图 2-3）。这些通道的“不稳定性”，可能会造成垂直的“指状”优势流。“指状”优势流倾向于在深层汇合，使得垂直方向上的液体传输速度更快，而在水平方向上，流速则较缓慢。Morrison（1989）还指出，这种现象在某种程度上取决于土层结构，并与孔隙大小、不规则程度和初始水分含量相关。Dragun（1988）指出，大多数烃类化合物能够通过改变黏土颗粒的间距而影响水力传导系数。这会造成水力传导系数大幅增加，使得污染物迅速渗入想象中的低渗透性土壤。上述现象会明显偏离包气带水流数值模型对流体运动状态的假设（Hatheway，1994）。

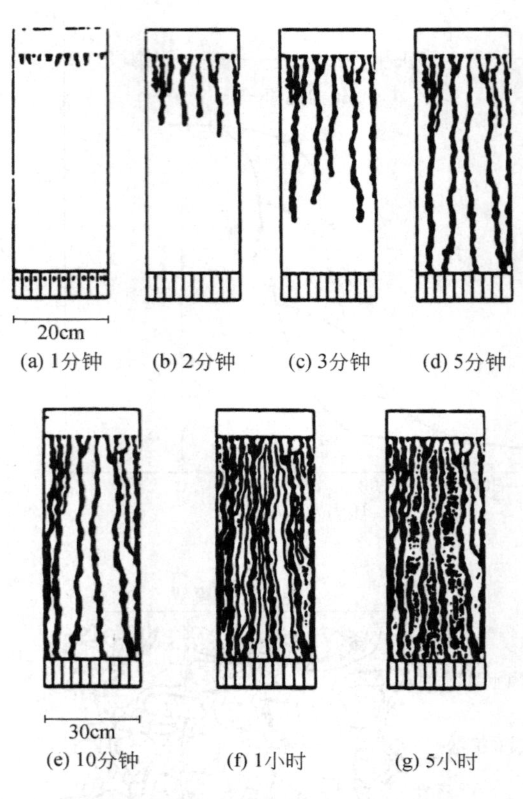


图 2-3　针对包气带进行的孔隙流实验

在大面积相互连通的空隙呈饱和状态时，垂向渗透会加快，且侧向土壤也会浸湿

某些污染物可能无法轻易地通过包气带，除非有其他外力作用于液体。在污染物中加入某种物质，或许也会使其传输速度加快。水分以渗透的方式通过包气带，可能也会带着污染物迁移至地下水中。某些杀虫剂可能以粉末态存在，但与溶剂混合后，会溶解并垂直迁移。当两种或多种污染物共存的时候，可能需要考虑其中某种污染物作为溶剂，另一种可能被该溶剂溶解的情况。

挥发性污染物产生的土壤气可以将污染物由污染源挟带出来（Schwille，1988）。这种迁移可能直接穿过自然沉积物或人造设施移动，如沟渠、管道、地下结构以及通向地表或地下室的通风孔。这些爆炸性气体或有毒气体的潜在迁移问题已经有部分研究。因此，土壤气的调查虽然是一项较新的技术，但已被作为调查工具广泛使用。基本上，土壤气调查（Soil Vapor Mapping）的方法是向包气带 5 ~ 15ft（1.52 ~ 4.57m）处贯入探针，采集气体样品。然后使用便携式分析仪（气相色谱）分析气体样品，并在场地平面图上绘制浓度等值线图。此方法可利用野外移动实验室进行现场的快速勘测。土壤气调查通常能反映地下水污染羽，浓度等值线可以用于推断污染物在土壤或地下水中的分布，从土壤气调查数据中还可以得到勘探钻孔布点位置信息。在疑似污染源附近布置勘探钻孔，初步确定非饱和与饱和污染羽范围和监测井位置，从而节省资金和时间。

污染物在地下迁移的时候，通常会残留在孔隙中。残余污染物很难被发现或去除，可能成为长期污染源。Conrad 等（1987）通过土柱实验（Column Experiment）研究了通过多孔介质流动的有机液体与孔隙度和孔隙形态之间的联系。结果表明，在压力达到临界毛细管力时，残余液体饱和度主要受液体性质的影响，同时也会受空气（作为非湿润相）、较大的浮力和较小的毛细管力的影响。在砂质介质中，平均残余有机液体的饱和度为29%，在包气带则为9%。而由其他有孔玻璃珠实验（Schwille，1988）可知，如果水的吸力较高，或者污染物被水滴捕获，污染物可能无法迁移。

最后，必须注意的是，某些污染物在泄漏、使用或倾倒后并不会向地下迁移很远的距离。发动机油通常被随意倾倒在地面上。但是，由于它的黏度和有机吸附作用，如果倾倒量不大，它并不一定能迁移到地下深处。杀虫剂滴滴涕（Dichloro-diphenyl Trichloroethane，DDT）可能在使用后几十年仍能被检出，但是，由于性质稳定，它很少迁移到地下几英尺深的地方。由于杀虫剂在城市或农村皆会大量使用，故其大量残留在土壤中。微量元素（重金属）可能在pH较低的条件下较快迁移进入土壤和地下水，因为溶质的酸化会加速微量元素的迁移。

污染物的渗透深度取决于污染物泄漏的类型和数量、在地表泄漏还是在地下泄漏、驱动力、泄漏时长、污染物的种类和化学性质、土壤的含水率、通过场地土壤和沉积物的地下水补给、水力传导系数以及地质条件。

## 2.4 含水层中的污染物迁移

污染物在含水层的迁移取决于污染物的性质、含水层地质条件和地下水流速。本节讨论将主要集中在地层学方向上的冲积层或沉积层。含水层概念模型调查研究中常见的污染物根据迁移途径分为三种：漂浮物（Floaters，不混溶污染物）、混合物（Mixers，污染物在含水层中均匀溶解并移动）和沉降物（Sinkers，污染物由于重力作用而垂直运动），具体见图2-4。这些概念模型有助于建立简化模型，但地下的实际情况要复杂得多。各个化合物的组成、分子量、溶解度和黏度也会影响污染物的迁移。例如，烃类燃料通常被认为是漂浮物，部分工业溶剂也符合漂浮物模型。相反，部分工业化学原料和溶剂则会在水中下沉，其中有些化学原料会同时具有混合和沉降的性质（如工业用油和盐卤水）。归纳概括是十分有用的方法，但也可能具有误导性，因此必须考虑特定场地的环境条件和污染物的化学性质（表2-2）。

### 2.4.1 污染羽形状与迁移

Fetter（1988）描述了污染羽溶质的基本传输过程，即对流和扩散。对流是指地下水挟带溶解的溶质移动的过程。扩散是指溶解在水中的离子态和分子态的物质从高浓度区域移动到低浓度区域的过程。

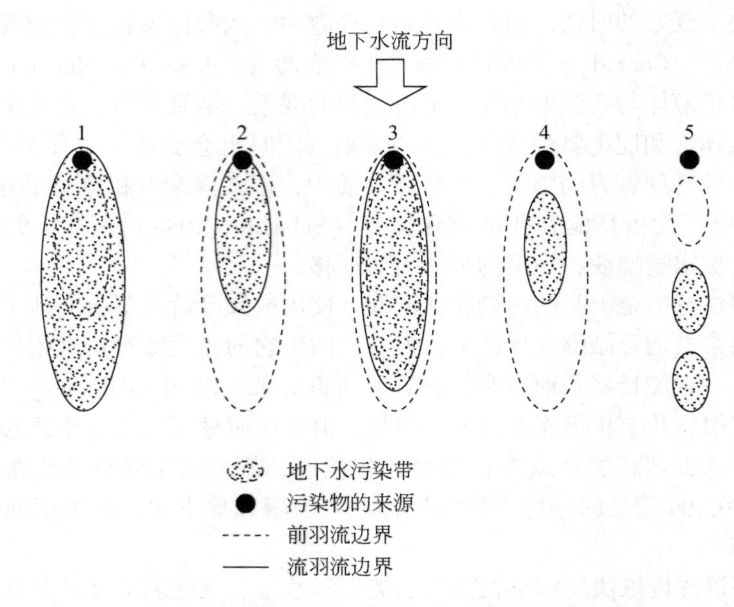


图 2-4 污染羽排列的改变及可能的影响因素

1. 污染物流出速率增加，吸附作用消失，受地下水水位变化影响；2. 污染物流出速率降低，受地下水水位变化影响，吸附作用增大，稀释作用增大，移动较慢，降解作用发生；3. 污染物流出速率相同，吸附作用未完全达到，稀释作用稳定，水位变化可忽略或无变化；4. 污染物停止流出，稀释、吸附、迟滞及降解作用影响污染团移动；5. 间歇性或季节性的污染源，可能受水位变动的影响

**表 2-2 预测地下水中有机污染物的运移和转化所需的必要信息**

| | 水文 | |
|---|---|---|
| 污染源 | 井 | 水文地质环境 |
| 位置<br>数量<br>释放速率 | 位置<br>数量<br>深度<br>抽水速率 | 含水层和隔水层的范围<br>含水层的特征<br>水力梯度<br>地下水流速 |
| | 吸附 | |
| 分布系数 | 含水层固体特征 | 污染物特征 |
| 浓度的特征 | 有机碳含量<br>黏土含量 | 辛醇/水分配系数<br>溶解度 |
| | 化学 | |
| 地下水特征 | 含水层特征 | 污染物特征 |
| 离子键强度<br>pH<br>温度<br>$NO_3^-$、$SO_4^{2-}$、$O_2$<br>毒物 | 潜在的催化剂：金属、黏土 | 可能生成物<br>浓度 |

续表

| 水文 | | |
|---|---|---|
| 生物 | | |
| 地下水特征 | 含水层特征 | 污染物特征 |
| 离子键强度<br>pH<br>温度<br>营养物质<br>基质<br>$NO_3^-$、$SO_4^{2-}$、$O_2$<br>常见元素（P、S、N）<br>微量元素<br>有机物<br>浓度<br>分布<br>类型 | 颗粒大小<br>活性细菌——数量<br>莫诺速率——常数 | 可能生成物<br>浓度<br>毒性 |

资料来源：U. S. EPA，1993

对流即水流的速度，由达西定律确定为

$$V_x = Ki/n$$

式中，$V_x$为平均线性流速；$K$为水力传导系数；$n$为有效孔隙度；$i$为水力梯度。

Fetter（1988）认为溶质在水中的扩散由菲克定律（Fick's Law）确定，稳态条件下溶质的流量为

$$F = -D\mathrm{d}C/\mathrm{d}x$$

式中，$F$为单位时间内单位面积上的溶质质量通量；$D$为扩散系数（面积/时间）；$C$为溶质浓度（质量/体积）；$\mathrm{d}C/\mathrm{d}x$为浓度梯度（质量/体积/距离）。

污染羽移动过程中，其大小和形状受弥散和迟滞作用的影响。当受污染的水体流经未受污染的背景水体并与之混合时，会发生物理弥散，污染羽沿水流方向逐渐收敛。弥散是流体流经不同孔隙和路径而产生不同流速造成的（Fetter，1988；见图2-3）。小尺度来看，物理弥散是局部地下水流速与平均地下水流速不同导致的（Anderson，1993）。Anderson（1993）指出，许多研究人员仍保守地应用对流-弥散方程，在此情况下，弥散度的定义必须根据给定大小含水层的水力传导系数的统计性质决定。

分子扩散发生在只有局部浓度不同的溶液中（Anderson，1984）。Gillham 和 Cherry（1982）指出，分子扩散是细粒沉积物中污染物迁移的重要机制，其也是低地下水流速的异质性沉积物中污染物迁移的重要机制。通过分子扩散，污染物可以从高渗透层向低渗透层移动。Fetter（1988）认为物理弥散和分子扩散在地下水流动区中是难以区分的。因此，可以使用水动力弥散系数来说明机械混合和扩散两方面机制（图2-4 ~ 图2-6）。污染羽长度和宽度顺梯度方向产生最快的移动，横向扩散则受前文所述因素和含水层结构的影响（Fetter，1998；U. S. EPA，1985）。与流速较快的情况相比，流速较低时的污染羽扩散程度相对较小。如果水力传导系数较低，污染羽的移动会相对缓慢，形状相对紧凑。较高的

水力传导系数会导致污染羽更快地移动，从而形成更狭长的污染羽。总之，Gillham 和 Cherry（1982）指出，污染物的迁移是地质的异质性造成的。对粉质黏土沉积物而言，扩散效应更为明显；而对砂质沉积物而言，污染物浓度更为均匀分布，更多地由对流-扩散机制控制。

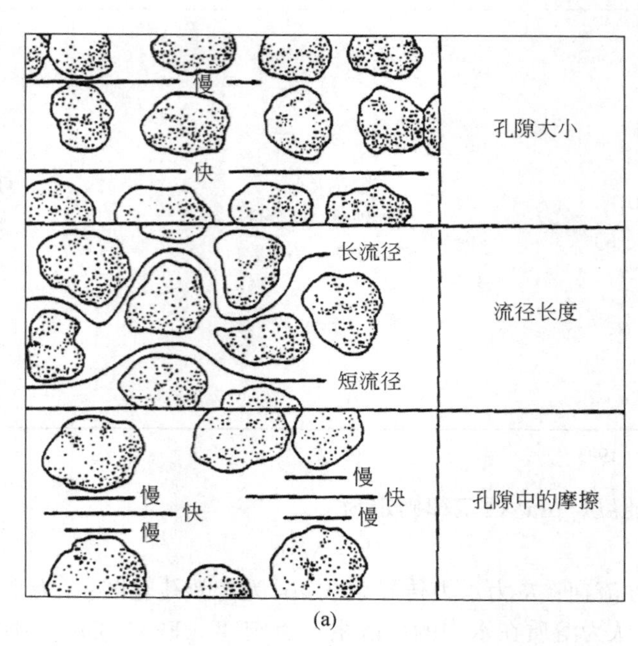


(a)

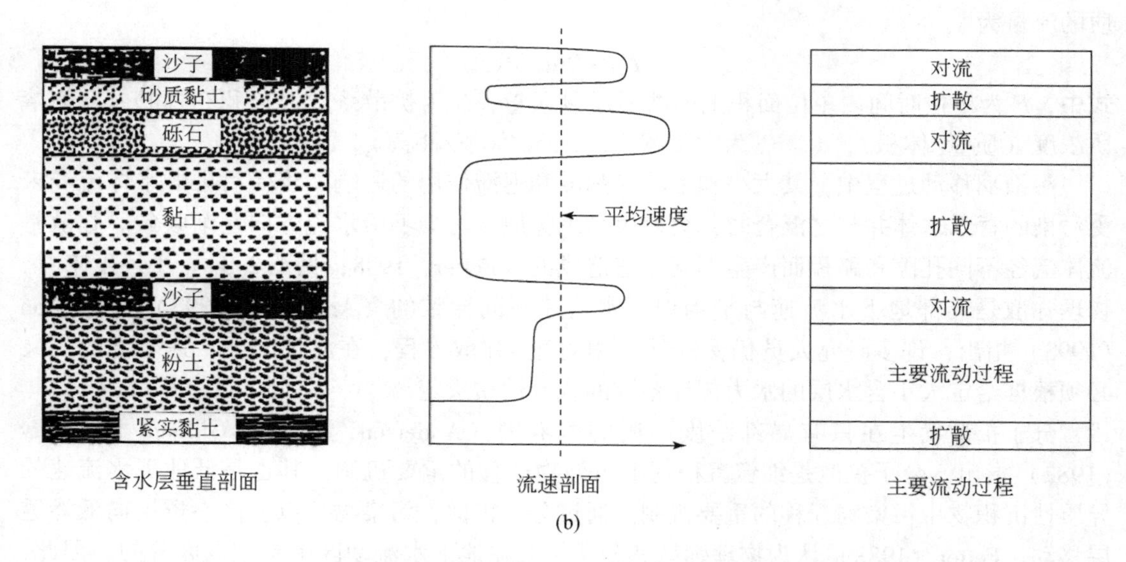


(b)

图 2-5 （a）水平弥散的影响因素（Fetter，1988）和（b）地层对流速和水流机制的影响（U. S. EPA，1991）

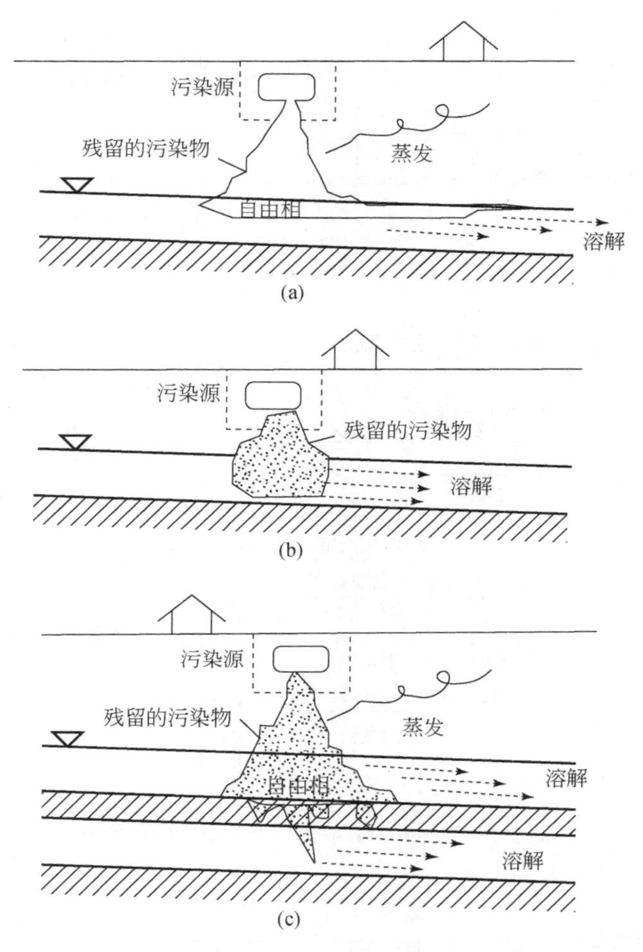


图 2-6　三种理想的污染物移动模型

（a）LNAPL 或漂浮物（如石油）；（b）混合物（如填埋场污水、丙酮）；（c）沉降物或重质非水相液体［（Dense Non-Aqueous Phase Liquid，DNAPL），如溶剂、盐水、多氯联苯］。自由相液体含有大量的 LNAPL/DNAPL，若其中的 DNAPL 含量足够大，则可能向下渗透至深层的弱含水层或含水层

污染羽形状也取决于污染物的类型和化学性质。如果是与水不混溶的或者轻质非水相液体（Light Non-Aqueous Phase Liquid，LNAPL）的“漂浮物”，则在含水层上层附近就会出现一个分离相和一个溶解相（如汽油或者石油“漂浮”在毛细管带和地下水面）。例如，分离相产物会向毛细管带迁移，直到产物重量超过毛细管压力，然后产物聚集起来，并在水面流动。当有足够的产物在地下水表面聚集后，其就会向下移动（Sullivan et al.，1988，图 2-7 和图 2-8）。当地下水位波动时，水位下降，分离相产物会进入更深的孔隙中。一部分污染物会溶解在地下水中，通过对流机制迁移，常见的有燃油（汽油）中的苯、甲苯、乙苯和二甲苯（Benzene，Toluene，Ethylbenzene and Xylene，BTEX）组分及燃油（汽油或柴油）中的其他烃类化合物，这些物质被称为总石油烃（Total Petroleum Hydrocarbons，TPH）。溶解相和分离相的产物一般在含水层上部浓度最高。

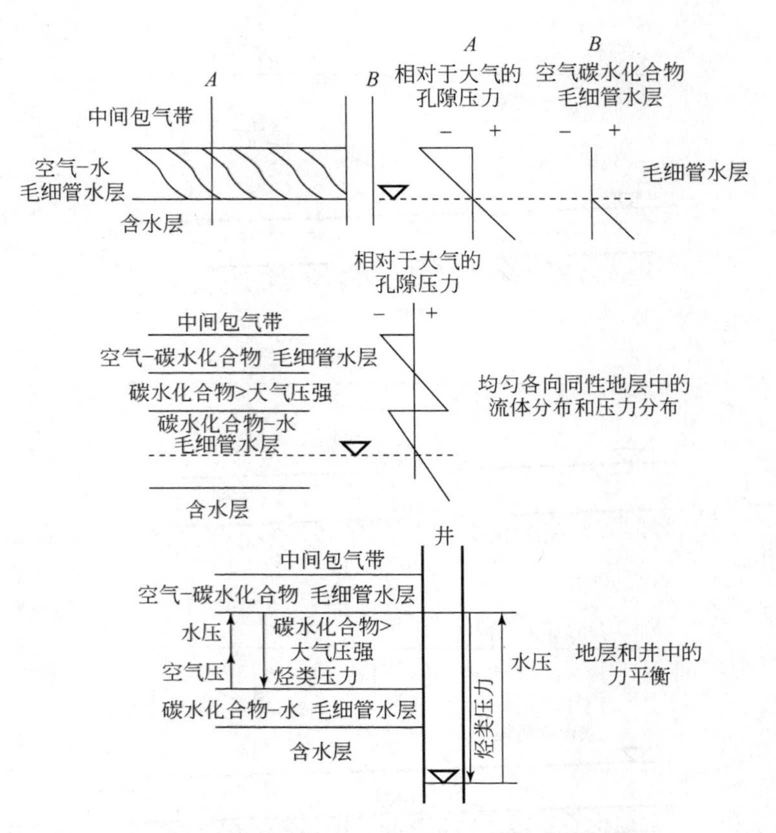


图 2-7　监测井中影响漂浮类污染物的作用力

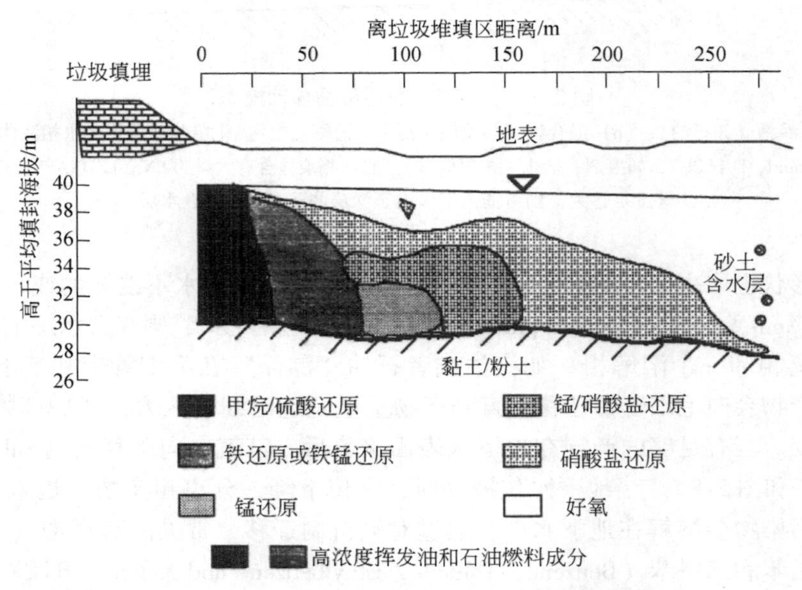


图 2-8　Grinsted 填埋场下游氧化还原带的分布

针对丹麦填埋场 Grinsted 渗滤液中地下水采样显示，污染羽中存在多种氧化还原反应。
这是化学降解过程发生的重要区域

混合是污染物的化学性质之一，污染物溶解后可在含水层中形成混合现象（或不存在某些优先分配）。这种类型所形成的污染羽一旦从污染源迁移至远处后，污染物浓度分布可能相对均匀。污染物可能会在局部产生较高浓度，但是如果大量释放，或者在含水层中已经存在较长的时间，污染物浓度也会变得比较均匀。任何城市垃圾填埋场，无论是过去使用的或现在正在使用的，均会产生渗滤液。因为垃圾场是处理家庭废弃物的地方，与有害废弃物处理厂不同，垃圾渗滤液中可能包含任何类型的污染物。渗滤液通常是酸性的，可能含有金属和来自家用和轻工业的微量有机物。研究发现，渗滤液从填埋场迁移至含水层时，通常会形成相对均匀的浓度分布（Gillham and Cherry，1982）。Bjerg 等（1995）的研究显示，渗滤液中可能存在不同的氧化还原条件，并影响污染物的迁移和自然降解过程（图 2-9和图 2-10）。

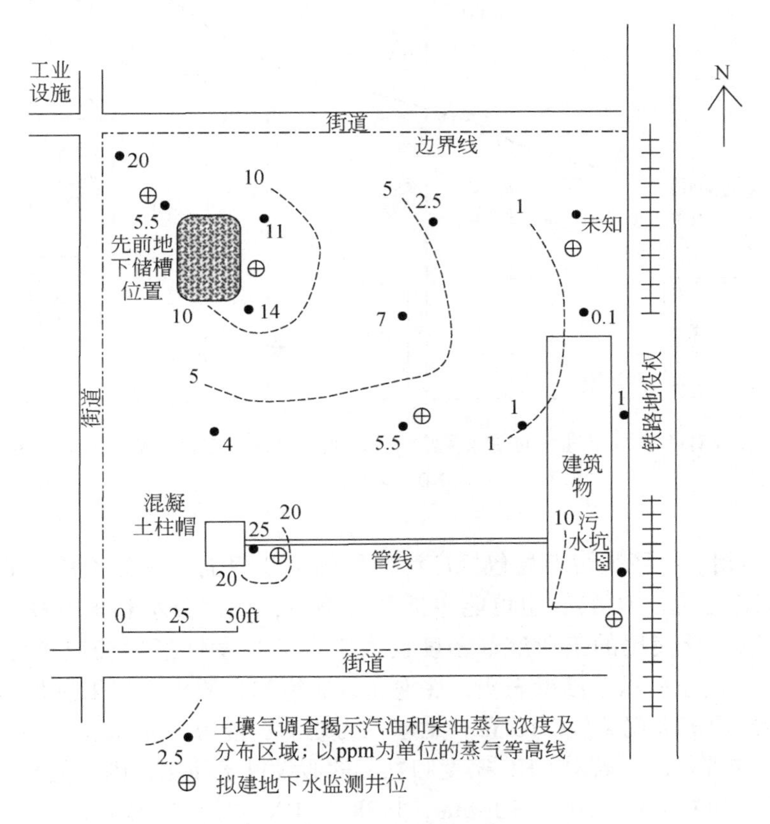


图 2-9　初始的污染羽位置

对该场地进行土壤气的筛选性调查并绘制图。业主宣称原有的地下储槽中有汽油及柴油。土壤气浓度等值线显示除地下储槽区外，水泥地面也可能是污染源，且似乎有向场址外渐增的趋势；靠近铁道所测量的土壤气样品可能会受铁道或场地内污染源的影响；地下水监测井设置于场地内，以监测可能的污染区，其中一口井位于储槽上游，而另一口井位于场地边缘，以监测可能的污染源（污水坑及铁道）。监测井的实际位置会根据实际情况略有调整

沉降物或者 DNAPL 的污染羽可能在含水层中呈梯度浓度分布，在含水层底部浓度更高。如果具有足够驱动水头的大量沉降类污染物进入含水层，可能在含水层底部形成与地

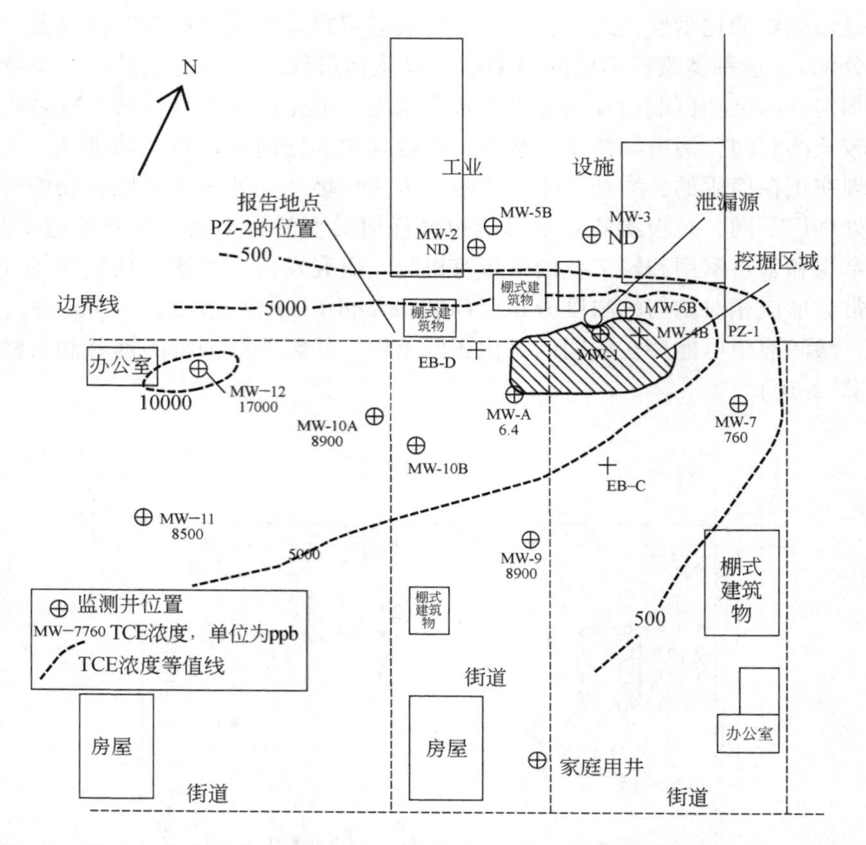


图 2-10　针对 A 含水层进行的钻探及监测井调查所描绘的三氯乙烯（TCE）污染范围
ND 为未检出

下水分离的分离相。沉降类污染物包括广泛使用的工业溶剂如三氯乙烯（TCE）、四氯乙烯（PCE）、三氯乙烷（TCA），也可能包括其他物质，如盐卤水和多氯联苯（PCB）。制造业和军事基地广泛使用的工业溶剂密度也大于水［挥发性氯代烃或氯化烃（CHC）］。Schwille（1988）的土柱试验结果表明，在饱和或非饱和介质中，如果有足够的 CHC 流体压力，CHC 会出现沉降现象。CHC 具有足够压力之后，能够驱走水相（在饱和介质中），即出现 CHC 穿透现象。但若对 CHC 密度和黏度的假设过于简化，则可能会误认为 CHC 无法有效穿透湿润和异质的土壤（Schwille，1988）。DNAPL 在饱和孔隙中的移动性较差，从而成为溶解态污染物的长期污染源。Abdul 等（1990）通过土柱试验研究了有机溶剂在高岭土和膨润土中的流动。结果表明，水溶性溶剂没有改变黏土的物理性质，且以恒定的水力传导系数流过黏土。但是，疏水性溶剂可导致黏土收缩，形成网状裂缝，使得液体以裂隙流方式流过黏土［见 Brusseau（1993）中的讨论］。

当污染物溶解到地下水中时可能会发生分配或分离。例如，汽油（一种可能含有数十种化合物的燃料）可能分成苯、甲苯、二甲苯和其他烃类化合物；这种类型的分离常见于燃油泄漏场地（图 2-9 和图 2-10）。CHC 如三氯乙烯及其降解产物二氯乙烯也有类似的现象。混合污染物的存在可能会导致地下水污染物的复杂混合（Brusseau，1993）。例如，低极性的有机溶质与水的极性分子混合可加快传输速率，而在不混溶液体存在时传输速率则会降低。例如，Brussean（1990，1993）柱状试验显示，萘在含有四氯乙烯残留相的含水层材料中的迁移较为迟缓。

Fetter（1998）认为有两种宽泛类型的溶质，即保守型和反应型。保守型溶质不与土壤或地下水发生反应或衰减（如氯离子）。反应型溶质能发生化学、生物或放射性变化（降解），从而导致溶质浓度降低。污染物发生降解是某一种或一连串降解反应的结果。例如，Barker 等（1987）的试验表明，苯、甲苯、二甲苯会以不同的速度迁移，并在含水层中氧气充分的条件下发生生物转化和降解。其他降解过程包括温度、微生物作用、氧化还原、化合物的不稳定性以及生成新化合物（如氯仿或三卤甲烷）的反应。此外，降解可能会生成比原污染物如三氯乙烯毒性更强的二氯甲烷（图 2-11 和图 2-12）。

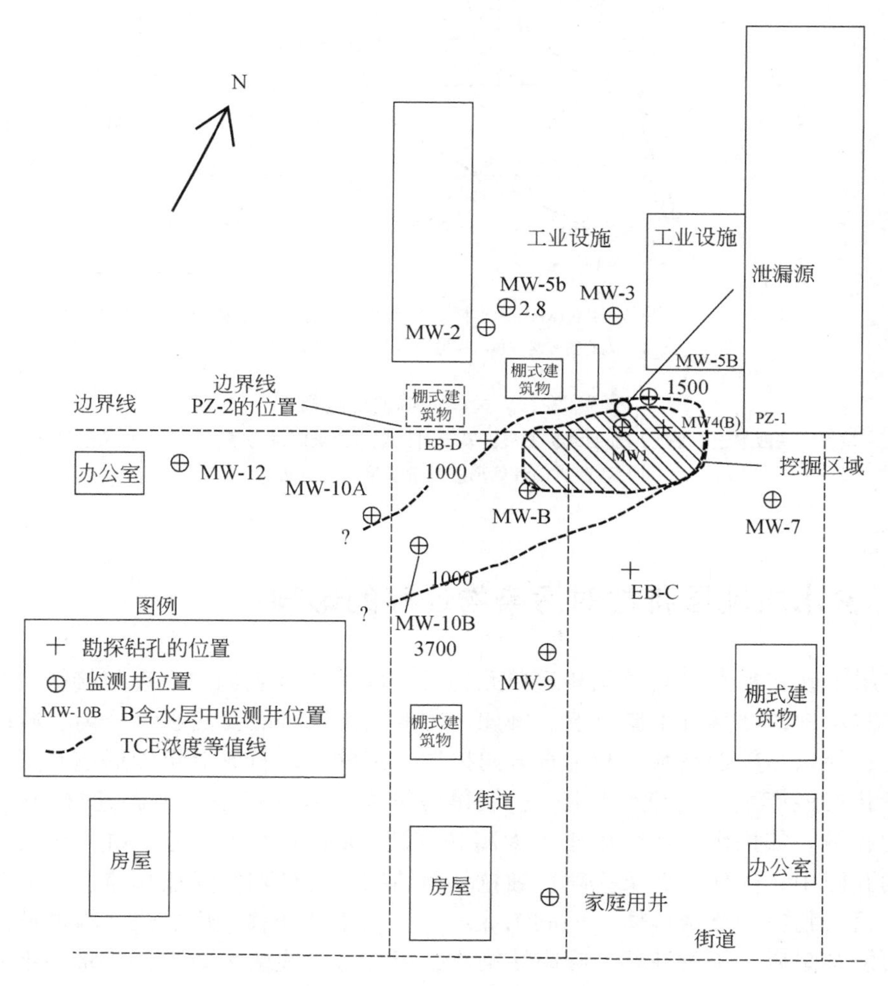


图 2-11　B 含水层中三氯乙烯（TCE）的分布范围

与 A 含水层相比，本含水层中的高浓度区与渗透源/开挖区相符，且向西南方延伸

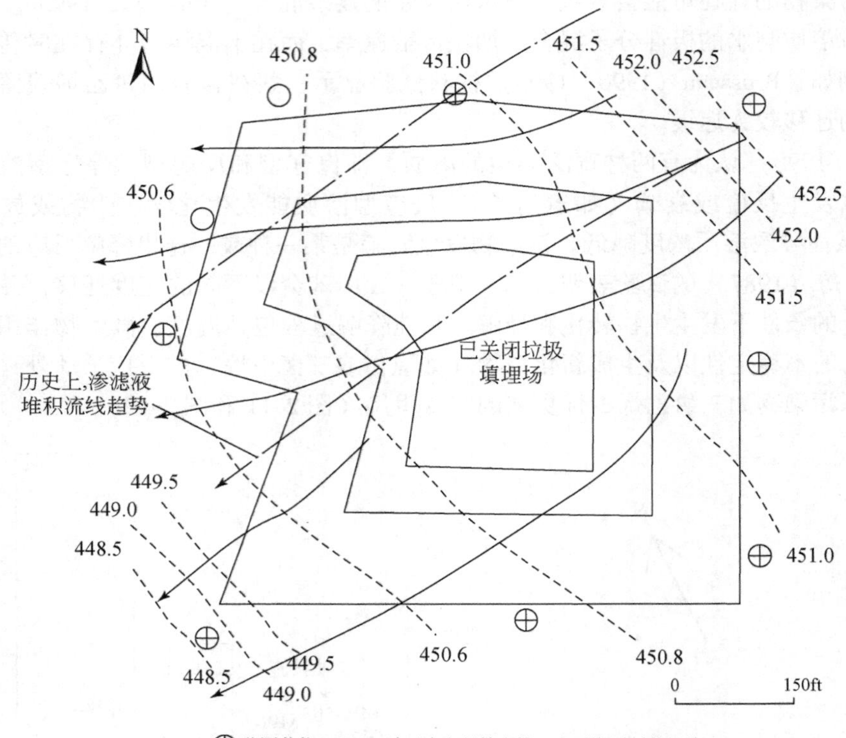


图 2-12　关闭的填埋场监测

垃圾渗滤液水丘似乎于厂址西北侧发展，基于对区域水流坡降的考量，两个井位的选择与西南方向和新形成的渗滤液水丘一致

## 2.4.2　含水层地层特性对污染物迁移的影响

含水层中砂和黏土（高或低渗透单元）的产状，以及它们的层理与接触关系，对污染物在含水层中的迁移有重要影响。例如，薄的黏土层可能会使水流分离、减缓或改变流动方向，导致污染羽在水平和垂直方向扩散。细砂、砾石或者粗砂形成互层，其孔隙大小的变化可能产生“毛细管空隙”，使得污染物在包气带中向下游迁移的速度变慢，且会横向扩散。如果污染物液体张力太高和/或驱动水头太低，污染物可能无法流入下伏地层的孔隙中。同样，如果孔隙被细粒基质堵塞，污染羽实际迁移速度可能要慢于计算结果。污染物在砂质透镜体（Sand Lenses）介质中的迁移速度更快。粗颗粒的黏土或黏土层可能会阻碍污染物迁移并吸附污染物，但会形成残留污染源，并将污染物缓慢释放到地下水中。当含水层地下水位升降变动，漂浮类石油烃污染物可能会随水位变化垂直扩散，随后孔隙重新被地下水充满时，污染物无法迁移，便会广泛分布于整个含水层中。

在过去几年里，人们对一些污染物的生物降解已有较多研究。石油烃微生物降解已经被用于场地修复，其他烃类化合物的降解研究也在进行中，以下对此进行简单概述。

众所周知，烃类燃料是多种化合物的混合物，其中化合物种类根据炼油厂和公司不同可高达200种。BTEX类化合物受到较多关注，因为它们通常对地下水构成直接威胁。烃类化合物在含水层会随时间自然降解（Norris et al.，1993）。简而言之，烃类化合物可被微生物利用为能源，通过好氧和厌氧反应被降解。几乎所有的烃类化合物在好氧条件下都能被降解。限制降解的因素有氧气、有效养分、温度和pH。当污染羽进入地下水并随地下水向下游迁移时，好氧反应会持续存在直至可用的氧气耗尽。污染羽迁移过程中会与更高氧含量的地下水混合，并且污染羽外部的生物降解速度比污染羽内部要高。根据地质环境类型，该过程会持续一段时间，如果有足够的养分和氧气能传输到受污染部分，生物降解过程会得到相应增强。这意味着生物降解在砂质地层中比在黏土质地层更有潜力，但降解程度仍然与污染源、地质条件和污染持续的时间有关。

一般来说，污染羽中的BTEX类化合物的迁移速度可能高于其他大部分烃类化合物。BTEX中苯和乙苯降解速度通常比甲苯和二甲苯更快（Barker et al.，1987）。BTEX会随时间降解，其浓度会接近几到几十ppb① 级别。浓度拖尾现象部分是降解反应限制和残留污染物进入含水层中所致。

### 2.4.3 过度简化地层条件导致的污染地点误判

将地层假设成一个简单的“层状”地层模型和使用过度简化的均质条件可能导致对污染地点错误的研判。流动路径必须基于实际场地地质和水文地质进行判断。必须确定内部地层的厚度和横向范围，因为它们可能阻碍污染物水平和垂直方向的迁移。地下调查中搜集的准确和完整的岩层学记录很重要，尤其需要了解是否存在混合质地、层理和裂隙或次生渗透途径。Kueper等（1993）的土柱试验结果显示，地层层理可能影响四氯乙烯的迁移及其在沉积物中的最终扩散，包括在层面上的横向迁移。因此，场地的化学背景条件和外源污染物必须都包括在地质和地下水流概念模型中，这样现场调查和数据分析才有意义。

## 2.5 裂隙岩体中的污染物迁移

在含有裂隙岩体和沉积物的地质条件下进行污染物的迁移调查是十分复杂的。裂隙中的地下水迁移使得含水层分析和污染物迁移建模均十分困难。Schmelling和Ross（1989）发表了有关污染物在裂隙介质中迁移的综述，下面对其进行概述：大多数裂隙岩体系统中的流体运动路径是破裂面、节理面、裂隙和剪切面，这些流动路径往往在某个区域同时存在。破裂面可能是开放的或被矿物填充的；剪切面或断层运动可能会造成断层泥或者擦痕面，这可能会减缓流体的运动。地下水迁移取决于裂隙密度、连通程度、方向、开口宽度

① 1ppb=1μg/L。

和岩体基质的性质。火成岩和变质岩通常具有较低的孔隙度和渗透性，因此裂隙形成了主要的流体通道。沉积岩通常具有较高的孔隙度和渗透性，其裂隙渗透率是次要的；但是由于胶结作用和固结作用，裂隙也可能形成主要渗透通道。

流体在裂缝中的流动可能是流经一个裂隙系统，或者仅流经几个裂隙形成优势流（Neretniks，1993）。地下水可能在裂隙交汇点混合，从而造成污染物浓度均一。Schmelling 和 Ross（1989）认为，污染物流入或流出岩石的迁移速度取决于岩石基质的渗透性、是否存在低渗透性裂隙以及污染物在岩石基质中的扩散系数。Parker 等（1994）指出 DNAPL 可能以非混溶态流入岩石裂缝并扩散至含水层基质孔隙中。因此，如果 DNAPL 或 LNAPL 充填于裂隙并长期通过解吸进入地下水中，会使清理工作变得耗时且非常困难。

## 2.6 含水层间的污染物迁移

分隔各个含水层的弱透水层仅在理论上是不可渗透的，实际上流体仍可以以非常慢的速度在弱透水层传输。Toth（1984）指出，尽管黏土或任何低渗透单元的水力传导系数相对较低，但水流仍能通过这些单元。另外，水的地球化学性质会因为流动过程中的热力学或化学相互作用而变化。Toth（1984）的研究显示，地下水自然迁移过程中，地球化学性质会使地下水出现组分变化。因此，地下水在含水层和弱透水层中迁移时，会发生自然的化学变化。隔水层和弱透水层通过层间接触或裂隙的自然渗漏使地下水得以迁移，并可以显著改变含水层中水的地球化学性质。污染物进入弱透水层后，会像天然化学系统一样迁移，在有足够量和足够驱动力的情况下迁移通过弱透水层。由于污染物可以进入任何深度的地质单元，迁移能力也能得到增强。最常见的案例就是连接几个含水层的井，地下水可以通过该井垂直传输（图 2-1）。抽水井可以加快污染物的迁移，这些井把污染物吸入井内，同时与未污染的水混合。

井可能被非法使用——将废弃物倾倒到水井中。由于区域钻井记录可能不准确或不完善，因此井的确切位置并不清晰或被遗忘，且钻井日志可能并不完整——缺少岩性和含水层接触面资料。施工细节通常也不完整或已遗失。通常，套管中的泵和管线会生锈，进而导致井报废，之后也无法用于采样。最后，农用井可能在多个含水层开筛以获得最大产量，从而连通了多个含水层。这些农田和农用井所在地可能会通过城市化进程进行变卖和再次开发，如果城市化发展较迅速，井可能被掩埋或者遗忘，从而在工业区或居民区留下了许多含水层连接点（包括用于地基调查的岩土工程钻孔）。重新定位这些井需要大量的分析和努力。旧井套管会腐蚀，钻孔可能会塌陷，但仍然可使水在不同地层间流动。重新确认位置后，必须对井进行适当清理和重建，或对其灌浆封井后废弃。

## 2.7 确定污染羽位置——初始方法

为明确污染羽位置，水文地质学家通常会作出一些初步假设。首先假设污染物在含水层中存在，其次假设地下水的化学性质受污染物影响，且地下水以平均线性速度运动。水文地质学家可以查阅附近区域以前的调查报告、土壤气调查、污染物特性资料以及任何其他可用数据。有时，地表地球物理勘探技术可能有助于可疑污染物的初始定位（如电磁技术或表面电阻率技术）。最后才通过地下勘探来收集地质数据，在特定深度采集样品进行化学分析，安装长期的监测井。进行地下研究所花费的时间和经费取决于工作规模。通常调查是分阶段进行的，因此时间和经费可以更有效率地分配，仅从一次研究中得出完整可靠的答案并不现实。通常，为初步评估场地，必须先收集基本地质条件和含水层系统以及污染物性质的信息。

进行土壤勘探钻孔和安装监测井，可以收集岩心，进行土壤和地下水的化学分析。如果要了解地下水坡降和流向，至少需要设置三口监测井。在场地的初始调查阶段，通常需要在预测的上游方向布置一口监测井，在预测的下游方向布置两口监测井。这些监测井可以和其他监测井（为了解水文地质而增设）重复测量以进行水力梯度计算。地下水污染调查是一个长期的工作，可能需要安装大量的监测井来充分定义和监测污染羽（交叉梯度和顺梯度）。如果理想的监测井位点由于使用权或法律原因无法实现，情况就会更复杂。这意味着如果没有钻井通道，就需要利用长距离的插值法估计地下数据。最后，地质问题可能难以解决或难以解释，这可能需要更多的地下调查工作。监测井将为定期监测提供长期采样数据，以评估场地特征和修复效果。

最终，包气带和地下水污染范围所需的监测井数量和规模很大程度上取决于初步调查的结果。一个复杂的项目可能需要多个场地调查阶段，各阶段收集的所有数据，都是为了得到污染物分布范围和确定修复标准。分布较广的污染问题，或者多个含水层的 DNAPL 污染问题尤其如此。场地初步调查技术大都为土壤气调查或钻孔取样，但这些并不能代替长期监测井的作用。尽管种种工作在业主看来可能像一个“研究项目”，但事实上其是为解决污染问题而进行的调查。必须在科学方面有足够的工作和分析以获得场地特征所需的答案，这样才能使环境工程师来帮助业主了解调查地块和如何减少修复所需费用。

## 2.8 场地调查报告和数据分析概述

现场调查工作完成之后，必须整理、分析所得信息，从而决定是否需要进行补充调查或者开始修复工作。在该阶段，需要准备某些正式的报告文件。有些监管机构可能需要正式报告，有些则可能仅仅需要有关场地活动进展的过程文件。如果涉及赔偿问题，则需将预算支出报告和文件送到主管机关来核定赔偿金额。

每个正式咨询信件或报告都是一份合法文件，报告会从技术和法律角度与道德标准对抗（Association of Engineering Geologist，1981）。有时，初步调查仅仅只是详细调查的一半工作量，这种情况下，报告必须清楚地说明该调查的局限性，未来这将成为下一步工作或修改工作目标的依据。因此，初步调查结果可表明某种修复方法是否适用于这种场地条件。

通常，地方、州和联邦级别的管理指导文件中会规定书面报告中的内容要求。根据作者的经验，大多数报告通常包含以下章节，以描述场地地质条件和污染程度的格式来显示地下信息。这些部分为最基本的内容，根据需要可添加部分章节，详述如下。

（1）场地平面图或地图（Site Plan or Map）——显示监测井位置、场地表面地质和地理条件、场地改建工程（公用设施、设备、储罐等）和任何所需信息。这些信息可能需要多张地图展示。地图需要包含所需的信息，尤其是地图、表格或剖面图是根据发表或未发表的报告修改而成的，需加以引用。引用已有来源的地图必须在地图上标明引文来源。

（2）剖面图（Cross-section Diagram）——展示场地地层、含水层、钻孔位置、监测井详细信息，以及其他相关地质和水文地质信息。为了绘制方便，可以将剖面上的地质数据概括成一个点，但精确度仍然不受影响。通常，场地地层以“水文地层”（Hydrostratigraphy）的形式表示，其中所关注的地层与含水层和弱透水层中污染物迁移之间的关联会被描绘出来。地表和监测井套管标高通常以平均海平面高度为基准。化学分析数据也通常包括在图里，特别是包气带采样的化学分析数据。有时可能需要多个剖面图来展示所有垂直和水平方向的地层和污染物变化。

（3）地下水等水位线图（Groundwater Elevation Contour Map）——展示数据采集当天地下水等水位线和流向线（通常是监测井测量和采样的日期）。地下水等水位线通常以平均海平面高度为基准。

（4）地下水污染等值线图（Groundwater Contamination Contour Map）——可表示场地范围内地下水中污染物的分布和污染源。污染物浓度通常以对数浓度形式表示，因为污染物浓度数值普遍以 ppm 或者 ppb 为单位。若以剖面的形式绘制，地下水污染浓度等值线也可以表示污染物在包气带和含水层的分布。

（5）数据表格和附录——场地调查会产生大量化学数据和其他数据。表格形式可以将数据简明易懂地表现出来。一般通过监测井和采样日期来编排数据，可参考叙述部分和图表。附录通常包括勘探钻孔日志、监测井施工细节、化学分析报告、许可证、来往文件和任何支持报告正文部分的内容。

（6）报告叙述（Report Narrative）——包括场地研究所用的方法、过程和结果，以及备份文件。基本内容包括地质、水文地质、污染物范围以及受影响地区的状况，其中可能包括其他环境咨询、顾客，甚至律师的意见。环境调查工程师必须为报告的结论和完整性负责，报告必须避免模棱两可的说法，需选择恰当的语法和清楚的字眼表达场地调查所得结论。报告措辞应该尽量能被普通民众理解，报告应该易懂，专家意见也同样如此。报告的措辞将来可能会引起问题，因此应该选择争议更少的词汇［如选择“观测”（Observe）而非“检查”（Examine），“建议”（Suggest）而非“指示”（Indicate）］。这可能会对编写报告造成一定的困难，但对于法律文件来说这又是不可避免的事情。假设你在法律领域内工作，对报告中的专业内容可能会不太理解，所以报告就需要避免晦涩难懂的专业词汇，以免他人对报告造成不必要的误解。报告需有建议部分，但需符合现场调查和数据结果。最后，所有对其他工作的引用，包括其他工程师的工作以及法律条文，都需在正文中有单独的引用或参考目录。

环境工程师必须扪心自问，所有资料是否合理？勘探钻孔日志是否证实了土壤/冲积层/岩石单元的相关性？土壤和地下水样品数量是否足够？地下水位图和等水位线图是否和当地及区域性流向概念一致？如果不是，原因是什么？给定水文地质和污染物类型，化学分析结果是否和观测趋势或预计数值一致？监测井和化学分析数据是否精确描绘了污染羽的位置？数据差距在哪里？哪些问题已解决，哪些还没有？这些审查和质疑应该贯穿整个场地调查和报告撰写过程。工程师应该详述技术方面的问题，也应该在报告发布之前回答关于污染羽范围和管理规定方面的问题。

据作者的经验，读者仅注意报告的附图和地质剖面图，而不仔细阅读旁边的文字。通常，污染物水文地质类的图表格式是从地质和土木工程类应用修改而来，因此和这几类专业的图表格式类似。附图和数据必须认真准备，因为读者有时只会关注相关图表和地质剖面图而忽略文本部分。尽管文本部分最完整地描述了所完成的工作，但图表和剖面图通常能让所有相关方、环境工程师、管理人员和业主快速了解报告内容，这也是图表经常被引用的原因。

每个场地调查所面临的问题都是不同的，且每个场地的地质条件也都不相同。尽管场地和地质条件可能具有相似之处，但在不同的场地应用相同的解决方案，永远也无法得到同样的修复效果。场地调查和测试获得的信息仅仅是针对某个特定场地的。

水文地质工程师通常会接手别人已开始的工作或者与其他专家讨论完成研究工作。当接手他人工作的时候，水文地质工程师必须保证他人信息的准确性，并且和自己的工作相符。通常，可先参考其他地质工作者或咨询师和机构撰写的有关报告，并评价适应性。如果先前的报告质量较差或者是无效的信息，接下来的工作就不那么容易开展了。使用他人报告可能会带来几个问题，本节叙述的例子可能时常遇见，但并不代表完整的问题清单，水文地质工作者必须警惕不可靠的信息。

对包气带污染范围的界定不清会导致问题的产生。如果界定不清，可能会造成残留污染物持续地进入地下水中。若污染物残留于土壤中，修复这些残留污染也会造成额外花费。管理机构可能会要求更明确的结果和修复计划，报告的不完整会产生额外费用和法律问题。

监测井安装导致的含水层交叉污染也会带来一系列问题。当监测井（或勘探钻孔）贯穿了多个含水层，就会存在这些含水层之间互相连通的可能性。钻孔的时候地层可能并未饱和，当季节性降雨补充干燥的地层时，污染物会再次释放，于是可能导致交叉污染。污染水体可能会由此通道垂直运动，扩大污染范围。很多农业用井的岩心测井记录可能都不完整，甚至都未记录。每个勘探钻孔的岩心记录形式和完整性都不一样，较差的钻井日志水文地质信息可能不太可靠。含水层和弱透水层的接触面鉴定可能较模糊，或仅由钻孔过程中估计得来，可能不够精确。必须仔细审核监测井的设计细节，以检查设计的开筛段是否接近估算的含水层，是否在隔水层中密封。如果监测井结构不完整，则预期的设计开筛段可能没有密封处理和沙粒充填。

另外一个问题是“无污染带”（Zero Line）的或未探测到地下水污染羽范围，界定不清晰会产生问题。如果污染羽的范围不是由钻孔和采样分析得来的，管理机构会要求更多的场地调查工作，项目成本会随之增加。更重要的是，对污染羽范围的界定不清会误导后续的修复工作，也不能有效掌握和清除污染物。因此，部分污染羽可能继续迁移，造成更复杂的修复和责任问题。

还有一个问题涉及所有化学分析数据的质量，特别是来自之前场地调查所获得的数据。如果没有做好采样和分析的质量控制工作，所得到的数据是不可信的。应当根据报告的分析值审核采样以及样品处理过程。所记录的数据分析值应该从保证精确度和可重复性的实验室流程角度来审阅。不合格的化学数据会导致错误的数据解读和结论，会对现有工作和下一阶段研究方向造成误导。优质的数据对布置勘探钻孔和监测井以及确定污染羽范围至关重要。

## 2.9 场地调查的示范方案

假设你正在进行一项地下储罐场地调查工作，该场地位于工业区，历史上长期被用作工业用地，有一个已知的地下储罐、一个可能存在的地下储罐、一个污水池（图 2-9）。业主对场地调查评估的预算有限，但是希望用最少的花费来明确问题的所在。

现场踏勘的目的在于确定地下储罐附近的监测井位点，并尽可能估计地下水流向。因为地下储罐中液体挥发性较强，且据了解应该是燃油，所以选择使用土壤气调查作为初步方案。另一区域有混凝土覆盖，据观察可能是之前的地下储罐，因此需要在该区域附近多加注意。场地后面有一条铁轨，曾多年被用于装卸货物，因此也需多加注意。

场地情况如图 2-9 所示。图中描绘了土壤气的调查结果并显示了目前的污染物分布情况。土壤气数据显示，有一个污染羽具有明显向东迁移的趋势。场地调查的时间和预算只够在混凝土覆盖区附近布置两个测点，一个在混凝土覆盖区附近，一个则离混凝土覆盖区较远。因为已绘制出已知地下储罐造成的污染羽，若有另一个污染源，则会有另一个污染羽存在并和第一个污染羽相交。土壤气调查数据显示，混凝土覆盖区可能存在更大的问题，并且污染羽有穿过街道向西北方向迁移的趋势。地下水监测井位点建议应尽可能多地覆盖场地，且包含上、下游的监测区域。

### 2.9.1 描绘两个含水层中的三氯乙烯（TCE）污染羽

一个工厂曾使用 TCE 作为清洗溶剂，现发现 TCE 储罐发生泄漏。大量 TCE 渗入地下，甚至在黏土覆盖的区域也有发现，污染问题十分严重，业主计划在其污染浅层地下水前挖掘受污染的土壤。挖掘范围包括包气带污染物，直到地下水出现为止。所挖土壤处理后移走，使用干净的多孔填料回填开挖区，随即设立地下水监测井调查受影响的范围，调查结果发现地下水在该场地黏土质含水层的运动十分缓慢。这时，业主（承租人）和土地拥有者开始就费用和责任问题展开争论，场地活动停滞了一年。

第二个受雇的工程师调查了场地上层含水层中的污染范围，同时确定地下水的流向以及 TCE 的存在。假设 TCE 在黏土质含水层中迁移速度较慢，且泄漏源已经被清理，初步预算 25 万美元才能确定整个污染区域。但因为双方协商责任问题，监测井的建造拖延了几个月才进行。

场地地图（包括监测井位置）如图 2-10、图 2-11 所示。地下水污染羽呈现了不理想的结果。首先，在上层含水层（称为 A 含水层）中，溶解的 TCE 浓度非常高，地下水污染羽已迁移到了离泄漏源头较远的地方。污染羽向下游扩散，含水层向西及西南方向逐渐演变为砂质含水层。高 TCE 浓度的污染羽正向西迁移，这似乎验证了一次泄漏的发生。泄漏之后污染物已经沿含水层中某个易扩散的方向运动，泄漏点南方有居民使用自建水井作为生活用水，污染羽也被发现朝此方向迁移。

布置在底部第二个含水层（称为 B 含水层）的三个监测井的观测结果更糟。泄漏源中心，一个浓度约 1000ppm① 的巨大污染羽正向西移动。这意味着有非常多的 TCE 沉降到了 B 含水层的底部，并且溶解的污染羽正在迁移扩散。A、B 两含水层的弱透水层厚度约 10ft（3.05m），但 TCE 仍能通过。尽管弱透水层的土壤样品测试结果显示仅有少量 TCE 存在，但是由于监测井布点受公用设施限制，这些样品并不是直接在回填区域采集的。B 含水层中的污染羽并未完全界定清楚，局部污染羽有向砂质、砾质含水层迁移的趋势。

在这个案例中，咨询公司已尽其所能完成地下水的调查工作，但仍存在许多问题。首先，大量 TCE 未被处理，其数量可能比业主最初的估算量更大。其次，包气带已尽可能清理至可接受水平，但是亟须开展地下水调查以确认污染物渗透的程度。另外，在资金和场地污染责任上的争论耽误了工作进展，而在此期间，地下水污染羽不可避免地仍继续从泄漏源向外迁移扩散。最后，也是最糟糕的，两个含水层中的污染羽因为假设上方含水层为黏土层，假定污染物在黏土质含水层迁移较慢，从而导致只描述出部分污染物，并且费用预算也已超支很多，因为污染已经威胁民用水井，需尽快界定全部污染羽的范围。尽管相关工作由于各方面原因受到耽搁，但污染羽依然在扩散，除非采取有效强硬的手段要求各相关责任团体完成整治工作，否则各方责任可能会持续扩大。

### 2.9.2 已封闭垃圾填埋场监测系统的案例

某市政垃圾填埋场已经关闭数年，使用时符合当时规定，后有适当的覆土和安全保障措施。市政府为填埋场提供检测和咨询服务的项目招标，中标的咨询公司，其工程师首先应该关注地下水状况。多年的数据经验已确定地下水流向梯度是朝西南方向。但是，填埋场西北部有一道阻碍垃圾污水流动的障碍。因此，地下水流向的模拟结果显示已有的监测并不能了解检测范围内的水文地质状况。故需额外设立两个监测井监测可能的地下水流向。化学分析计划仍然与之前相同，但是如果低 pH 渗滤液已经开始迁移，水质指标浓度就会升高；预测垃圾掩埋场北侧的监测井比西侧监测井更先观察到渗滤液。因为市政机构预算紧张，故需尽可能用较少的监测井来解决问题和得到有价值的资料。

## 2.10 小　　结

初步污染羽范围界定可为水文地质工作者提供最基本的调查资料以形成有效结论。应该确定地质、含水层及弱透水层中地下水情况和流向。土壤采样样品的分析结果可以得到污染物在垂直和水平方向上分布的最小范围。地下水数据可以显示场地污染物分布情况，以及污染物是否已经迁移扩散到场地之外。上游的监测井可推测污染物是否从场地外污染源扩散至场地内。

场地调查报告应该精确简明地报告所有信息，应使用合理的技术标准和报告格式。仅

① 1ppm=1mg/L。

凭单一的调查就能解决所有问题的情况十分罕见，场地调查之后仍然会存在许多未解决的问题，所以持续进行后期的研究很有必要，如此可为水文地质工作者提供足够有用的信息。外插所得资料或由点对点外推分析的数据都需加以验证。水文地质工作者必须确定在有限预算的范围内和保证报告质量的前提下为委托者提供最佳意见、最科学准确的报告、最详尽的数据解读和最有效的预算与法律需求等。有时候这意味着告知委托者需要更多资金这个坏消息。法律规定，无论进行多少次污染调查都是委托者应负的责任。尽管水文地质工作者尽了最大努力，但数据可能依然不完整，此时委托者可以选择不进行预算外的额外工作。

# 3 地下勘探、样本采集及测绘

## 3.1 绪　论

在启动地下水污染地层调查之前，应事先了解确定一些任务，包括在现场安排合适的人员和设备、确定污染物的来源并确定调查程序满足法律法规要求。通常管理部门会与污染场地负责方接触，要求责任方对泄漏的有害污染物等进行处理。

最初的工作范畴界定会影响项目目标的制定、开展何种类型的调查以及预算和时间问题。通常，环境调查工程师根据与业主的合同工作，其工作范围根据该工作的预算所限定。因此，工作计划中需有相关的经费预算资料。最终，监管机构将根据工作地点、所涉及的法律法规或州财政补偿计划等因素决定是否为工作提供资金，并对工作计划进行审查。

若污染场地是属于联邦《资源保护与恢复法案》（RCRA）/《综合环境反应、补偿与责任法案》（CERCLA）类型的场地，该调查工作就可能很繁杂；若污染场地是属于地下储罐类型的场地，则场地调查工作的计划书可能就只有几页。现场工作通常有采样分析和其他解释性叙述来说明现场的问题。无论如何，必须在现场执行工作计划。由于工作人员和承包商的设备必须进入现场，因此技术之外的后勤支援与现场数据收集一样重要。换言之，水文地质学家要知道如何规划工作进度、安排现场作业以及选择承包商。本章将说明这些考量以及它们与调查技术和科学之间的关系。

## 3.2 地下勘探的程序方法

### 3.2.1 地质数据收集的目标

环境调查工程师可以使用地质勘探来收集管理部门所需的信息。这些管理部门（联邦、州或地方）需要该场地土壤、地下水垂直和水平范围污染的信息。因此，地质勘探需要获得如下资料：建立场地整体的地质环境资料；了解现场的水文地质、含水层、隔水层、地下水产状和流向；可在不饱和层和饱和层的不同区间和位置采集土壤和地下水样品，以获取污染物和地质参数；获取项目所需的理化测试参数。

在开展现场工作之前，水文地质学家需要全面了解上述需求。

所采用的调查方法应能对场地条件有一个清晰的了解，尤其是水文地质特性、污染物类型和污染程度之间的关系，并须记住重要的一点，即在有限的预算下尽可能地收集有用的信息。有限的资金会限制采样点的数量，但绝不能影响到信息资料的质量和准确性。

环境调查工程师应尽可能地使用所有可能的信息源来获取与本场地相关的数据，以将其纳入工作计划中。主要的信息来源应是污染场地的所有者，其可提供该场地的使用历史、工业运作、废物处置历史、物料清单以及相关法规要求所对应的资料。环境调查工程师也可以尽量收集并查阅场地所在地的背景地质数据，如从美国地质调查局、州地质调查所、土壤调查、水资源报告以及当地未公开的地下水研究等获取。市、县规划办公室可以提供有关房地产开发阶段的报告，这些部门还可能拥有岩土工程报告，其中包含的勘探钻探记录可能会详细记录先前对地层、地下水产状的观测，并偶尔报告一些异常的化学问题。查阅相关的监管文件是很有必要的步骤，但不幸的是，监管文件不一定完整，或者报告没有及时归档，但即使报告没有归档，也不妨碍进行现场工作。

### 3.2.2 现场物流后勤供应和钻井承包商选择的注意事项

环境咨询公司负责安排人员和设备到现场开展工作。无论场地是在市中心还是在偏远的山区，肯定存在后勤补给的问题。有许多需要考虑的方面可能会随之出现问题，包括进出现场的许可、钻孔和设井的许可、现场公用设施清理以及在时间和预算限制内完成工作。这些问题都会直接影响项目的成功。

计划预算需要先经过批准，这样环境咨询公司才可使用业主的资金。虽然有时候在紧急状态下会“不计成本”，但通常情况是在预算限制内进行操作。因此，项目的每个部分均进行成本估算。图 3-1 显示了调查阶段可能需要的费用项目。由于环境咨询公司是商业性的，因此需要在总预算中将公司的利润纳入考量。业主会审查环境咨询公司在项目建议书中所提出的预算和工作范围。业主固然需要处理污染问题，但也要得到与其花费价值相当的信息。因此，环境咨询公司必须利用好所花费的每一分钱，以提供更多的信息。换言之，预算的多少也会限制调查数据的解释和相关问题的界定。

地下勘探工作所需的场地进出权和许可证通常是工作任务之一，因为它们是执行现场工作的前提。通常，监测井的安装也是其作为供水井时才需要获得安装许可，申请须提供井位施工和完井的相关文件。这些许可证可能是当地监督机构（Local Oversight Agency，LOA）要求的，并且在开始工作之前就需要得到批准。在某些州，上述许可审查是收费的，并且当地监管机构的审核可能也需费用，因此，这部分的费用需要纳入项目预算。许可审核过程可能会耽误时间，因此工作预期完成的时间必须将许可审核时间纳入考量。其他的许可证包括进入许可、在公共场所进行地下工作许可和道路通行权等，这些都需要向业主收取费用。

正式工作开始前的现场清理须标记出高架设施和地下公用设施的位置，以及提供现场安全计划。现场工作人员必须标记并避开地下和架空的公用设施管线，尤其是注意对现场钻探人员的防护。现场安全计划需因地制宜制定，并经过审核，如遇到障碍，需视情况调整。安全计划的准备工作不在本书的讨论范围之内，请读者参考相关的州和联邦法规以制定安全计划，下文将提供一个简短的说明。现场安全计划必须满足州和联邦对工人保护的基本要求（钻探人员、地质师、工程师、采样人员等），并需要对有毒物质和暴露阈值进行评估，工作人员必须穿戴适当的个人防护装备。劳工防护程度以 A 级至 D 级分类记载

引用编号:______
记录人:______
项目地点:______

| | 时间×费率 | |
|---|---|---|
| 准备工作 | | |
| 场地踏勘 | ____小时×____ | |
| 研究 | ____小时×____ | |
| 会议 | ____小时×____ | |
| 场地清理 | ____小时×____ | |
| 其他(航拍、地图等) | ________ | |
| 许可证 | ____小时×____ | 小计 ____ |
| 现场 | | |
| 钻探 | ____小时×____ | |
| 钻机准备、清洗 | ____小时×____ | |
| 每孔蒸气清洗 | ____小时×____ | |
| 无筛管段 | ____ft×____ | |
| 筛管段 | ____ft×____ | |
| 灌浆段 | ____×____ | |
| 完井材料 | ________ | |
| 地质日志 | ____小时×____ | |
| 地质技术人员 | ____小时×____ | |
| 采样材料 | ________ | |
| 移机 | ____小时×____ | |
| 地质工程师 | ____小时×____ | |
| 交通工具 | ____mi×____ | |
| 取样人员 | ____小时×____ | |
| 洗井 | ____小时×____ | |
| 井下取样 | ____小时×____ | |
| 样品运输 | ____天×____ | |
| 差旅费用 | ____小时×____ | |
| 垂直与水平测量 | ________ | 小计 ____ |
| 每日差旅费 | ____天×____ | |
| 化学分析 | | |
| 土 | ____×____每个试验(s)×15% | |
| 水 | ____×____每个试验(s)×15% | 小计 ____ |
| 报告-信函或完整报告 | | |
| 地质师 | ____小时×____ | |
| 高级评审 | ____小时×____ | |
| 打字 | ____小时×____ | |
| 报告制作 | ____ea×____ | |
| 绘图 | ____小时×____ | |
| 电脑使用时间 | ____小时×____ | 小计 ____ |
| 会议 | | |
| 地质师 | ____小时×____ | |
| 工程师 | ____小时×____ | |
| 旅行 | ____小时×____ | 小计 ____ |
| 人员每日差旅费 | | |
| 临时费用 | 小计×10% | 小计 ____ |
| | | 总计 ____ |

图 3-1　标单范例

英里符号为 mi，1mi = 1609.344m

于《超级基金修正和再授权法案》（The Superfund Amendments and Reauthorization Act，SARA，1986 年）、《美国联邦法规》第 29 章 1910.120 章节，美国国家职业安全卫生研究所（The National Institute for Occupational Safety and Health，NIOSH）的法规和指导文件中（A 级最严格，提供最高安全等级，D 级为最低安全等级）。显然，在解决所有安全问题之前，不得进行现场工作，训练有素且经验丰富的安全员可协助水文地质学家制定安全计划。

钻探承包商的选择可能是执行地下勘探的最重要决策。钻探公司应具有丰富的钻探方法和地下水监测井的建设经验，最好在所调查的区域内已具有相关经验。即使钻探公司是当地企业时，水文地质工程师也需考察哪家公司有能力开展这项工作。有关公司能力的资质证明应与他们的报价单一起报送。另外，可要求钻井承包商携带项目所需的所有材料和设备，这一点在开始工作之前需协商清楚，以防止延误和停工，尤其是在偏远地区。地下钻探工作可能非常困难，而且地下条件的变异性大，所以应事先与钻探公司讨论评估预期地下条件，并给出符合预期条件的钻孔进度表。钻探公司通常是通过招标进行选择，并由最低价的投标者中标，但是最低价中标者却可能不是能力最好的。因此，钻探公司在有限的预算和时间内完成工作才是最重要的。

最后，环境咨询公司和分包商可能需要协商保险和保证金要求。在过去的几年中，由于土壤和地下水污染工作的法定义务责任持续增加，因此对保险和担保的需求也在增加。这可能是一项耗费大量文书的工作且需要花费大量时间，并且可能涉及与承包公司负责人进行谈判。对这些周边问题的了解是有必要的，因为它们可能会对工作和承包商施加某些限制，并影响完成工作任务的时间。

### 3.2.3 除污程序

钻探设备和采样工具的清洗对任何地下水污染调查都是至关重要的。除污的目的是清洁设备，以免导致钻孔或钻孔之间的交叉污染。如果未能正确或适宜地执行除污程序，则现场的数据可能受到质疑（表 3-1）。在调查计划中不能忽视除污净化程序，净化程度取决于场地的问题和污染物。此外，根据不同的组成，液体和钻探废屑有可能是有害废物，所以相关处置成本也需包含在计划经费内。在开始工作之前，应选择一处除污净化区域并获得批准。有关除污的建议方法如下。

**表 3-1　设备除污所用的清洁溶液列表**

| 化学剂 | 溶液 | 使用方法/备注 |
| --- | --- | --- |
| 干净的饮用水 | 无 | 在高压或蒸汽下清洗，以除去重泥浆等，或冲洗其他溶液 |
| 低泡洗衣粉（去污剂） | 根据厂家指导 | 一般通用的清洁程序 |
| 碳酸钠（洗涤苏打） | 4#/10gal 水 | 有效中和有机酸、重金属、废金属等 |
| 碳酸氢钠（小苏打） | 4#/10gal 水 | 用于中和碱或中性酸污染物 |
|  | 2#/10gal 水 | 类似于碳酸钠 |
| 磷酸三钠（TSP oakite） | 4#/10gal 水 | 适用于溶剂和有机化合物（如甲苯、氯仿、三氯乙烯）、多氯联苯 |
| 盐酸钙（HTH） | 8#/10gal 水 | 农药、杀菌剂、氯化酚、二噁英、氰化物、氨及酸性无机废物的消毒剂、漂白剂及氧化剂 |
| 盐酸 | 1pt/10gal 水 | 用于无机碱、碱、腐蚀性废弃物 |
| 柠檬酸、酒石酸、草酸（或其他个别的盐类） | 4#/10gal 水 | 用于清洗重金属污染 |
| 有机溶剂（丙酮、甲醇、亚甲基氯） | 浓缩 | 用于清洗被有机物污染的设备或清除井管表面油类等 |

资料来源：U. S. EPA，1988

注：加仑符号为 gal，1gal（US）= 3.785 43L

（1）除污净化区域应靠近但不应位于工作区域内。视需要设置进入权限和安全防护措施。

（2）应具有可用的公用设施（电力和清洁水）。有时，唯一的水源可能是消防水（可以通过水表计量并计入项目费用）。如果在偏远的地方工作，钻探公司可能需要用罐车运送水。

（3）清洗用水和钻井液必须予以收集，并在现场工作完成后妥善处理。处置液体前可能需要进行化学测试，以确定它们是否有害。如果含有有害物质，则必须根据相关法规进行处置。这点可能带来巨大开销，因此应将其计入预算范围。

（4）在每个钻孔施工之前，所有钻井设备和建井材料必须保持干净。现场使用的材料应用防水布盖好并远离除污净化区。如有任何污染的迹象，就需进行净化处理。清洁后的材料和工具应放在干净的塑料上，避免与人行道或地面接触，尤其是在工作区域周围。

（5）通常有两种类型的去污方法：手动清洗和机械清洗。手动清洗常用于采样工具、广口瓶、样品辅助性工具和其他可重复使用的设备。需使用经认可的清洁剂（通常是低泡沫的磷酸盐、碳酸盐或次氯酸盐）和干净的水。若要冲洗，则可根据项目的需要，选择溶剂或去离子水。机械清洗通常使用蒸气清洁器完成，该蒸气清洁器通过喷嘴喷射的高速热水可以清除结块的泥土、钻屑和挥发性污染物。它可以快速清洁大型设备和车辆，并可以进入缝隙和狭窄区域。清洁需要在塑料布上或在有围堰的地面上进行，所有的液体和泥浆都应收集于盆中或桶中储存，并送到场外处置。

## 3.2.4 快速场地勘察时的地下采样

有时业主希望尽快了解场地土壤和地下水的污染问题，以确定是要进行更深入的调查，还是作为购买产业的前置评估，抑或是想看看是否有污染羽流向该场地。在这种情况下，现场地下调查应该快速而实惠，以获得初步（或称勘察性）的数据。现已开发出几种场地调查方法：地球物理方法（非侵入性试验）、土壤气采样及浅层地下水采样（侵入性试验）。这些技术可以快速了解场地，确定是否存在污染问题；如果存在污染问题，则可以预估污染范围的相对大小。需要记住的重要一点是：这些只是初步调查，通常需要额外采样，才能进一步确定从这些有限数据中所得出的结论。

地球物理方法（非侵入性试验）是使用地球物理方法来确定掩埋体的存在、估计地下水的深度以及初步了解场地的地质情况。对这类技术的详细说明不在本书的讨论范围之内，但是以下的概述可以让读者有一些基本概念［参见 Sara（1994）］。磁力仪（Magnetometer）是使用磁场来定位金属物体（如桶）或确定地层岩性的变化，并且通过对整个区域的探测，调查人员可得到一个大致的工作区域（如开挖位置）。磁性可以垂直穿透几英尺（数米）到几十英尺（数十米）的深度。此方法的另一种变体是使用成像雷达，通过雷达波的反射率以获得地下影像，但是探地雷达穿透的深度可能小于 20ft（约 6.10m）；而将电流传送到地层得到地层电阻率的方法，可以估算地下水的深度，范围可达数十米甚至更深。地下水的电阻率可以用来估算地下水的深度和地下水的水质。地震折射（Seismic Refraction）是通过将声音信号发送到地下并使用检波器测量返回时间，以此来确定致密沉积物的反射范围。这项技术已经在工程上被用于估算岩石的裂隙发育程度，它可以估算上覆冲积层和岩石类型。

土壤气采样是“新型的”场地勘察技术之一，该技术通过采集土壤中的气体样品来获取挥发性污染物的分布范围。液态污染物中的挥发性成分会受蒸气压的影响释放出蒸气。蒸气运动类似于流体流动，受土壤孔隙率和渗透率的影响（图 3-2）。

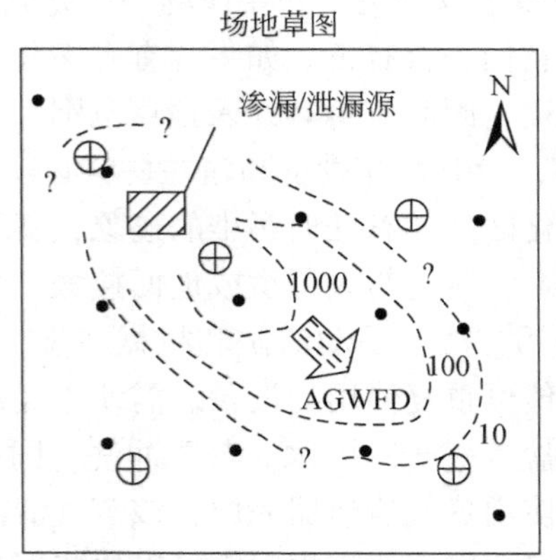


根据背景研究假设的地下水流方向

AGWFD：根据背景研究假设的地下水流方向

• 土壤气采样点，定位可能的污染羽位置，用于确定“最佳猜测”监测井位

⊕ 监测井井位，以最少数量的井提供详细污染羽覆盖的范围

--- 100 定义假设污染羽位置的土壤气浓度，污染物单位为ppb

图 3-2　利用土壤气初步定位地下水污染羽

建议的监测井位置是根据污染物来源和蒸气浓度数据来选择的。

只有安装监测井才能确认实际的污染羽位置

土壤气的测量是通过单向驱动将小直径薄壁管推入地下（通常为 5 ~ 10ft，最多 20ft）（即通常为 1.52 ~ 3.05m，最多 6.10m）来完成［图 3-3（a）］。达到所需的深度后将管稍微上提，并通过泵抽取蒸气至管中，直至充满管。再将样品吸入注射器，然后将其转移到便携式气体分析仪或实验室采样袋中，以便带回实验室进行分析。完成后，将管抽出，并用水泥浆回填孔洞。

土壤气调查可能需要钻孔许可，并且可能需要许可费。土壤气调查是快速的地下勘察评估技术。一旦分析并测量出蒸气存在，便可绘制出一个蒸气浓度等值线图。该浓度等值线图可用于确定可能的污染源，并用于选择监测井的位置。但是，蒸气的存在并不一定能完全确定污染源，且该技术仅适用于挥发性化合物。对于半挥发性化合物，该技术可能仍然可以有效探测，但该技术对某些农药的微量元素不具适用性。

浅层地下水采样［图 3-3（b）］是土壤气测量技术的延伸，可与土壤气测量结合使用。如上所述，此技术使用和土壤气调查一样的薄壁管推进到地下，但此薄壁管会被持续推至地下含水层，并稍微进入水中。在推进过程中，可以周期性地停顿读取该深度下管中的土壤气，一旦进入含水层，管子会暂时停止采取土壤气，而开始采取水样。虽然可以贯穿深部，但因为采样管比较轻，这也意味着根据沉积物类型浅层地下水的采样深度在 20 ~

25ft（6.10～7.62m）。地下水样本分析随后进行，其结果可获得该位置部分污染状况。当与移动式实验室一起使用时，这可能是一种有用的快速评估技术，尤其是在采样困难的地方，如在道路或小巷中或在建筑物内。该方法需要存储和处置的钻屑量均很少。

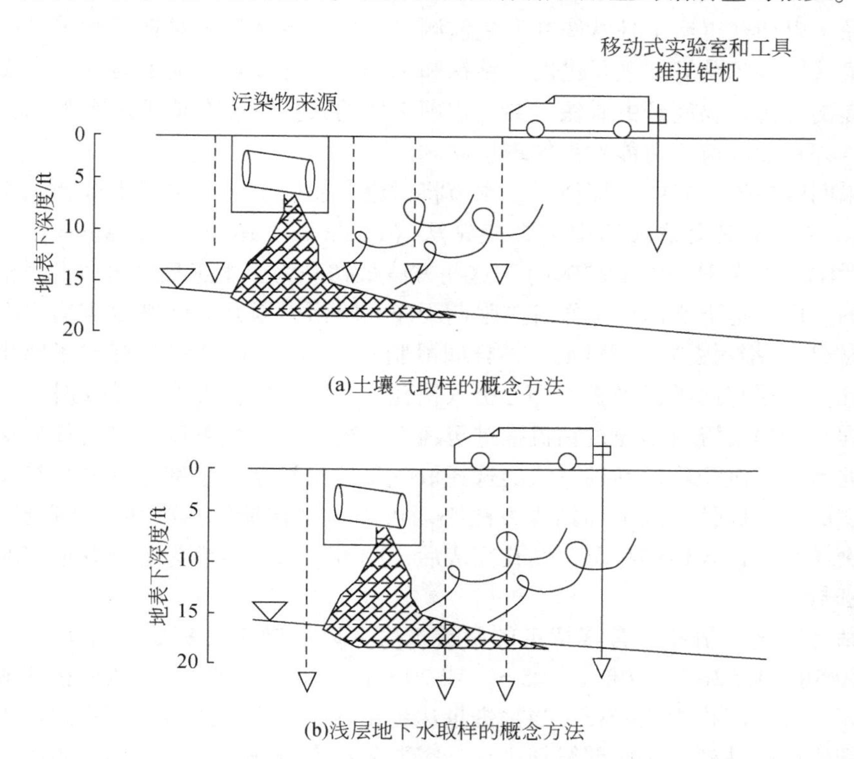


图 3-3　利用土壤气取样和浅层地下水取样进行场地调查

（a）使用液压将探针压入地下，将土壤气样品抽出，然后在移动式实验室中分析；（b）浅层地下水取样。浅层地下水取样方法与土壤气类似，只是采取的是地下水样品，可在现场或实验室中进行分析。土壤气取样和浅层地下水取样可以成为一种有效的快速检测技术，以确定问题的存在或定位永久监测井

## 3.3　地下钻孔和采样简介

对于地层的采样和勘探而言，目前已有许多钻探技术可以应用。这些技术针对一般条件或特定的钻探条件而设计，并且根据工作的形式和类型而使用不同的技术。没有适用于所有地下条件的通用钻井技术，并且由于时间和预算的限制，水文地质工程师以前的工作经验就变得非常有价值。为了在预算范围内执行工作，项目的水文地质工程师应该对钻探技术有深刻的理解，尤其是在出现不可预见的问题时。Driscoll（1986）很好地回顾整理了水资源工业中使用的钻井方法，政府指导文件也有推荐在地下水污染工作中使用的方法。有关地下勘探和采样方法的概述，请参见 Leroy 等（1977）的文献。钻探的土壤或岩屑可能是被污染的，并被归类为危险废物。因此，在现场作业期间需要准备临时容器，并在之后对该类废物进行妥善存储和处置。

有时钻探方法会因为进场条件、地层问题以及法规要求而受到限制。但是无论如何，最终选择的钻探设备应始终基于地质类型和调查采样的需求。任何地层研究或污染物研究的钻探都需要强劲且耐用的设备和工具来进行钻井工作。钻孔的钻进是为了获取地层资料和土壤样品，以便获得土壤柱状图并安装监测井。环境咨询公司对钻探和采样的知识和应用能力会直接影响到预算和项目进度。钻探和采样可以直接观察地下岩层，水文地质学家可以借此提出对污染物问题的看法。参与这项工作的人员应该在地下调查技术方面具有丰富的经验，并且能够解决可能发生的现场问题。

本书未回顾整理所有的钻探技术。本节将讨论普遍用于地下水污染调查工作的三种的钻探技术：逆循环螺旋钻法和中空螺旋钻法（Flight and Hollowstem Augers）、旋转钻法（Rotary）和冲击式钻法（Cable Tool）。这些方法最初是为土木工程、水资源及油矿勘探工作所开发的。由于地下水污染工作着重强调干净和除污，因此应仔细检查钻机上所使用的某些辅助材料（钻探泥浆、润滑剂、钻杆润滑脂等），以避免其中含有与场地相同的污染物污染钻孔。如果将此类污染物不小心引入钻孔中，则可能会影响采样数据。

土壤样品和地层资料是通过钻机推进至地下获得的。钻孔可以前进至任何深度并进入任何类型的地层或沉积物。钻探方法的选择取决于地层类型、预期条件和最终深度。地下条件是多变的，因此钻探人员和钻探方法必须可因地制宜地做出改变。钻孔钻进过程中，需采集土壤样品和记录地层状况。钻孔完成后，则可将钻孔转换为监测井或安装其他仪器或将钻孔密封。

螺旋钻杆或旋转钻杆都有其特定的制造长度，以便操作［螺旋钻杆为5ft（1.52m）；旋转钻杆为5ft（1.52m）、10ft（3.05m）或20ft（6.10m）］。第一根螺旋钻杆或旋转钻杆的头部磨碎土壤、沉积物或岩石，当钻进量达到钻杆的长度极限后，则在地面上连接另一根螺旋钻杆或旋转钻杆，然后继续钻进。当需要采集土壤样品时，先将钻头提至地面，然后放下采样器至钻头前端进行采样。采样完成后回收采样器，然后再次将钻具放入钻孔继续钻进。重复上述步骤直至到达指定的钻井深度，最后将孔密封或设置为监测井。本节将简要讨论几种类型的钻探方法，其实无论深度为10ft、100ft或1000ft（3.05m、30.48m或304.80m），钻探程序都非常相似。随着钻探深度的增加，钻进过程中螺旋钻杆或旋转钻杆的提升和更换时间变长。钻孔壁和螺旋钻杆或旋转钻杆之间的空间称为环形空间（Annular Space）（Driscoll，1986；Keely and Boateng，1987；LeRoy and LeRoy，1977；Sara，1994；University of Missouri，1981）。

### 3.3.1 钻探方法

逆循环螺旋钻法（Flight Augers）是最常见的钻探技术，因为在无塌陷的冲积层和软岩层中，它可快速经济地钻进约100ft（30.48m）的深度。其钻进时，附着于螺旋钻叶上的钻屑会以反循环的方式提升至地面。尽管螺旋钻机的钻进深度可以达到150～250ft（45.72～76.20m），但作者的经验是，对于100ft（30.48m）以下的深度，使用该方法时会出现一些困难，在开始钻孔前应和钻井承包商协商钻井费用。螺旋钻可转动且坚固耐用，有多种直径可供选择，在美国各州均有使用。许多调查都使用了逆循环螺旋钻法和中空螺旋钻法（图3-4～图3-6）。钻机制造商和图3-4～图3-6详细介绍了这些钻机和螺旋钻的类型。为慎重起见，亦可与钻井设备制造商联系直接询问关于设备的使用和限制问题。

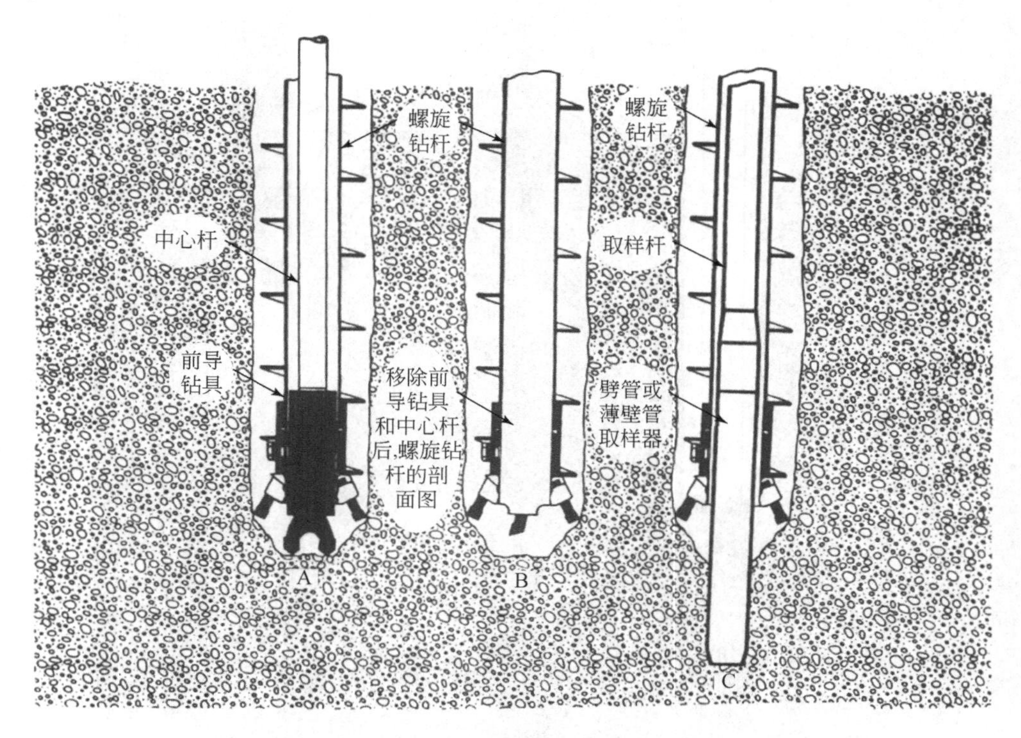


图3-4　中空螺旋钻法和劈管取样的顺序（U. S. EPA，1989）

**1）逆循环螺旋钻法**

逆循环螺旋钻法适用于3～36in（7.62～91.44cm）的孔径（取决于制造商），通常用于1～100ft（0.30～30.48m）钻深的钻孔。其螺旋钻杆可以提至地表后使用采样工具，螺旋钻通常用于土壤工程和采样研究。该方法非常适合用于对地下水产状的识别，因为它是一种干式钻井方法（不需要加入钻井液）。但如果提起螺旋钻杆时发生塌孔，则钻机的后续推进可能会出现问题。因此，对于较深的钻孔或当遇到地下水时，该方法往往会受到限制。

**2）中空螺旋钻法**

中空螺旋钻法使用空心的轻型螺旋钻杆，根据制造商的不同，其管柱内径在3～8in（7.62～20.32cm）。根据钻机和地质情况，这种螺旋钻的最大钻进深度可达150ft（45.72m）。由于这种螺旋钻杆在钻进过程中可有效地“嵌套”孔壁，因此可以避免塌孔问题。将中心钻头和钻杆移除后，可以将采样与监测设备通过中空钻杆安装至地下（图3-4）。该技术非常适用于了解地下水产状和小口径监测井的安装。它也可以与干式取岩心设备一起使用，以收集连续的土壤样品。但中空螺旋钻法在饱和的砂层时可能会出现涌砂问题。在这种情况下，砂可能会因为地层压力涌入螺旋钻杆中，从而将螺旋钻卡在地

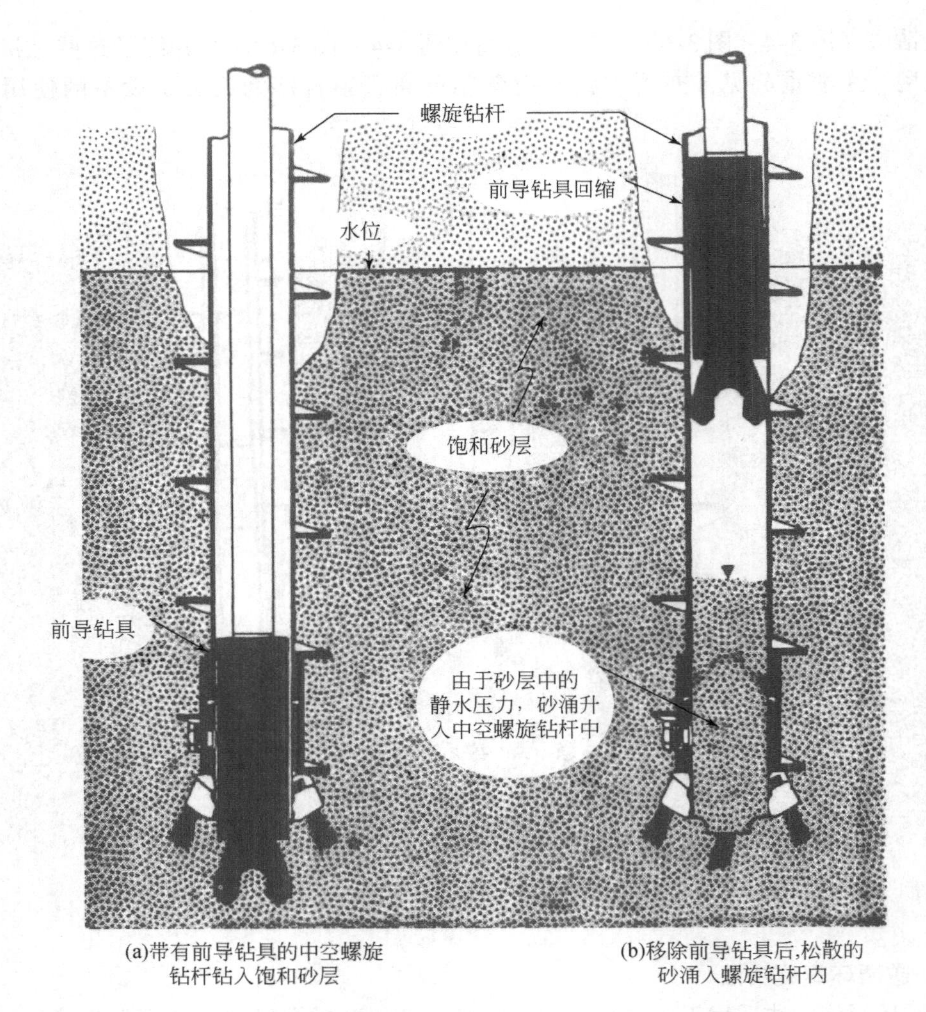


图 3-5　中空螺旋钻在涌砂地层中的钻孔示意图（U. S. EPA，1989）

下。此时钻孔已经卡住螺旋钻杆，因此移除螺旋钻杆是一项困难且耗时的工作。

**3）旋转钻法**

旋转钻法可以在数十英尺至数百英尺乃至数千英尺（数米至数百米）的深度上钻一个孔径不一的孔（通常用于污染物研究的直径为 4～16in（10.16～40.64cm）；石油工业使用该方法通常可以钻进几英里深。该技术使用循环流体，流体从地表储罐或集水坑通过空心钻杆向下流动并通过钻头流出。旋转钻头切割或压碎沉积物或岩石，然后将钻屑通过钻孔内的环形空间向上带至地面。钻井液（通常是泥水混合物）自身的重量会使钻孔环形空间保持打开状态，同时也会润滑和冷却钻头。钻屑提升到地面后，其会沉入储槽或集水坑，而泥浆则被回收并重新送回到钻杆中（图 3-7）。

连续取样的方法有：当钻屑被提升至地面离开钻孔时，可以通过筛分以连续收集样品；或者可以在所需的采样深度使用常规取岩心或采样工具进行采集。由于钻孔被钻井液

图 3-6　中空螺旋钻钻井平台图

淹没，因此该技术在地下水的识别中可能有些困难。此方法可与其他岩层记录工具一起使用（如在无套管的井孔中使用电测井设备）。另外，还有以空气作为流体的旋转钻探方法，该方法在稳定的岩石或晶体地层中是一种快速的方法。

与一般观点相反，旋转钻探法对地下水污染的调查工作是适用的。因为泥浆将有效地封闭钻孔，并有效地承受水平压力（Healy，1989）。尽管一些污染物会进入泥浆并与泥浆混合，但是少量的污染是可以接受的，而且在封孔或安装监测井之前将泥浆排空并进行洗井，可以将污染物清除。如果聘请的钻探公司经验丰富，采用此种方法是快速、经济的，并且可适应多变的地下条件。通常，如果需要将钻孔推进到 150ft（45. 72m）或更深的深度，应考虑使用旋转钻法。

**4）冲击式钻法**

第三种技术是冲击式钻法，这也是最古老的钻探方法之一（Driscoll，1986）。该方法通过使用夯锤头每次冲击出 4 ~ 5ft（1. 22 ~ 1. 52m），放入套管以固定孔壁，然后再冲击出另一段钻孔并放入套管，从而由浅至深钻出一个不同直径（6 ~ 36in，15. 24 ~ 91. 44cm）的钻孔。该方法本质上是不需要流体的，但会使用一些水来形成钻屑浆液以将钻屑排出至地表。该方法可以收集连续的、不连续的土壤样品。该方法几乎适用于所有地层，并且在含漂石和卵石的塌陷性地层中特别适用。该方法主要缺点是速度很慢，并且必须在钻进的同时跟进套管。一旦达到所需的深度，就可以将套管移除，或者留作监测井或是作导管使用。

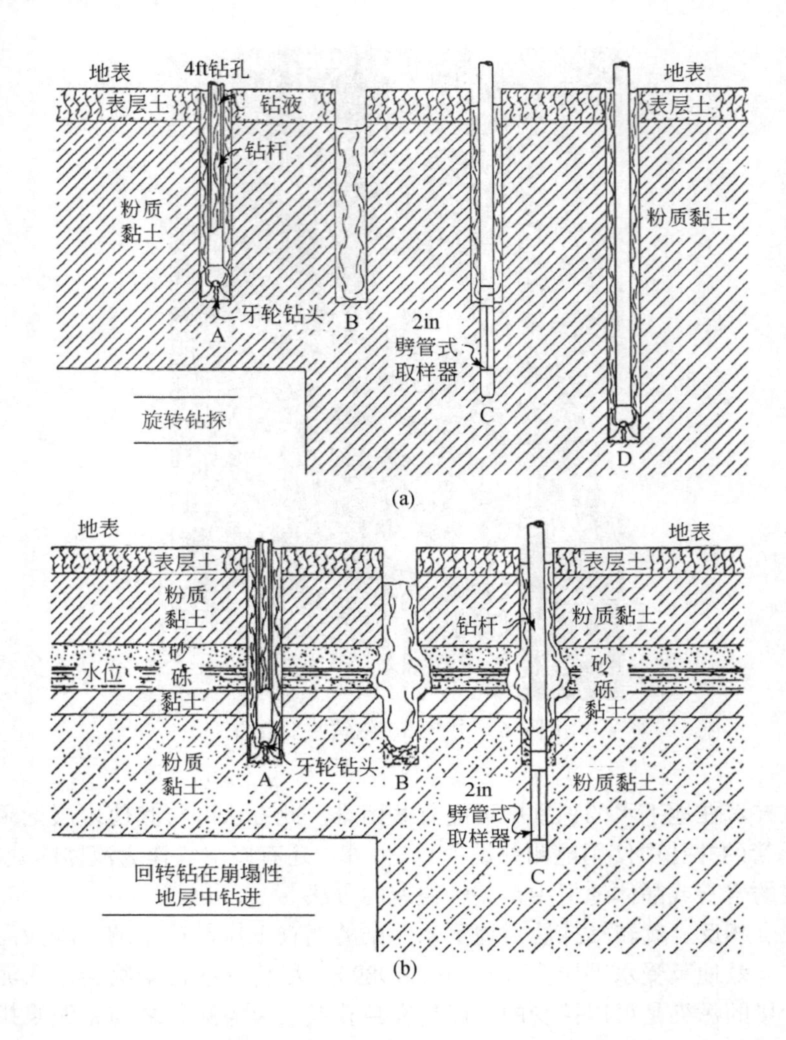


图 3-7　旋转钻法

修改自 University of Missouri，Rolla，Seminar for Drillers and Exploration Managers，1981

## 3.3.2　钻探问题

当在地下持续钻孔时，可能会遇到不同的情况。钻孔推进的能力取决于地质、钻机的类型以及钻探人员和水文地质学家的经验。尽管在大多数情况下工作可能会顺利进行，但多变的条件也会使钻探变得复杂、缓慢或停止。成功钻探最重要的两个因素是钻机的设备类型和钻探人员的经验。钻探问题随时可能会出现，因此钻探人员和水文地质学家的故障排除经验就变得非常有价值。钻井预算可能是项目成本预算中耗资最大的项目，并且可能发生严重的超支。有些问题是可以避免的，有些则无法避免。但在初期若能认识到此类的问题，则可以大幅减少它们所造成的困扰。

钻孔深度的推进通常伴随着钻杆的加长（通常为5ft、10ft或20ft，即1.52m、3.05m或6.10m）。当遇到不同的地层组成时，钻孔条件可能会发生变化。每种地层组成在受到钻头扰动并与地层或钻井液中的水混合后，其行为可能会有所不同。例如，黏土可能会因受湿膨胀而封闭井孔；砂层遇水可能会塌陷，从而扩大孔径并使钻屑量突增（图3-7）。钻孔越深，钻具穿过钻孔的长度越长，“钻孔侵蚀”（Borehole Erosion）就越普遍。经长时间（数小时至超过24小时）暴露后，孔壁可能会变得不稳定并坍塌。如果塌孔很严重，则可能必须放弃钻孔，并在第一个钻孔旁边重新钻一个新的钻孔。另一个问题是钻进卵石和漂石的地层中时，此时钻头可能无法压碎颗粒。如果存在这种状况，则可以通过安装套管穿入此层封住该区域。在这种情况下需优先使用冲击式钻法，而不是使用螺旋钻法或旋转钻法。

还有一个问题是流沙（涌沙）。流沙情况通常发生在沙的直径相对均匀、饱和且含有很少的淤泥或黏土的地层。旋转钻头的旋转作用会使沙发生液化并“流入”钻孔。当使用空心螺旋钻时，沙会流入螺旋钻杆内，将其堵塞并卡在地层中。当使用旋转钻法时，沙会流进钻杆中并“抓住”钻杆，使钻头停止前进。当发生严重流沙时，一种可能的解决方案是用螺旋钻杆钻得更深一些，以尝试找到一个不流动且较稳定的地层，如此螺旋钻杆可被提至地面并清理干净。使用旋转钻法时，可能的解决方案是将泥浆调浓稠，增加的重量可以稳定并密封孔壁和维持环形空间的开放。

最后，每个钻孔底部都有一定程度的塌陷。如果存在严重的塌陷，最终的完井深度可能达不到最初的设计深度。此时可能需要在第一个钻孔旁边再钻一个达到设计深度的钻孔，作为设井之用，第一个钻孔可采集土壤样品和记录地层数据。上述这些问题可能需要钻探公司、水文地质学家和相关管理部门做出现场判断。在现场钻井之前，应先讨论可接受的钻井泥浆量、钻孔深度、塌陷和侵蚀状况、钻井的设计变更、采样位置和深度的调整等。这可以节省金钱和时间，因为在周末或清晨或晚上通过电话与不同城市或州的管理人员进行协调几乎总是一个难题。

## 3.4 土壤采样方法

### 3.4.1 击入取样器（Driven Samplers）

环境咨询公司所使用的土壤采样方法已有30～40年的发展历史，并已广泛用于土木工程领域（注：土壤是指非固结沉积物或弱固结沉积物）。中空螺旋钻法和旋转钻法所使用的取样器和取样工具均使用击入式取样系统（Driven Sampling System），在该系统中，空心钢管和鞋靴形钻头（有时称为匙形钻头）通过锤击推进。这种取样器的形式有多种变化。标准击入取样器是一个直径1.7in（4.32cm）、长18in（45.72cm）的取样器，可以在采集土壤样本时直观地观察土层，并进行野外工程测量。将取样器纵向剖开，就可以观察到土壤岩心（图3-8）。

图 3-8　标准击入采样器

打开以展示土壤质地；笔所指为上层饱和砂和下层潮湿黏土的接触面

记录在取样器上的敲击次数可以反映出土壤固有的强度特性。锤击方法是将一个重140lb[①]（63.50kg）的重锤从超过30in（76.20cm）的高度落下。击入取样器都是用同样的方式驱动，经过中空钻杆或钻孔，将采样器下放至预定的深度。将钻杆连接到取样器上，在钻杆上每隔6in（15.24cm）标记一次［用于18in长（45.72cm）的取样器］。然后用重锤将取样器击入地下，并记录下敲击6in所需的敲击数。实际上的“敲击数”是敲击最后两个6in深度的敲击次数［最初的6in深地层，可能是经过钻头附着的钻屑，可能有2～6in（5.08～15.24cm）厚，因此可能无代表性］。记录敲击数后将取样器提升至地面并拆卸，最后根据样本进行地层记录。

取样器可以在任意区间内采集土壤样品，通常是在每段螺旋钻杆和旋转钻杆的末端。因此，记录者可观测到钻孔中每隔5ft（1.52m）下约1ft（30cm）的地层。区间随着钻孔的深入会不断重复，这样可以在地面上进行快速且经济的地下观测。

这项技术的变体包括加利福尼亚州改良版取样器和加利福尼亚州劈管匙形取样器（California Modified and California Split Spoon Samplers）。加利福尼亚州改良版取样器是一根内径2in（5.08cm）、长18in（45.72cm）的不锈钢管，中部可以放入取样器衬管，进行土壤采样。加利福尼亚州劈管匙形取样器与加利福尼亚州改良版取样器相似，不同的是其内径为2.37in（6.02cm）且可以插入更多的取样环。这些取样环可以采集“相对未扰动”

① 1lb＝0.453 592kg。

的样品（任何取样均存在些许扰动），并送回实验室进行强度测试。污染物水文地质的工作需要将这些“环”的尾部进行密封，以在尽可能少漏气的情况下进行化学分析。

### 3.4.2 其他采样器

目前也有其他采样技术用来采取较大尺寸的土壤样品或连续性样本，可视需要选择。活塞式或称谢尔比管取样器，是以液压驱动直径3in（7.62cm）的取样管至钻头前端的一种取样器。随后会回收密封取样管，再送到实验室进行土工和化学分析。这是一种在大型土木工程项目中常见的取样方法。

土壤岩心取样和传统的硬岩岩心取样很相似。其岩心与上述的土壤岩心类似，常常需要做连续的岩心取样。通过连续土壤岩心可以对地层进行更详细的观察。取样管是一个带有钻头的不锈钢管（通常长5～10ft，1.52～3.05m）。取样管会放入中空钻杆或泥浆钻孔中，并高速旋转以驱动钻孔前进。不论如何，钻头在切割土壤同时会收集土壤岩心样品。当岩心取样结束时，取样管会随即被提升起至地表拆卸，土壤岩心将放入岩心盒中储存并记录。连续取样的土壤样品通常比区间取样更紧密，所以需要尽可能地回收、封装并保存，以作为场地地质情况的参考。

## 3.5 勘探钻孔测井记录

精准的钻孔记录对任何地下调查工作的成功都是不可或缺的。与地下水研究相关的记录主要包括所遇到的土壤、沉积物和岩石的地层柱状图。它还包括地下水的赋存、钻头前进的深度和速度、钻井方法和设备以及钻井现场的相关现场数据。柱状图涵盖了含水层和弱透水层的主要观测信息、采样深度、监测井建设所需相关的地质观测数据。如果地层记录不完整或不正确，就无法了解地下条件，宝贵的资料进而会丢失。更糟糕的是，依据该钻孔的错误资料可能导致对其他钻孔和采样位置的错误研判，进而引导出错误的结论，严重影响项目的实施。

由于地层数据采集技术是在土木工程中发展起来的，因此地下水研究的记录方法是土壤工程与地质学记录两者相结合的产物。尽管土壤工程在全国范围内都被应用，并且必须被记录人员所了解，但强调水文地质的重要性仍是必要的。由于许多调查涉及风化土壤和冲积层的沉积物质，所以下面的讨论主要针对土壤的冲积和沉积物的记录。

美国统一土壤分类系统［Unified Soil Classification System，USCS；参见Casagrande（1948）］几乎被全世界用于所有的土壤记录和工程地质工作（参见图3-9）。该方法已被包含在美国陆军工程兵团的指导手册内。该系统发表在美国材料与试验协会（American Society for Testing and Materials，ASTM）D-2487和D-2488文件中，其提供层理的分类，并提出砾石、砂、粉砂和黏土的结构质地分类和工程性能（ASTM，1988）。这些层理类似于地质层理分类，并基于美国标准筛网尺寸筛选所得。USCS根据土壤质地与工程性能相关的参数，如湿度、塑性指数和强度等对土壤进行分类。虽然这些数据可以用于不同方面的工作，但这里的重点主要是描述地下水、地质情况和污染物的状况。此外，还需记录与主

<table>
<tr><td rowspan="8">试验 1<br>粗粒土<br>超过一半的材料（重量）是肉眼可见的单个颗粒</td><td rowspan="4">试验 2a<br>砾质土，超过一半的粗粒级大于 1/4in（0.64cm）</td><td rowspan="4">试验 2b</td><td colspan="2" rowspan="2">干净砾石<br>不会在潮湿的手掌上留下污渍</td><td rowspan="2">试验 2c</td><td colspan="7">大量的各种颗粒大小</td><td>GW</td></tr>
<tr><td colspan="7">主要是一个尺寸或缺少中间尺寸的尺寸范围</td><td>GP</td></tr>
<tr><td colspan="2" rowspan="2">脏的砾石<br>会在潮湿的手掌上留下污渍</td><td rowspan="2">试验 4</td><td colspan="7">非塑性细颗粒</td><td>GM</td></tr>
<tr><td colspan="7">塑性细颗粒</td><td>GC</td></tr>
<tr><td rowspan="4">试验 2a<br>砾质土，超过一半的粗粒级小于 1/4in（0.64cm）</td><td rowspan="4">试验 2b</td><td colspan="2" rowspan="2">干净砂<br>不会在潮湿的手掌上留下污渍</td><td rowspan="2">试验 2c</td><td colspan="7">广泛的粒度范围和大量的各种粒度</td><td>SW</td></tr>
<tr><td colspan="7">主要是一个尺寸或缺少中间尺寸的尺寸范围</td><td>SP</td></tr>
<tr><td colspan="2" rowspan="2">干净砂<br>不会在潮湿手掌上留下污渍</td><td rowspan="2">试验 4</td><td colspan="7">非塑性细颗粒</td><td>SM</td></tr>
<tr><td colspan="7">塑性细颗粒</td><td>SC</td></tr>
<tr><td colspan="2" rowspan="4">试验 3<br>细粒土<br>超过一半的材料（重量）是肉眼不可见的单个颗粒</td><td rowspan="4">试验 5<br>条纹</td><td>无</td><td rowspan="4">试验 6<br>液限</td><td><50</td><td rowspan="4">试验 7<br>破碎<br>强度</td><td>无–轻</td><td rowspan="4">试验 8<br>膨胀<br>反应</td><td>快</td><td rowspan="4">试验 9<br>韧性</td><td>低</td><td rowspan="4">试验 10<br>黏性</td><td>无</td><td>ML</td></tr>
<tr><td>弱</td><td><50</td><td>中–高</td><td>无–很慢</td><td>中–高</td><td>中</td><td>CL</td></tr>
<tr><td>清晰</td><td>>50</td><td>轻–中</td><td>慢–无</td><td>中</td><td>低</td><td>MH</td></tr>
<tr><td>很清晰</td><td>>50</td><td>高–很高</td><td>无</td><td>高</td><td>很高</td><td>CH</td></tr>
<tr><td colspan="13" rowspan="3">试验 11–高度有机土壤<br>通过颜色、气味及海绵触感迅速鉴别，有时可以岩理鉴别</td><td>OL</td></tr>
<tr><td>OH</td></tr>
<tr><td>Pt</td></tr>
</table>

图 3-9　统一土壤分类系统总结

资料来源：U. S. EPA，1991b

要地质特征、生物特征和污染物有关的其他信息。

为了使柱状图对工程师和水文地质工程师都有用，除了以层理划分的 USCS 数据外，还必须补充地质资料。水文地质信息可以直接反映水文地质的特性，特别是土壤或沉积物的孔隙度和渗透率。此外柱状图还应包括以下内容：层理厚度描述、分选（与级配相反）、生物性结构的存在与组成（植物根生长产生的槽、动物挖掘的洞、这些洞与层理的连接和分布方向）以及地层间的接触面关系。这些数据对于观察和解释以下现象是至关重要的：①颗粒间堆积和堵塞孔隙的细小物质的存在；②可能会产生污染物优先扩散的孔隙结构；③个别地层的空间关联性。层理可以观察污染物或地下水沿水平方向的移动，或在没有层理的情况下的垂直渗透能力。显然，人们最关心的是含水层和弱透水层的性质和关系。如果没有以水文地质为重点的资料搜集，调查工作就几乎毫无意义。

地质学家、水文地质学家或工程师可应用辅助性测井工具来提高钻孔柱状图的准确性。其中包括用于近距离观察的手持放大镜、颜色参考表（土壤 Munsell 色卡或美国地质学会岩石色卡）、粒径图例、百分比辅助器、透视尺和一本防水笔记本等。铝制文件夹会非常方便，因为你还需同时携带钻探许可证、地图、其他日志、安全资料表和其他文件，水和泥土会模糊或破坏文件，所以需用文件夹给予保护。

野外土壤气筛选调查在现今的野外工作中很常见，调查过程中可能会使用便携式挥发性有机气体分析仪，它可以执行简单的顶空测试，以测定塑料袋或玻璃瓶中的土壤所释放出的气体。另外一种方法是野外比色试剂盒，其可以给出污染物的半定性浓度。一般来说，便携式挥发性有机气体分析仪可以检测挥发性物质（取决于检测设备），如汽油和溶剂。野外比色试剂盒可用来估计土壤中的挥发性和较低挥发性物质的含量。这项数据可以根据取样的区间记录到钻孔柱状图上。记住重要的一点，现场的气体筛选和检测并不是土壤基质中存在污染物的必要证据，确认结果应始终来自严格的实验室化学分析。

### 3.5.1 钻孔记录程序

以下为建议的记录程序，其可用于以地下水调查为目的的钻孔记录。由于野外工作花费高昂，而且记录信息对项目的成功至关重要，所以地质学家、水文地质学家或工程师有责任适当地记录和收集每个钻孔的所有信息。因此，应该系统收集能够回答关于该场地问题的数据，这是水文地质学家野外编录钻孔柱状图的主要目的（图 3-10）。

土壤岩性测井记录过程如下。

（1）将采样器击入至所需的深度区间，记录贯入次数（若使用液压驱动采样器则记录驱动液压）。

（2）以正确的方向从取样器中取出样本（通常样本的顶部是浅层的，底部是深层的）。样品需密封保存以供化学分析，还需要防止样品的挥发或意外污染，所使用的保存方式必须适合可疑的潜在污染物。

（3）记录土壤或沉积物的钻孔柱状图。有利于记录完整柱状图的建议是：按照相同的程序收集数据。程序是指以习惯性的方式进行信息收集，但不可采取抄捷径的方式，或者不在感兴趣的方向上收集数据。收集的数据应包括：土壤构造（USCS-ASTM 分类），颜色

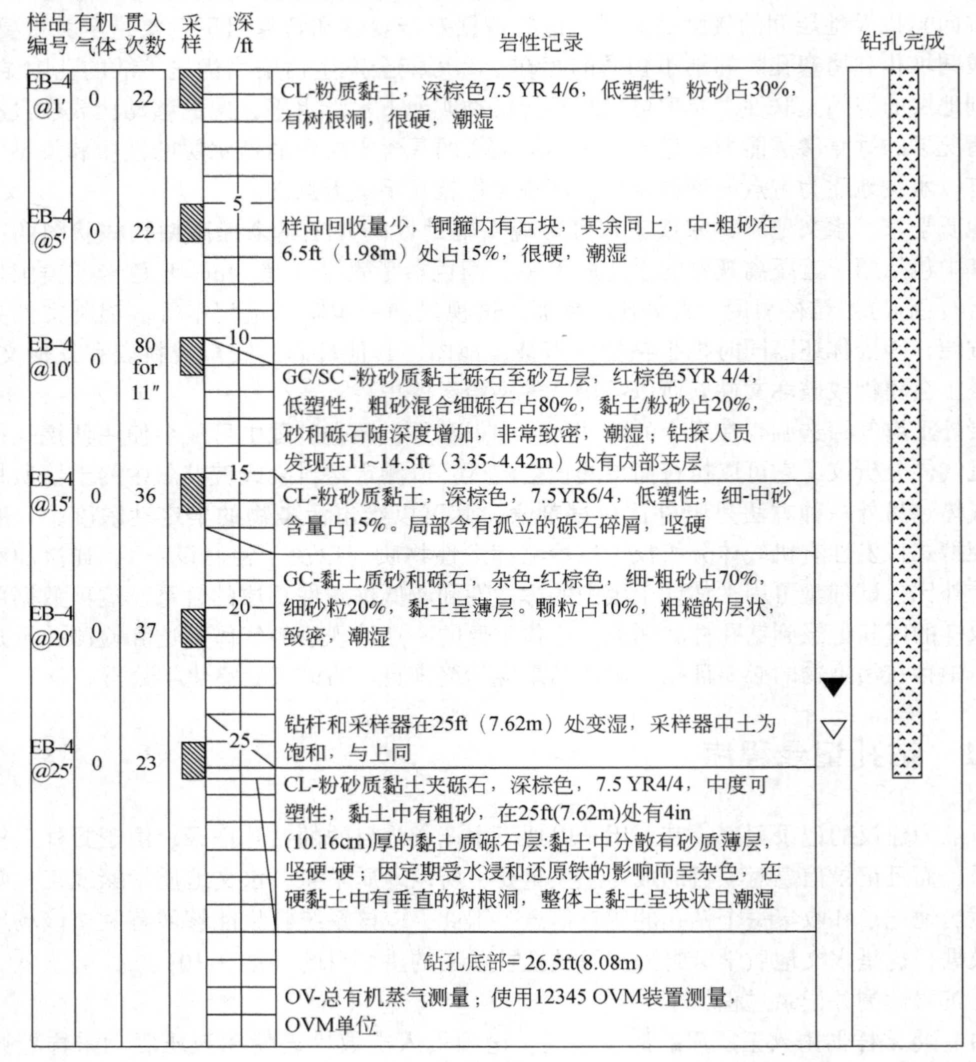

图 3-10　勘探钻孔柱状图范例

（Munsell 色卡），砾石、砂、粉砂和黏土的比例，粉土和黏土的可塑性，层理的存在情况，生物结构的存在情况，污染的现场证据（颜色、气味），坚硬程度或密度（根据敲击数），相对含水量（微湿、潮湿、饱和–产生自由相地下水），以及其他有意义的特征。

（4）其他记录。应记录钻进速度，并记录钻进过程的难易程度。这可指出地层是难以取样的或构造和地层即将发生变化。初见地下水时必须加以记录，并尽可能准确测量深度。

应该记住的是，结构质地分类是针对土壤而言的，而非岩石（下节将介绍岩石柱状记录）。岩化的沉积物在野外可能表现出与 USCS 有关的测井特征，但岩化（水成岩形成的过程）应记录在柱状图上。根据作者的实际经验，上述方法能在不牺牲准确性的前提下获得最基本的信息，同时又能方便地收集数据。随着经验的积累，每个人通常都会形成一套自己的记录程序。应该使用同一个简单且方便的记录程序来收集所有的数据。

## 3.5.2 岩石记录

岩石柱状图的记录方法在概念上与土壤和沉积物柱状图相似（Sara，1994；U. S. Department of the Interior，1990；Williamson，undated）。同样地，应重点收集有关含水层、弱透水层和岩体污染物的描述信息。柱状图应该包含有关固结、硬化或结晶的岩层信息。地层名称、互层或上下层的接触关系应显示在柱状图上。根据石油、采矿和工程地质的需要，人们已经开发出几种不同的记录方法。使用的钻探方法包括螺旋钻法或冲击式钻法，并且需记录连续的土壤样品、取心样品的状况以及电测井工具。

岩石柱状图与土壤柱状图包含相似的信息。建议的岩石记录格式如下。

（1）岩石名称，含地层名称及年代；岩性描述，如火成岩、沉积岩或变质岩的粒径关系、新生表面与风化表面的性质；层理、叶理或流动结构；风化层或变质层的存在；硬度；化石；不连续构造，如剪切带、接触面、破碎带；岩层走向及倾向、充填物、密度、长度、岩石质量指标；以及地下水的出水量等。

（2）记录钻头贯入压力、岩心回收率、钻井液损耗、钻头或岩心取样器类型、钻杆和钻机型号。

连续取心时，通常岩心被带至地面时是被钻井液冲洗过的，需小心处理避免破碎断裂和干燥。岩心通常放置在岩心盒中，而且尽可能与取样时的方向一致。岩心盒必须仔细标记和堆放，以避免混淆和破损。通常在现场对岩心进行拍摄，因为岩心干燥后颜色可能会改变。值得注意的是，虽称为连续取心，但连续取心不意味着能全部取心，因为岩心可能会在钻井过程中被冲掉，或滑出取样器外。必须实际记录每个取心区间的回收比例，以及在何处遇到困难的取心状况。

## 3.5.3 钻孔中地下水的探测

地下水位探测并不容易，通常在收集到的样品中观察到地下水之前，钻头就已经钻到水层了。以下建议可以帮助记录初见地下水时的情况，其为钻孔中不可或缺的观测项目之一。

（1）如果认为地下水在感兴趣的地层中出现，一定要收集土壤样本。这样做是为了让水文地质学家观察到土壤中的变化，如果需要的话，应采集更多的样本观察确定，包括观察钻杆上的水渍。

（2）钻井阻力或贯入速率的变化是有用的信息。如果遇到饱和条件，贯入速率可能会改变。钻井阻力的变化应始终予以记录。如果质地相似的地层中的贯入次数相差很大，通常是因为土壤含水率的变化，水分增加会影响土壤强度（即总贯入次数减少），因此可以对贯入次数进行类似的观察。

（3）随着深度的增加，样品中土壤湿度也随之增加，这可能表示已接近毛细区。

（4）一旦钻孔钻至饱和层，就应该取样以观察钻头是否已经进入“干燥”单元（第一个含水层下的弱透水层）。在监测井建设时，防止含水层的相互连通非常重要，在钻探时观察和注意此点可大幅减少含水层之间相互连接贯通的概率。弱透水层的密封程序需要记录在柱状图上。

（5）地质学家应该与钻探人员交流，讨论在工程中所期望得到的信息，以及钻孔中特别感兴趣的深度。钻探人员应具备在多种多样的钻井条件下工作的能力。钻探人员对作业的“直觉”是非常重要的，特别是在该地区经常作业的情况下。

（6）遇到地下水时，水进入钻孔的速度可能会很慢，此时可能需要停止钻进以确定是否有地下水的存在。这在低渗透地层的钻井过程中非常重要。虽然等待的时间可能有所不同，但如果所有现场数据都表明可能有水，作者建议以30分钟为参考时间。

（7）在遇到地下水时应进行地下水深度的测量（包括时间和速率），并与钻孔结束后的深度测量进行比较。这可表明含水层的承压程度，也可能影响井筛管段的位置。有经验的做法是：孔里的水位上涨得越快、越高，则表示含水层的承压程度越显著；如果上升的高度超过最初遇到的地下水深度3～5ft（0.91～1.52m），则可假设该处是承压含水层。

（8）当在泥浆旋转井中遇到地下水时，泥浆可能会变稀薄。如果是空气旋转钻井，微湿和潮湿的岩屑会返回到表面。

（9）井下测试可以在土壤层或岩石层中进行。可使用阻隔试验来密封感兴趣的地层，将水抽离含水层或将干净的水注入地层。这对断层带特别有用，此方式可以粗略估计含水层的出水量。

地下信息收集是所有调查的核心，因为所有后续的研判都将基于现场的测井柱状图和观测资料。因此，研判的准确性取决于收集到的观测数据。水文地质学家、工程师和地质学家应具有丰富的钻孔测井记录和地质特征的识别经验。这意味着要通过很多钻孔来提高个人的能力。每个钻孔都是不同的：技术经验可从现场的钻孔获得，管理部门有经验的监督人员也可协助指导现场人员。正如同其他领域一样，人员的工作经验是不可替代的。

### 3.5.4 直接岩心贯入试验

本节简要回顾岩心贯入试验（也称静力触探试验），因为岩心贯入试验在场地调查中的应用越来越广泛，特别是与上述的钻孔测井一起使用时，可以获得有价值的信息。岩心贯入测试（Core Penetration Testing，CPT）系统是一种静态探测型的设备，1917年开始在欧洲使用，1965年开始在美国使用（Sara，1994）。这与常规钻井有所不同，该方法可以从钻孔推进过程中持续获得阻力的读数。虽然有不同的测试系统，但其基本方法都是将一根装有探头的钻杆驱入地下。探头尖端通过机械、液压或电力系统测量阻力（DeRuiter,

1982；Sara，1994；University of Missouri，1981）。所采集的信号是所遇地层的连续反映，可提供有关地层厚度和内部变化非常细微的细节，有助于在钻孔记录和在相接的地层之间进行插值，以协助地层对比。测井记录是纸质数据的转译，有点类似于钻孔柱状图。最近，一些测试系统被改良来采集土壤和地下水污染样品。但无论如何，CPT 系统的局限性在于不能直接观察钻屑和样品，也不能贯穿致密的砂砾、卵石和风化岩石。

## 3.5.5 钻孔地球物理测井

地球物理测井（图 3-11）已在采矿、石油勘探以及地下水调查工作中使用多年，传

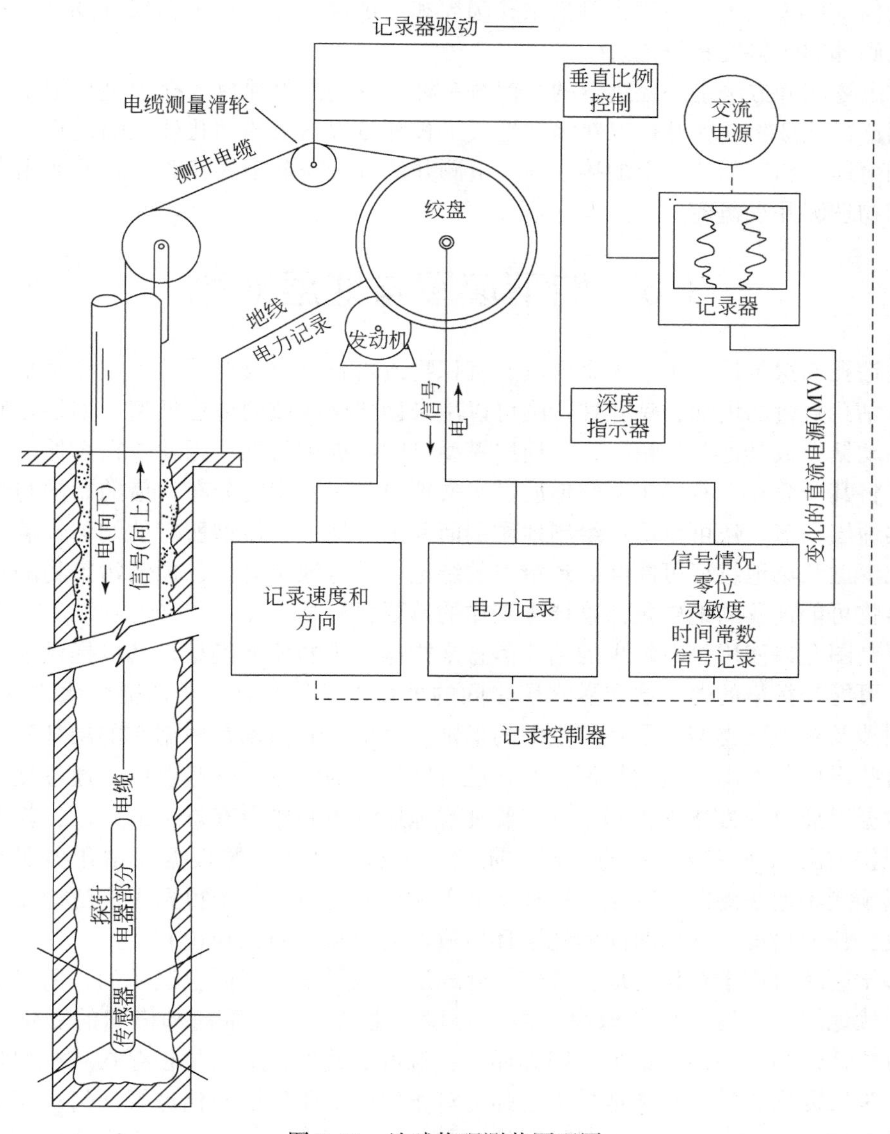


图 3-11　地球物理测井原理图

统的电测井在水资源研究中也已使用了很多年，同样类型的柱状图和测井技术也可用于污染调查工作。地球物理测井通常是在采集土壤或岩石样品后进行的，它有助于填补取样区间间隔的信息以了解细微的地层细节。电测井通常用于深孔（超过100ft，约30.48m）和复杂或不稳定地层。对地球物理测井的详细介绍超出了本书的范围，但本节会作简短的总结［更详细的内容见Keys和MacCary（1971）］。

地球物理测井是在开放的未加套管的钻孔中进行的，有些测井（如电阻率测井）需要将钻孔中注满水。地球物理测井在地下水研究中的应用包括：电阻率（Electrical Resistivity）——用于识别多孔隙（砂质）沉积物；自然电位（Spontaneous Potential）——用于确定黏土和砂层的位置；自然伽马（Natural Gamma）——用于地层分层及区分砂层和黏土层；井径仪（Caliper）——用于测量钻孔圆周和定位侵蚀区域；测斜仪（Drift）——用于衡量钻孔底部的倾斜度和位置。

通常上述测井方法是一起进行的，但每一种工具仍需单独放入孔中进行记录。与钻孔柱状图相比，地球物理测井可以对水文地质工程师目视记录的钻孔柱状图进行校正，可以帮助识别薄地层和实际意义上的接触面。电测井的分析需要个人经验，以及雇用有丰富经验的地球物理测井承包商。

## 3.6 地下填图与地层对比

通过钻孔勘探场地，可以观察土壤、沉积物或岩石，以及地层的垂直和水平方向的变化。随着钻孔数量的增加，钻孔柱状图可以用来创建该区域的地层模型。如果在研究过程中遇到移动钻孔或其他意外情况，该地层模型可能会提供帮助。因此，在场地准确记录地质条件并将其概念化，有助于了解地质、水文地质和污染物的分布。借助制图与地层对比可以观察地层细节，还可以协助绘制地质剖面并了解地下水模型所需的均匀性假设。错误的概念化模型和场地特征可能会导致错误的结论。进行地层对比、预测污染物的存在以及预测污染物可能迁移的地层是污染调查工作的重要目标之一。

地层制图允许使用相对较少的钻孔信息来构建三维的地下模型。其可提供地层的一般性资料、可能受污染的含水层和隔水层之间的关系以及修复计划中所需的水文地质资料。地层制图涉及对不同类型地层及其范围的识别，对地层的识别是根据它的层理确定的，然后根据这些岩层鉴别出的地质特征，对其进行区域性的对比。这些对比是通过钻孔与钻孔之间的数据以插值的方法连接起来的。要理解地层制图并作出有意义的解读，就需要对地质、沉积物和沉积环境有一定的了解。通过识别这些环境，并根据在钻孔中观察到的情况，可以预测场地在侧向的变化。这种环境重建已在地质研究中得到了广泛应用，可用于任何深度、任何尺度、任何时间的地下环境重建（见第1章的讨论）。

地层学原理可用于对比地球上任何一处地层。地层是自下而上沉积的，所以下伏地层明显比上伏地层老。地层位置取决于沉积环境。也就是说，垂向和横向的变化因环境而定，具有独特性与专一性；如果了解其环境，就可协助理解地层是否存在。沉积物在时间和空间上是反复堆积的，水文地质工程师可对场地内地质环境变化进行任何尺度的研判和预测。图3-12和图3-13所示为沉积环境实例，图上可见沉积物变化和沉积类型的标记。

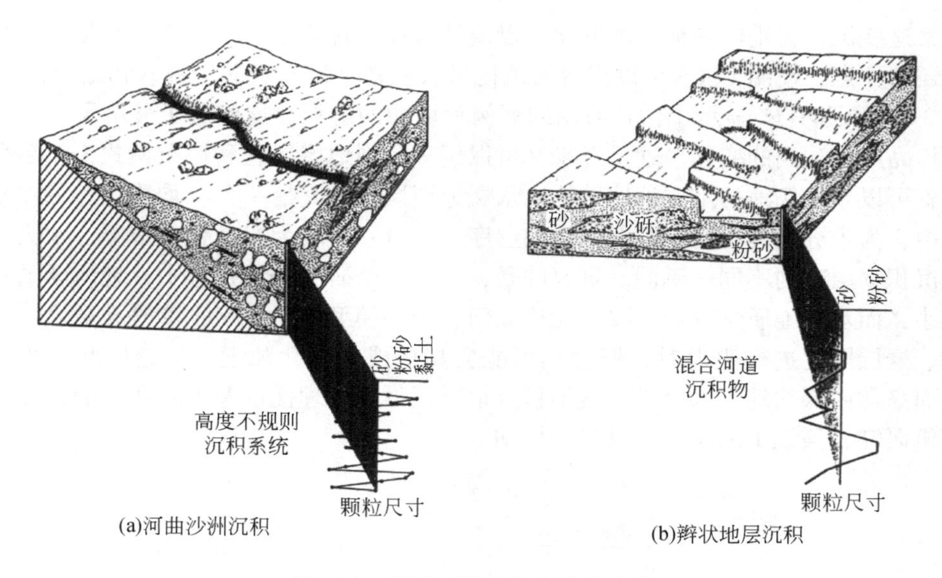


图 3-12　沉积环境和沉积物的变化

（a）河曲沙洲沉积。沉积物的分选性较差，通过沉积层的钻孔的颗粒大小范围很广。（b）辫状地层沉积。砾石和砂砾石是主要的颗粒尺寸，存在于含少量粉砂的分选地层中。冲积扇内的钻孔显示出很少的侧向广泛延伸地层；辫状河内的钻孔则显示内部有砂和砾石夹少量黏土或粉砂的互层［取自 Mathewson（1981）］

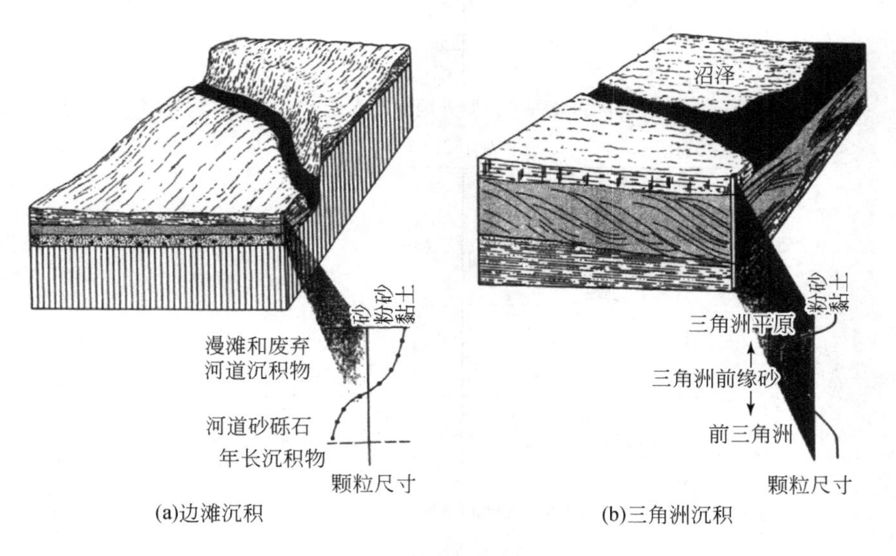


图 3-13　沉积环境和沉积物的变化

（a）边滩沉积。按砾石、砂、粉砂和黏土的顺序向上分层，具有垂直和水平连续的连续地层。（b）三角洲沉积。侧面延伸的砂层下面是厚黏土层，上面是粉砂和黏土层。在这些沉积层中的钻孔应显示地层横向连续性和横向广泛延伸的黏土［取自 Mathewson（1981）］

通过观察这些沉积物垂向和横向的变化，以及其所在位置的记录，就有可能建立区域地质模型。还请注意，使用 USCS 可以很容易地记录沉积物（砾石、砂、粉砂和黏土）。

图 3-14 和图 3-15 显示了钻孔数据的示例和可能的解释。这些例子显示了各采样区间收集的样品所观测到的变化。这反过来又可以用来研判地层层理和地质模式，然后分析地质模型就可以导出场地的水文地层结构。水文地层层理研究是一个“均质化”的步骤，在此过程中，为了分出含水层和弱透水层的层序，会有一些较为概括化的解释。水力传导系数会因沉积物层理的不同而不同。重要的是，在每一个研究分析过程中，地质学的重要性开始变小，而水文地质学变得重要。无论如何，当在模型中对数字也就是孔隙度、水力传导系数、岩层厚度进行假设时，概括化可能会高估或低估孔隙度、渗透率和水力传导系数，从而高估或低估地下水流量。若不检查地质假设的合理性以及不对各个假设步骤加以认真分析研究，假设中的小错误可能会增加。

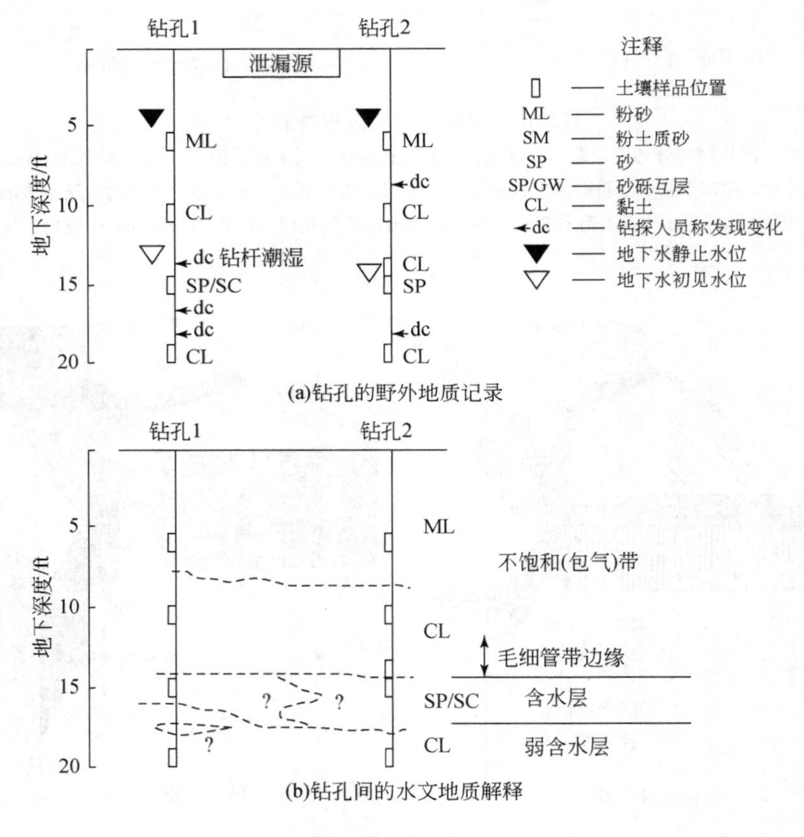


图 3-14　单一承压含水层的水文地层

给出一个场地中两个钻孔图。注意图（a）中的地质地层学和图（b）中的水文地质解释。含水层为砂和黏土质砂层，互层导致水力传导系数非单一值，在钻孔中观测到大约 10ft（3.05m）的压力水头

地层单元的横向研究对所有地层研究而言都是非常重要的。首先，必须认识到正确的地层对比。若有人假设地层的性质在横向上是相似的，这可能是对的，也可能是错的。因

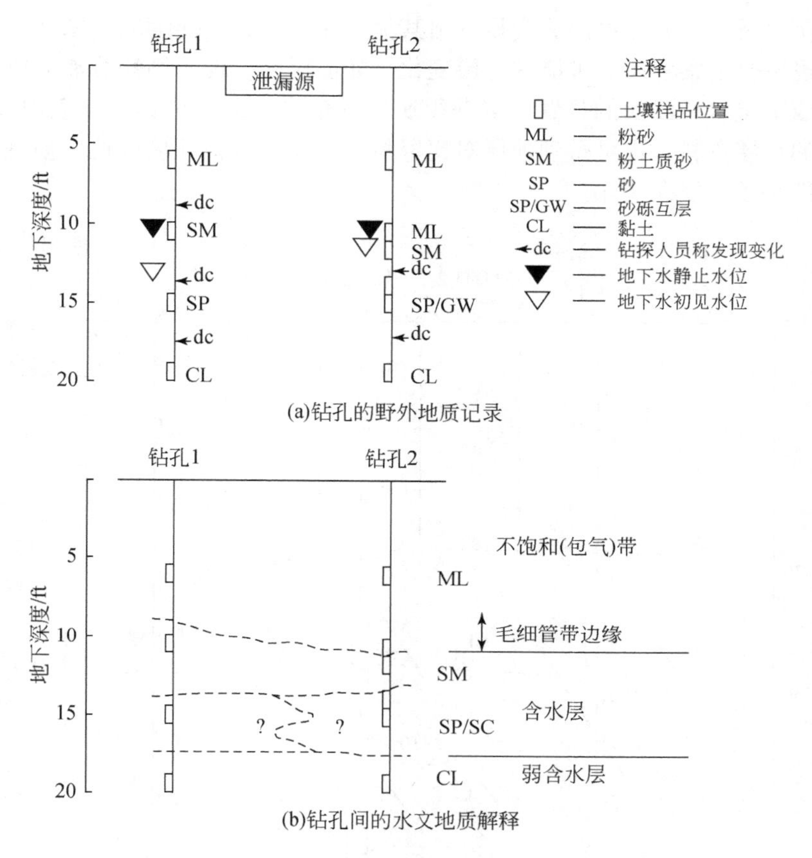


图 3-15 含水层图解及水文地质学解释

给出一个场地中两个钻孔的单一非承压含水层。注意图（a）中的地质地层和图（b）中的水文地质解释；注意可能的水力传导系数范围

为地层厚度可能发生挤压和膨胀，而横向构造变化对孔隙度与渗透性的估计有显著的影响。地层在垂直方向上并不是单一不变的，地层内可能含有较细密的薄层，从而会影响污染物在水平和垂直方向的迁移。Kueper 等（1993）指出在土柱试验中，内部的薄层可能影响四氯乙烯在沉积物中的运动和最终的扩散与分布。

许多情况下，内部薄层的厚度不足 1ft（30cm），这些地层通常没有横向连续性。因此，在非常长距离的条件下对这些薄层或不连续单元之间进行对比是不合理的，除非对其他的钻孔也进行观察对比。这些薄层对污染物迁移预测可能有一定的影响。当在钻孔中采样时，样本之间的地层并没有直接被观测到。一个可能的解决办法是错开不同钻孔的取样深度（图 3-16）。借由这种方法，钻孔之间的井深间隔往往是交错的（即一个钻孔的采样深度区间为 10 ~ 11.5ft（3.05 ~ 3.51m），另一个钻孔的采样深度区间为 8.5 ~ 10ft（2.59 ~ 3.05m），如此才具有经济效益。

显然，上述讨论的方法只是部分解决方案，若想观测全部地层，则可采集连续的岩心进行观察。无论如何，连续的岩心可以看到地层纵向的厚度和层理的变化，而在横向上却可能不同，所以下一个岩心可能又会显示出其他变化。因此，连续取心钻孔可以进行更多的观测，但也不会观察到所有可能的地层变化。如前所述，现场判断可能需收集更多采样区间的样本或决定岩心断面的位置，以获得所需的信息。从一个钻孔连续向外进行钻孔，可取得主要的地层资料，也可得到地层对比资料，以便与沉积环境或地质模型一起合理地建立场地条件和预测横向变化。

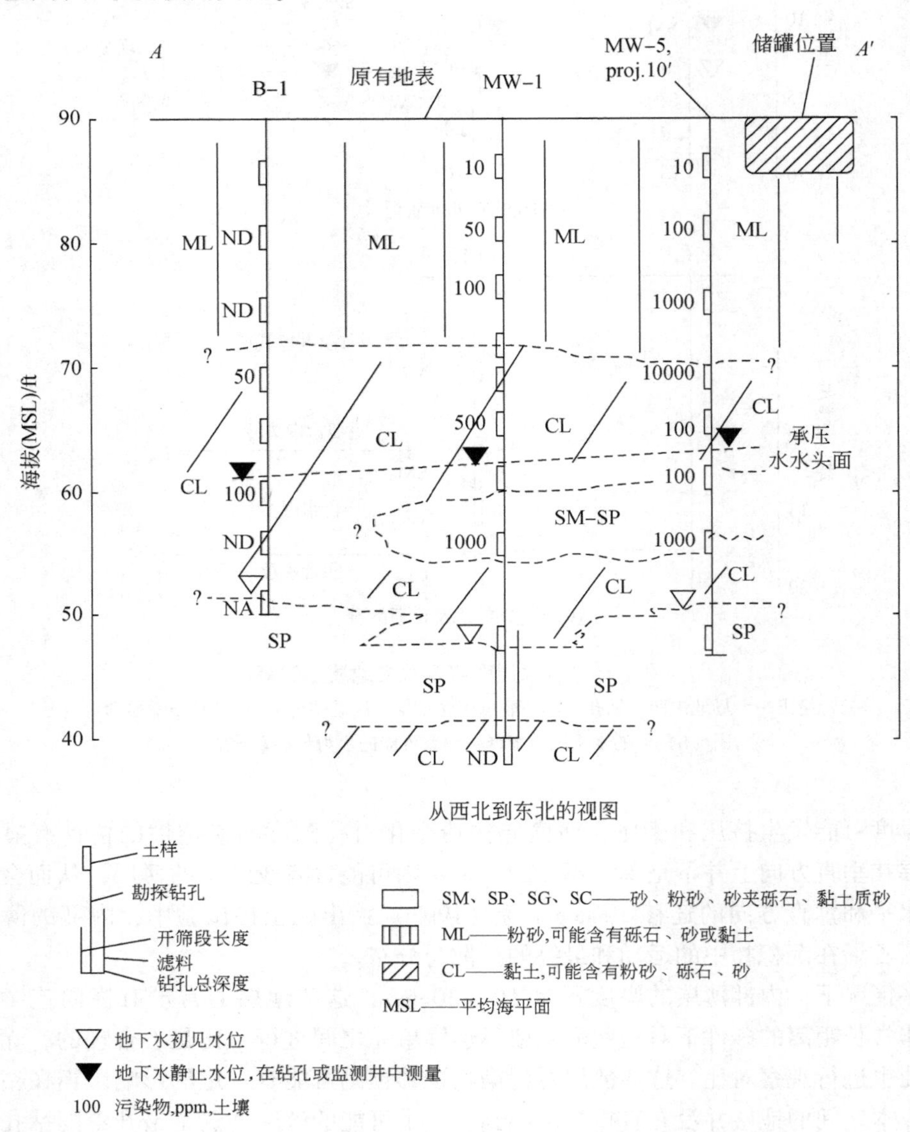


图 3-16　地质剖面图和包气带污染示意图

## 3.7 深孔取样与钻孔一体化的实例

假设你受聘参与一个650ft（198.12m）深的勘探钻孔，并在可用的预算资源下，安装最小直径的全贯穿式的监测井。场地地质由约100ft（30.48m）深的冲积层组成，下面是一个弱固结地层。你必须收集冲积层的样本进行化学分析，但根据先前的信息，污染似乎没有渗入固结地层。你想要对地层结构有一个很好的了解，也想要保留样品进行渗透率分析。另外，在450～600ft（137.16～182.88m）的地方有一个弱透水层，其下有一个可抽水的含水层。最后，项目的预算并不多，并且精确地记录地层状况是主要目标，项目必须在可用的资源和时间计划内完成，你该如何进行？

将钻探分两阶段进行可能是明智的做法：先用中空螺旋钻钻至冲积层与固结层接触面，然后改用泥浆旋转钻法。中空螺旋钻通常能钻到100ft（30.48m），由于你仍需要再钻550ft（167.64m），旋转钻法是最快速且能收集岩心的一种钻法。这样，既收集到了实验室分析所需的土壤样品，也获得了深层钻孔。弱固结地层可能有塌孔的倾向，或有严重的孔壁侵蚀，因此流体钻探法应该是推进到所需的深度完成监测井的最佳方法。另外，由于你正在钻一个深孔，在预算范围内可使用电测井进行记录，以便确定砂层和黏土层的位置，作为肉眼观察岩心的补充（参见图3-17）。

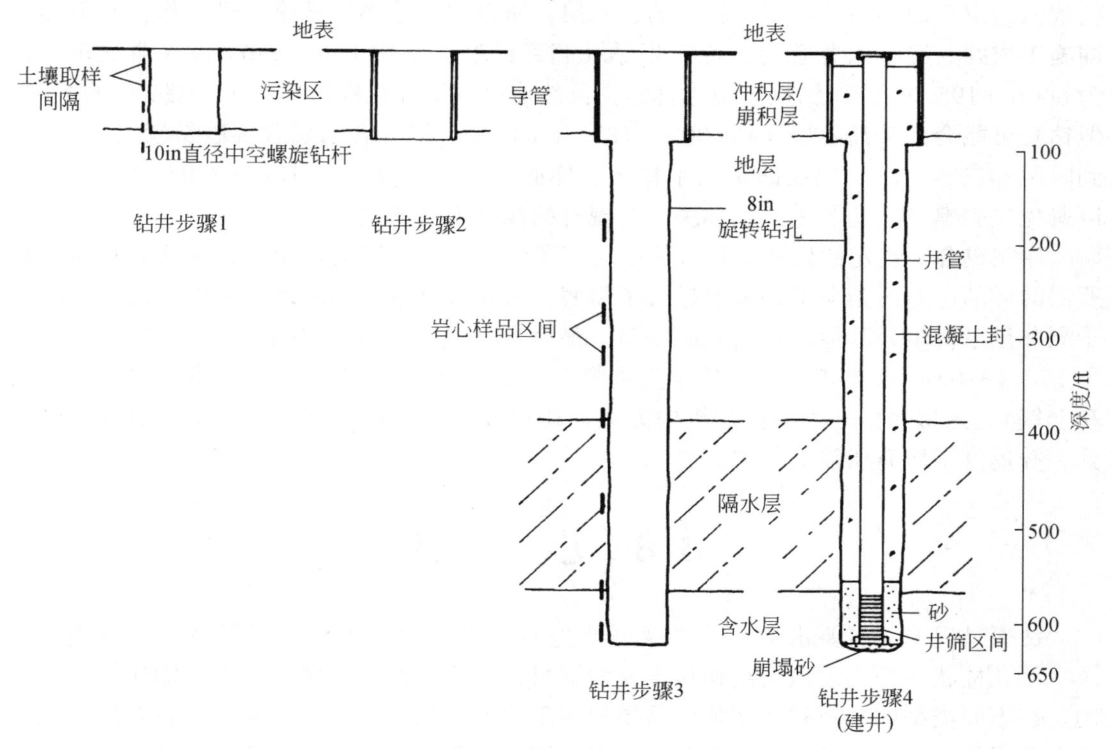


图3-17 钻探、记录和安装一个深层地下水监测井的可行方案

随着中空螺旋钻的持续推进，需间隔收集土壤样品，样品需包括冲积层和固结地层接触处。据此可以给业主想要的地层剖面。现在，这个螺旋钻孔可作为第二个稍微大一点的螺旋钻孔的先导钻孔，在其中设置一个不锈钢传导套管。请记住，冲积层已受到轻微污染，如果立即启动螺旋钻进，则一些污染物可能会往更深层的地方移动。因此，导管应被放低并压入固结地层中，再将水泥灌入导管与孔壁之间以固定导管。泥浆可在旋转钻探前先调配好，如此可以确保密封层不受干扰。

现在我们开始用旋转法钻进。这种钻探可产生连续的岩性片段柱状图，因此可以全程查看地层条件。因为连续性测井记录可显示岩性，故最好是分段取心。因此，考虑到时间和费用（土壤采样很昂贵），我们每隔100ft（30.48m）的深度取20个岩心，直至弱透水层。这些样品可用于渗透率的室内测试，同时可用来比对电测井获得的岩性结果。因为你已经知道在450ft（137.16m）的地方有一个弱透水层，所以你应该在440～460ft（134.11～142.21m）的间隔取样，以确认上方接触面的存在和观察接触面关系。弱透水层位置对于含水层的保护至关重要，因此在510～530ft（155.45～161.54m）和580～620ft（176.78～188.98m）内采集额外的土壤样本，以查看内部地层层理和含水层与弱透水层接触面关系。监测井的设计深度为650ft（198.12m），所以钻孔须钻进到这个深度。该含水层组成比文献对该地区所推断的更偏砂质，且质地更细。因此，当钻孔打开时，预先安排了一个电子记录器对钻孔进行记录，从而你将拥有两个完整的钻孔柱状图。由于循环泥浆会侵蚀钻孔的含水层，所以记录器必须迅速完成工作，并随即立即施工成井。当下入井管时，你发现钻孔底部已经塌陷约10ft（3.05m），即现在钻孔为640ft（195.07m）。钻探人员告诉你：虽然他可以清理孔底这10ft（3.05m）的塌陷，但钻孔可能会由于涌沙塌陷到600ft（182.88m）处（因为含水层含细砂量较大）。考虑到时间和成本，以及现在的钻孔不稳定，你必须决定接受损失10ft（3.05m）的孔深，以避免失去整个钻孔。因此，你决定在现有的深度上建造这口井。

你完成合同规定的任务了吗？你已完成了受污染冲积层的记录，也采集了化学分析所需的样品，对污染羽下的地层进行了封底，采集了渗透率和层理分析的样品，同时电子测井记录将填补其他层理信息的缺口，最后也完成了监测井的施工。这口井比预期短了10ft（3.05m），但考虑到可能会失去整个孔的含水层（以及在其中花费的所有时间和金钱），这似乎是一个不错的折中方案。通过运用你的经验和判断，工作目标已经达到，并提供了研究所需的相关信息。

## 3.8 小结

钻探过程中，需要水文地质学家适当地对采样收集的土壤、沉积物或岩石进行记录。钻孔柱状图是确定地层结构最主要的资料，对确定污染区域和污染传输途径也有帮助。在不同类型的岩石和沉积物中需要使用不同的钻探方法，合理使用设备有助于从钻孔中获得最佳的数据和样品。不管在含有非固结沉积物的冲积层还是在固结岩层中工作时，地层学知识是重要的，因为通过对沉积环境的了解可确认横向沉积物的变化，以推测砂和黏土地层的位置。裂隙岩石可能是断层所致，也可能在连续的钻孔中出现。在勘探和采样预算有限的情况下，有时需从有限的钻孔资料外推数据。从钻孔样本中适当地识别环境，将大大有助于地下制图。确定砂层和黏土层的位置和结构是解决污染问题的必要工作。

# 4 地下水监测井设计和安装

## 4.1 绪　　论

地下水监测井是在调查过程中设置的数据采集点，这些井是永久性的监测系统，在项目的全生命周期内提供现场地下水的水位和水质等信息。临时监测井和长期监测井在材料和要求上是不相同的，所以成井材料的选择和安装标准非常重要。因此，对地下水监测系统应该仔细斟酌，并精心组织实施。地下水监测井的设计或位置选取不当可能会导致对污染羽的位置监测不当、含水层间的交互连通、不可靠的水流和水质监测信息等问题的产生。这样花费大量时间和材料获取的数据质量较差，并且可能需要重新建井采样，耗费更多的成本。

## 4.2 监测井的设计

设置和建造监测井是为了采集具有代表性的地下水水质样本并提供可靠的水文地质等数据。监测井的设计应充分反映现场实际的水文地质环境，因此需要根据已掌握（或推测）的现场地质条件等信息在室内对监测井进行初步设计。申请设井许可时，可能需要环境咨询公司在设井前提供给管理部门工作原理图或概念设计图，或将监测井设计作为现场施工许可的一部分，以保护存在特定地下水管理问题的含水层。然而由于地质的实际状况，常常无法按照政府指导文件中的规范导则进行设计，此时必须予以变更，这样就会造成一些问题。此外，污染物类型和天然地球化学条件对监测井的材料选择、筛管和套管的位置以及环形密封的位置皆有影响。

监测井最终的设计将取决于以往的经验、相关法规、地质条件和专业判断（Driscoll，1986）。考虑到钻井和成井工作的复杂性，要求水文地质专家在现场对钻井、成井和封孔的所有阶段进行全程监督。施工过程中的操作不当或疏忽，或地质条件复杂而导致的含水层的串层会促进污染物的迁移。若不是特别注意，这种情况也可能发生在经验丰富的水文地质学家身上（Hackett，1987；U. S. EPA，1986）。因此，要想这项工作取得成功，丰富的现场经验是至关重要的，仅依靠管理部门的监督无法很好地完成项目，需要具有经验的现场和管理部门的相关技术人员来协同完成。

监测井的总体设计和施工与地下抽水井类似。设置监测井的钻孔需钻至某个深度的含水层。监测井可以完全穿透整个含水层，但需要钻入第一个隔水层时就停止钻进。钻孔底部的井管（滤水管）上设置有筛孔或缝隙，以允许水进入孔内。筛管的筛缝是围绕整个井管的开放式切口。在单位长度上，筛孔式要比缝隙式具有更大的孔隙度。钻孔与井管之间的空间为环形空间。筛管段的环形空间内一般填充细砂等颗粒（当含水层位于坚硬的岩层或天然砂砾层中时除外）。不透水段，即透水段以上和以下部位的孔壁与井管间的环形空间内均填充不透水材料进行止水。

### 4.2.1 人工滤（砂）料的选择

当天然含水层介质不能作为过滤层使用时，则需要人工滤料。在下列环境中使用人工填砾的效果特别好：均匀的细粒砂层、胶结性不好的砂层、大部分为粉土和黏土的地层、含水层高度层化以及使用长筛管的地方。滤料可以有效防止塌孔并有助于降低井水的浑浊度（Aller et al.，1989）。

滤料的设计依据包括含水层的组成、井的筛管段尺寸以及现有的监测井设计指导规范。数种由抽水井发展出来的设计方法也可用于监测井，但由于监测井和供水井的用途并不相同，因此在使用时必须谨慎（Driscoll，1986；U. S. Department of the Interior，1981；U. S. EPA，1989）。在采集含水层的地层样品后，进行颗粒筛分试验来确定含水层的粒径分布，从而估算滤料的有效粒径。通常情况下，滤料粒径要略大于计算结果，以在保持钻孔稳定的同时最大限度地允许水通过筛管进入井内。滤料应选择清洁材料，通常使用磨圆度较好的且纯度在90%以上的石英砂，以避免和地下水中的物质发生反应。滤料粒径确定后，供应商可以根据粒径准备符合设计规格的滤料。

通常针对每个场地至少应进行一次含水层介质的颗粒筛分分析，并根据分析结果指导监测井滤料的设计和滤水管的选择。滤料是根据含水层介质样品的筛分结果和不均匀系数来选择的。不均匀系数是指过筛重量占总重量60%的粒径与过筛重量占总重量10%的粒径之间的比值。不均匀系数反映了含水层介质的均匀程度。如果含水层介质相对均匀，则在选择滤料时，应在4～10选择一个对应的系数值。Driscoll（1986）认为供水井所用滤料的不均匀系数应该在1～3（具体的做法是用含水层介质70%筛余量所对应的粒径乘以所选取的系数值。若含水层介质是均匀的，则系数值范围为4～6；若含水层介质是未固结的且含细砂，则系数值范围为6～10）。这种方法实际上给出了所需要滤料的粒径分布曲线上的第一个点，其他点的确定也可参照上述方法，从而设计出滤料的粒径分布曲线（具体例子见图4-1）。其他导则也表明，根据含水层介质不均匀系数的范围，滤料的不均匀系数应分布在含水层介质的1/3范围内。如此设计后的滤料将可以拦截90%的含水层介质颗粒，或者说可以使通过筛管的滤料不超过总滤料的10%（U. S. Department of the Interior，1981）。因此，在完井后应该在靠近筛管的地方使用较粗的滤料，在远离筛管并靠近含水层的地方使用较细的滤料。

当含水层中广泛分布大量细粒（粉砂和黏土）沉积物时，按照上述的设计标准可能会得出不切实际的滤料和筛孔尺寸，并会阻止地下水进入井中。因此，在对滤料进行设计时，除了必须使用筛分数据之外，还需要结合专业判断和经验对结果加以调整。当依据上述流程设计出非常小的滤料颗粒和筛孔时［例如，需要选择细砂作为滤料并需要筛孔尺寸小于0.01ft（3.05mm）的筛管］，为了能让足够的水进入井中，可以对设计进行修改。但这种修改将会使一些粉砂和黏土随水流一起进入井内，从而导致出水浑浊。此时，可能需

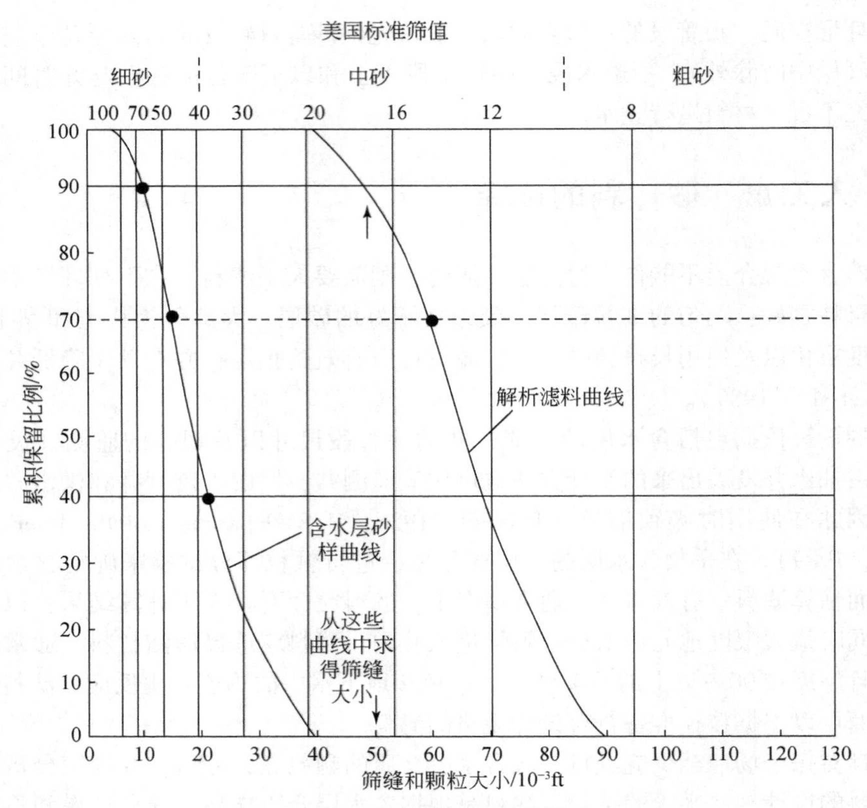


图 4-1　滤料选择和开筛设计

不均匀系数 $Cu=D_{60}\div D_{10}$，所以 0. 21÷0. 01＝21；Cu 数值指示相当均匀的地层。故选择介于 4～10 的因数。因为地层土壤为均匀，所以选择了 4。保持 70% 地层样品的颗粒直径是 0. 015in，所以 0. 015in×4（因数）＝0. 06in，此为滤料级数。根据这项信息，井的网格或切缝应保持 90% 的砂料，所以最大的切缝尺寸为 0. 05in（箭头所指）。这个设计可根据专业经验或地层因素而进行修改（修改自 U. S. Department of Interior，1980；U. S. EPA，1989）

要反复试验成井才能最终确定出合理的人工滤料层。一旦确定了场地的含水层条件和地质状况，就可以对该场地的其他地下水监测井采用相似的设计参数（前提是地层条件相似）。尽管每口井的地层条件不尽相同，但一般来说，场地内含水层介质的变化不会大到需要完全不同的设计。当场地附近存在可用的抽水井设计资料时，可以结合已有资料根据实际情况对现有地下水井进行设计。此时，成井设计工作实际上是根据专业人员的经验和已有地下水井的相关资料进行的调整和优化过程。

## 4. 2. 2　井管和筛管材料的选择

井管材料的选择关系到该监测井的寿命和耐用程度，所以材料的选择是监测井设计环节中最重要的决策之一。考虑到地下水监测井的使用期限可能从数月到数十年不等（UST 项目和长期监测可能会持续 1～10 年，RCRA 封闭后监测可能持续 30 年），这意味着当不同的专家甚至不同的业主在不同时期使用这口井时，它必须能够正常工作。井管是成井的主体，包括无筛缝的实管（有时称为立管）和有筛缝的筛管。井管之间的连接多采用螺纹连接或焊接（不使用环氧树脂胶，因为它们可能会吸收溶剂或与燃油类似的挥发性污染物）。

关于各种类型井管材料的性能测试已经有许多文章提及（Pearsall and Eckhardt, 1987; U. S. EPA, 1986a, 1992）。根据 EPA 与 McCray（1986）的一份调查：最常用的材料是塑料［例如，聚氯乙烯（PVC）、聚四氟乙烯（Teflon®）］和金属（钢和不锈钢）。EPA 在 20 世纪 80 年代中期发布的导则中，将井管材料按照“最好到最差”的顺序排列为 Teflon®、不锈钢、1 型 PVC、低碳钢、镀锌钢和碳钢。McCray（1986）的调查显示，全美范围内有 93% 的咨询公司认为 PVC 是“首选材料”。但需要谨记的是，每种材料在特定的环境中均有优缺点。因此，针对特定场地条件选用合适的材料才是关键。

PVC、钢和 Teflon®材料均可用于大型或小型场地的监测井成井，其在某些地质条件和污染环境中都有各自的优缺点。除了考虑材料的强度和使用寿命之外，材料释放或吸收污染物的可能性也是选择成井材料时的一个主要设计准则。例如，钢制套管在极端盐碱性或还原环境中使用可能会释放出合金类金属并遭到腐蚀；在高溶解性或分离相产物的环境中，PVC 可能发生软化和腐蚀；Teflon® 可能在某些酸性环境中释放出金属类物质（Creasey and Dreiss, 1985）。总之，最适合的井管材料应能同时适应水质、地质条件和费用预算的要求（表 4-1）。

Sykes 等（1986）以及 Barcelona 和 Helfrich（1986）开展的浸出和吸附试验表明，在材料暴露实验中，上述材料在浸出和吸附方面没有显著差异。因此，在其他因素相同的情况下，一些场地中井管的选择往往主要是基于经费上的考虑。由于钢的成本可能是 PVC 的四倍，Teflon®的成本可能是 PVC 的十倍，因此应将项目预算这一因素纳入设计准则。无论如何，应根据所估计的化学暴露量和使用寿命来综合考虑成本的核算，从而选择最经济的井管材料。

## 4.2.3 筛管段的长度

筛管段的长度取决于含水层的厚度和现场监测的污染物类型。筛管需实现的功能包括：使井具有最佳的进水效率、能对目标污染物进行采样、能适应地下水水位的季节性变化、能够采集水位数据。例如，用于监测不混溶污染物的监测井应在“静止”水位之上设置一定长度的筛管，以允许分离相（不溶混相）污染物进入井内。筛管可以分段设置，以在不同深度的含水层监测污染物的分层或“下沉”现象。

理想情况下，监测井筛管应贯穿整个含水层的厚度。通常，在场地初步调查阶段应在整个含水层厚度上安装筛管，从而在有限的预算下最大限度地收集水质信息。在后续的详细调查阶段中，可以针对特定深度的关注区间分段安装筛管。如果含水层相对较薄（厚度不足 20ft，6. 10m），则可全部采用穿透整个含水层的筛管。在巨厚的含水层中全安装筛管是不现实的，通常需要设置数口井来覆盖整个含水层厚度。成井数量和成井深度等设计需要基于相关资料数据，并结合水文地质工程师做出的专业判断。但是，最终的目标是要在最大限度提高监测数据质量的同时，绝对避免产生污染物迁移的新途径。

**表 4-1　地下水监测井成井洗井方法综述**（Aller et al., 1989）

| 超量抽水 | 反冲洗 | 活塞法[a] | 提桶法 | 高压水射流冲洗 | 气提抽水 | 气压冲洗 | 参考资料 |
|---|---|---|---|---|---|---|---|
| 在干净粗砂含水层和某些固结岩石中效果最好；存在水处理和架桥问题 | 破坏架桥，低成本且简单；优先使用方法 | 适用于井径尺寸＞2in（5.08cm）的井；在筛管段长度>5ft（1.52m）的地方优先使用；筛管内会形成浪涌 |  | 固结和非固结地层均可使用；具有压裂效应，可形成裂隙区；缺点是需要外部水源 | 利用气涌驱替；应使用过滤后的空气 | 使用最广泛；会夹带空气进入含水层，从而降低渗透性，影响水质；尽可能避免上述不良作用 | Gass（1986） |
| 有效成井需要流向逆转或形成浪涌来避免架桥 | 间接证据表明适用的方法；应使用含水层中的水进行反洗 | 适用；应使用含水层水；在低出水含水层中，如果使用该方法，则可使用外部水源 | 适用的 |  | 不能直接使用空气 | 不能直接使用空气 | U. S. EPA（1986） |
| 生产井；通过交替抽水和允许平衡产生涌水；难以产生足够大的进水速度；常与气提一起使用 |  | 适用于供水井；小心使用，避免损坏套管和筛管 | 适用于供水井；比活塞法常见，但效果不如活塞法 |  |  | 效率取决于设备尺寸；必须使用过滤后的空气；人员可能暴露于受污染的水中；砂砾扰动下水质的 Eh 值在数周内不能稳定 | Barcelona 等（1983）[b] |
|  | 操作可控；定期清除细颗粒 | 在具有提索工具的钻机上使用时操作可控；不易在其他钻机上使用 | 操作可控；使用足够重的贝勒管；有清除掉细屑的好处；可以为小直径定制 |  | 操作可控 | 操作可控；避免将空气注入筛管段；存在化学干扰；空气管不可在筛管段内使用 | Scalf 等（1981） |
| 适用；有单向流的缺点；如果水位压力低于吸力，则较小的井很难抽水 |  | 适用的；注意避免进口破裂或黏土堵塞筛管 |  | 使用该方法时应避免引入其他异物（如压缩空气或外源水） |  |  | National Council of the Paper Industry for Air and Stream Improvement（1981） |

续表

| 超量抽水 | 反冲洗 | 活塞法[a] | 提桶法 | 高压水射流冲洗 | 气提抽水 | 气压冲洗 | 参考资料 |
| --- | --- | --- | --- | --- | --- | --- | --- |
| 必须引起流向逆转以避免架桥；可以交替打开和关闭泵来实现流向逆转 |  | 合适的；定期捞砂以去除细屑 |  | 高速射流通常可有效地产生裂隙区 |  |  | Everett（1980） |
| 当涌水时可能最理想；建议在井静置24小时后进行第二轮的冲洗/恢复；在第一次洗井后，细颗粒发生扰动和积聚；不如反冲洗剧烈 | 由于可能会对填砾层形成扰动，故浪涌效应不应太剧烈 | 对松散细粒含水层适用，但不建议采用，因为可能破坏填砾层，影响其过滤功能 |  | 受欢迎但不太理想；不同类型的井有不同的使用方法；高压射流时可能出现突水现象；重要的是不可用于筛管段，因为进入筛孔的细屑会造成不可逆的堵塞；可能会大量驱替原有含水层的水 | 空气可能堵塞筛管并降低渗透性 |  | Keely 和 Boateng（1987） |

a. Schalla 和 Landick（1986）报告了特殊的 2in 阀块。

b. 对于低水力传导系数的井，在封井之前将水注入环形空间中，之后再抽水

### 4.2.4 环形密封

环形密封是指将钻孔壁与井管之间的环形空间予以密封，以隔离出筛管段，防止上方地层的污染物进入筛管段。由于这个封层必须是“不透水”的，因此密封材料通常可选用硅酸盐水泥浆、膨润土、水泥浆-膨润土混合物或是三合土。如果监测井较浅，可将密封材料直接注入钻孔中，或可通过浇注管或导管注入。浇注管是一段空管（或中空螺旋钻），通过该段空管将密封材料直接注入钻孔底部，并由底部向上填充。因为水泥是浇到滤料之上，可以和钻孔中已有的水混合稀释，因此还需要在滤料层上方设置膨润土层，以防止水泥浆液侵入滤料层（甚至进入井中）。如果在施工过程中不注意该细节，上述问题将经常发生。如果没有使用膨润土在填砾层上方形成密封层，则在距离筛管段顶部几英尺的位置处放置一个砂隔，也可以防止灌浆的侵入。在获得相关机构的批准后，可以将膨润土凝胶作为密封材料，而不是单独使用水泥浆作为密封材料。

水泥浆通常是一种商业性的水泥混合物，向其中添加膨润土后其渗透性更弱。水泥浆-膨润土混合物中的膨润土含量一般为5%~7%。密封材料的使用可以由监管机构指定，也可以根据现场具体条件确定（如存在反应性矿物则不允许用标准水泥密封）。水泥浆由水泥厂制备，所需的水泥浆混合物可以购买袋装成品在现场混合制备。如果需要超长的密封段，可预拌水泥并通过搅拌车直接送到现场。在浇注后大多数水泥会自然沉降几英尺（几十厘米到数米），因此需要在封井前再次将其注满。水泥一般在12 ~24小时后凝固，在21 ~28天后达到标称强度。

### 4.2.5 井口防护

井口防护主要提供采样的空间和保障井口的安全。监测井的大部分设施在地下，可在地表设置井台，对井口进行保护。如果井套管高出地表，则需设置相应标记和警示物来保护井管。为防止未经授权的人员进入和故意破坏，井口一般设置井盖并加锁。井结构信息可以用金属标签贴在井管上。最终的完井工作可根据场地、业主或监管机构的要求进一步调整。

### 4.2.6 总结

监测井的设计必须考虑井所在位置的现场地质条件、污染物的类型和位置、监管机构的指导意见和以前的成井经验。如果井下条件与预期相差很大，则井的设计要根据现场条件进行变更。每口井的筛管长度应根据实际的含水层条件和污染物类型来确定。井的滤料段及滤料应根据含水层的结构和介质特征来设计，并且可以适用于场地其他位置的监测井。不透水的密封材料通过浇注管注入滤料层的上方，并在伸出地面的井口外设置一个安全的井口锁。在井的设计和施工过程中均应充分考虑上述这些因素，以保障地下水监测井在正常年限内都能使用。

## 4.3 A含水层的监测井的安装示例

本节讨论在最上层含水层（或称现场的A含水层）中安装成井的方法和基本施工步骤（图4-2和图4-3）。假定钻孔已到达所需的深度，也已依据钻孔柱状图确定了筛管段的位置，并且选择井管材料时已考虑污染物特征和地质因素。水文地质专业人员已经做好了设计，并且按照设计要求制作了适当的材料。钻探现场的水文地质专业技术人员或工程师对成井全过程质量负责。

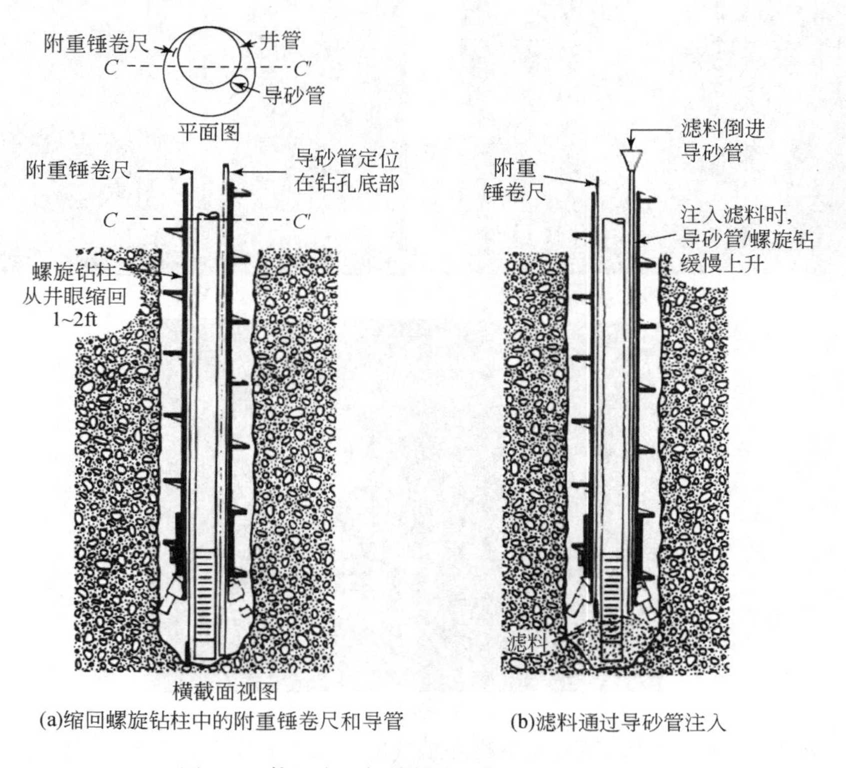


图4-2 使用中空螺旋钻为导管来安装滤料层

现场水文地质专业技术人员须在完井之前检查井管，以确定是否有潜在的质量隐患和污染物的附着，若有必要则对其进行清洁。由于市售井管通常只包含5ft（1.52m）、10ft（3.05m）或20ft（6.10m）的长度，所以井管安装时需采用螺纹接口连接，并逐根放入井中。当井管通过螺纹连接时，应检查螺纹并将其完全固定（螺纹拧至末端），以免井管脱落造成井管分开，从而掉入井中（这可能需要“打捞作业”来取出掉入井中的井管，有时无法将其取出，从而导致钻孔损失并需要重新钻孔）。井筛末端使用一个塞子或底盖盖住，防止筛管底部的沉积物被抽入井内。应保持井管承受着一定的扭矩以防止其弯曲，并使用扶正器将井管固定在井中心位置，一旦将所有井管下放到井中，则在井壁和套管之间的环形空间内充填滤料和密封材料。

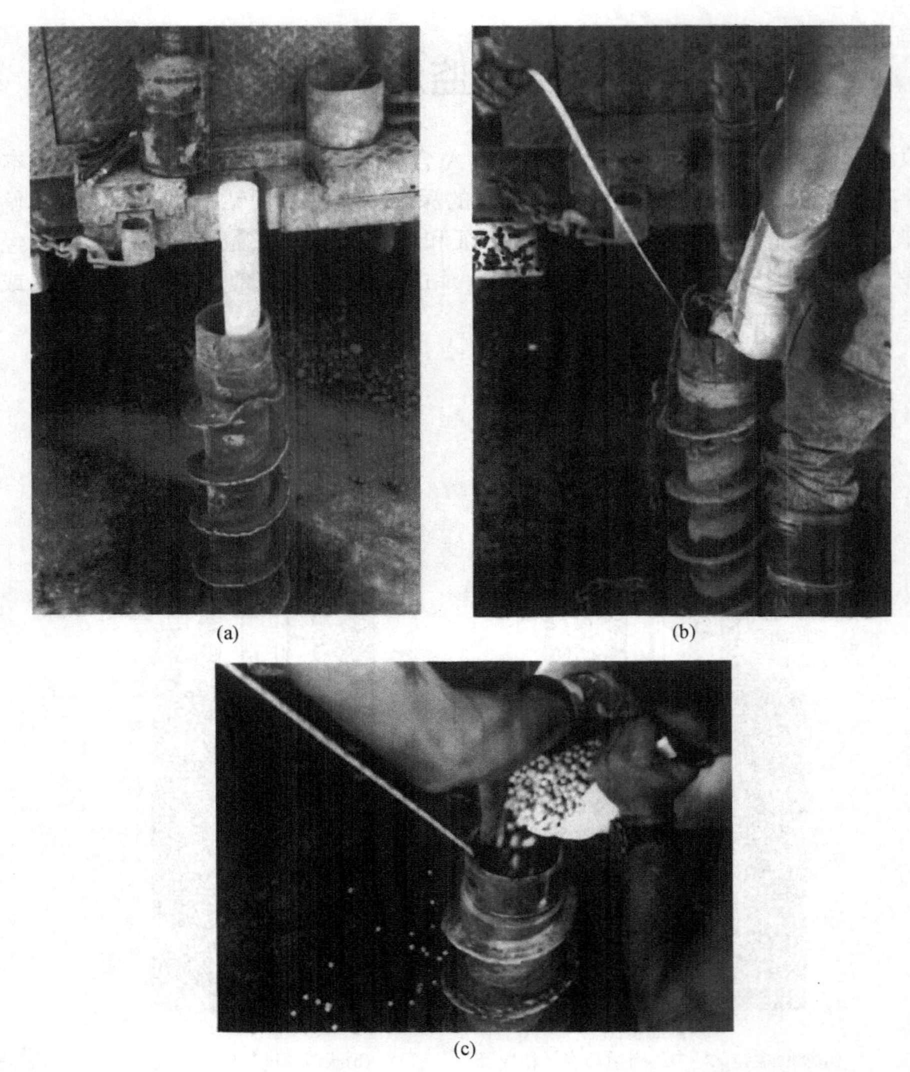

图 4-3　（a）井管下至中空螺旋钻内；（b）中空钻杆作为下料导管，将滤料注入环形空间内和；（c）注入膨润土球以形成密封环形空间

滤料的安装必须小心进行，以免产生有缝隙的砂桥，并要确保滤料准确输送到筛管周围。滤料通过浇注管（通常是中空螺旋钻）导入筛管段，井比较浅时（小于 40ft，12.19m）滤料可以直接倒入孔内。滤料需填满环形空间，井管和孔壁之间的环形空间间隔通常至少 2 ~4in（5.08 ~10.16cm）。滤料高度通常高出筛管段顶部约 2ft（0.61m），从而确保筛管段完全进水，并保证止水段在筛管段上方。

环形空间内填充的止水材料确保目标进水段上下都能止水，防止与其他含水层连通。在环形空间注入止水材料之前，在滤料段上方设置膨润土密封垫层（厚度约 2ft，0.61m），以防止水泥浆液侵入滤料段。一旦水泥浆液进入滤料段，井将会报废。在此处使用膨润土也是形成环状封层，并在钻孔呈开放状态时隔离含水层。膨润土可选用颗粒状、薄片状或粉末状，与水接触时会和水反应而膨胀。如遇含水层较厚（超过 150ft，45.72m）时，很难再使用膨润土，则一般在滤料段上方设置 5 ~10ft（1.52 ~3.05m）的隔砂层，以防止水泥浆液侵入滤料段。

膨润土层或隔砂层设置完毕后，将水泥浆液导入环形空间并密封含水层段。将水泥浆液打入钻孔内，直到环形空间被填满至地面。水泥凝固（借由热量和重量）可能会对非钢制套管产生不利影响，此时应考虑间隔式注浆或去除建井后多余的水泥以尽量减少这种影响。再次强调，现场水文地质技术人员应关注整个施工流程，并注意填充材料需求、钻孔稳定性和其他施工问题，避免相似的问题在不同钻孔中多次出现。如果监管等机构提出建井有关的责任问题，也需要给予重视。

最后，必须保护好地面的井口部分，避免井管受到自然和人为破坏。应使用带锁的安全盖盖住井口，如果在地面上施工，密封井口外部还应再加设窨井盖。如果井口部分在地面以上，无论在野外还是在停车场，都应该设置由防护柱围成的警示混凝土台，因为不慎撞击可能会折断井管。井台应高于附近的地面，以便排水。另外，可以在防护箱的井管上贴上标签，标记完井信息，如深度、筛管段位置、完井日期和建井许可证编号等（请参见图 4-4，最上层（或称 A 含水层）的监测井设计详细信息）。

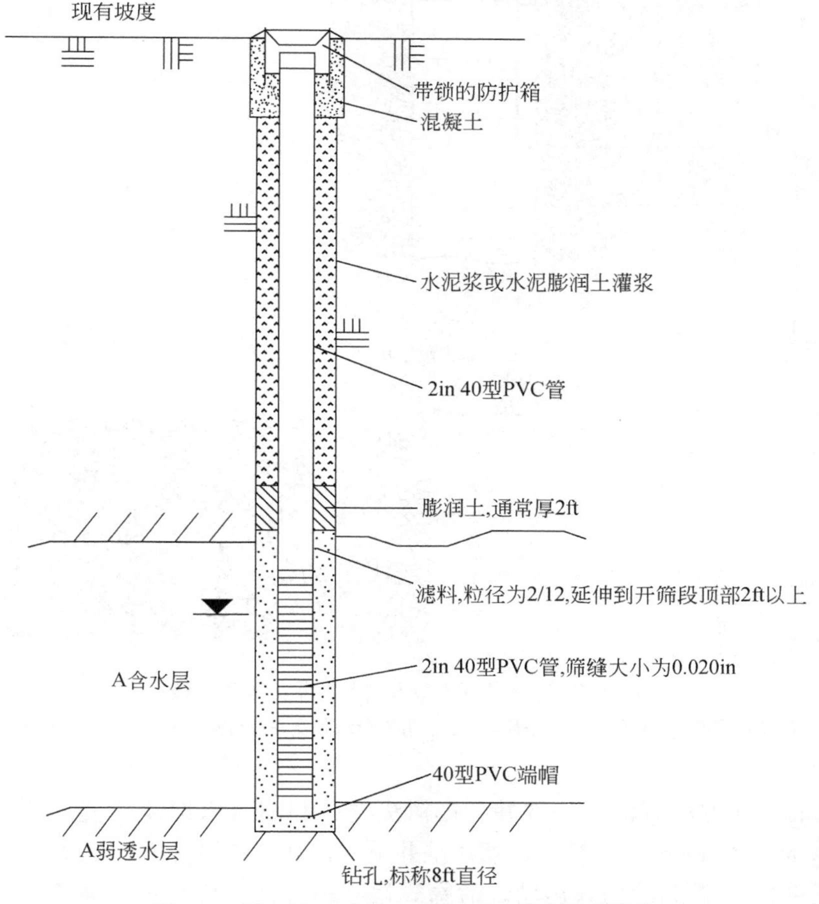


图 4-4　最上层（或称 A 含水层）的监测井设计

## 4.4 监测井完井

所有井须在完井洗井后才能使用。完井应完成以下工作。

（1）清除井内水体中的悬浮颗粒；

（2）清除泥饼、碎石和钻井过程中产生的颗粒物，清除钻孔壁的脏污物质，特别是泥浆旋转钻法的钻孔；

（3）将筛管附近的滤料从内到外由粗到细分级排布，使井管与含水层之间形成最佳的水力联系。在不损坏井管、不产生串层通道、不堵塞含水层孔隙的情况下，使井获得最佳的使用效果（表4-1和图4-5）。

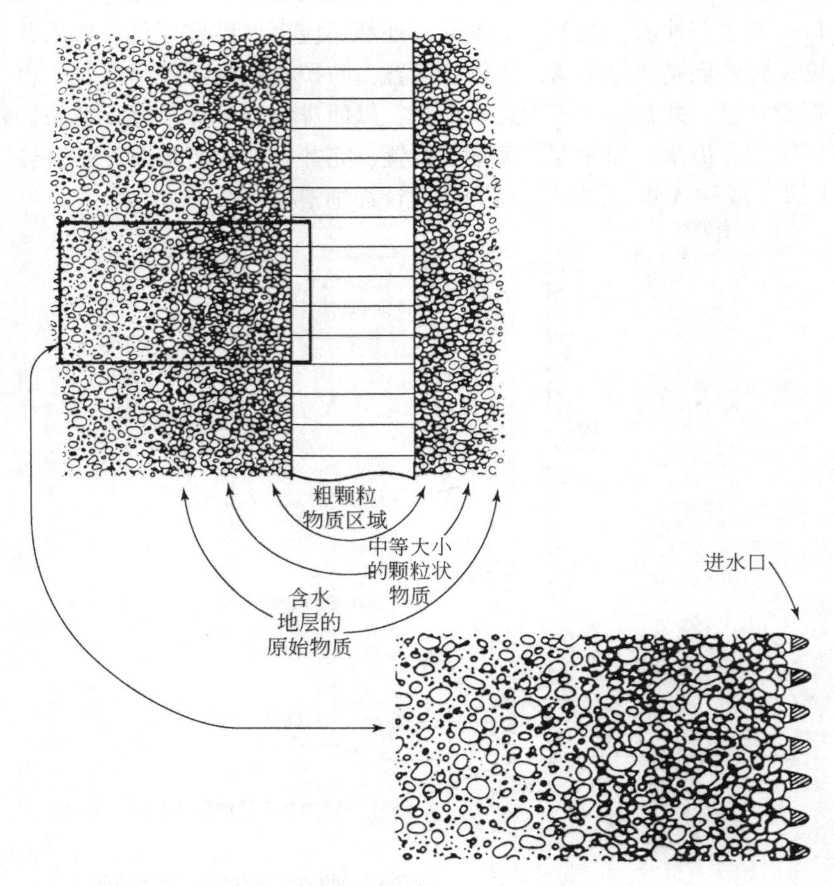


图4-5 监测井开发以及自然井中的砂层分级

在过滤井中产生相似的分级是最终目标，并在分级外侧逐渐粗糙（Aller et al.，1989）

最常见的洗井方法有活塞法洗井、提桶法洗井和高压水射流冲洗法洗井（Driscoll，1986；Keely and Boateng，1987）。活塞法洗井采用紧贴套管的塞子，在筛管段区间内上升和下降（图4-6），类似活塞式运动。活塞式运动通过筛缝使水不断地流入和流出筛管，并将建井过程中夹带细砂的黏土和粉砂带入地下水中，而后将活塞移出井，将贝勒管下入井底，将浑浊的水提出；然后再放入活塞，重复进行上述过程，直到井水变得清澈且细砂的含量很低。这种程序是很有效的，但活塞法洗井需要不造成原含水层结构的损坏。

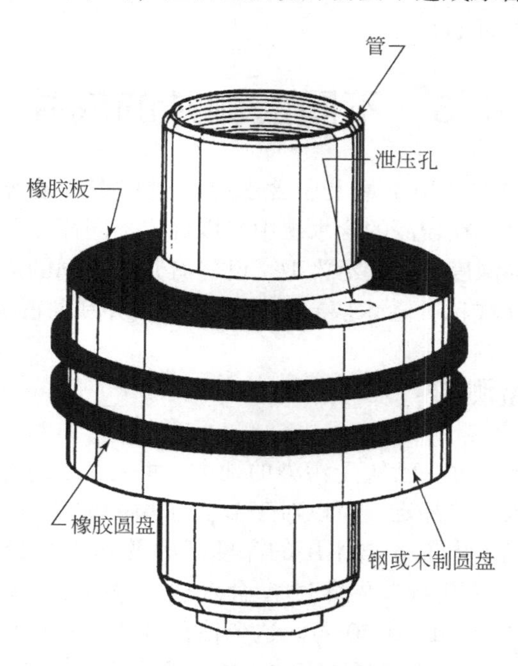


图 4-6　活塞法洗井工具（Driscoll，1986）

提桶法洗井是指向井中放入贝勒管，先将井内的水抽至贝勒管中，然后提出贝勒管将水提至地面。采用该方法洗井时，应先使井内细砂、粉砂和黏土悬浮，再下入贝勒管抽水。与活塞法不同，提桶法洗井是“单向”过程，水只从含水层进入井管。因此，活塞法更有效，有助于清除滤料层和含水层中的细小颗粒。若含水层是以细粒为主或含有大量散装黏土的含水层时，采用活塞法洗井可能会损害含水层。按照作者对细粒含水层（含有大量粉砂和黏土）的经验：在这种含水层中要使水变得澄清是非常困难的。对于此类型含水层中的井，在洗井初期清除井内钻井泥浆等杂物时不可剧烈操作，应注意保护滤料层。当井中水的细砂含量很低时，应停止洗井。然而，在某些情况下，由于地层的因素，水可能仍会稍微有些浑浊。

高压水射流冲洗法洗井是将高速喷雾或射流的设备放入井中预定位置，清理钻探杂物的同时清洁筛管。高压水射流冲洗法与活塞法可联合使用，在使用高压水冲洗后，使用贝勒管将含颗粒物的浑浊水移除。冲洗法可能很有效，但可能同时将部分颗粒喷射出筛管，造成孔隙堵塞，使井受到一些损坏（Keely and Boateng，1987）。

经过完井程序后，含水层的水应该能在整个筛管段充分进水，同时井内沉积物会减少。最终洗井程度取决于钻进的地层类型和专业经验判断。对于以细粒为主的含水层，洗井结束时，水可能仍难免有些浑浊。现场应保存有关洗井的说明和洗井过程的记录，这些数据对监测井非常有用，可能有助于解释井的出水量和某些监测数据。经过一段时间后，可能需要重新洗井。重新洗井的方法与上述过程相同，以去除井内沉积的砂粒和淤泥为主。判断是否需要重新洗井的一个依据是井管或井的深度是否变浅。如果井底深度变浅，筛管段长度减小20%以上，则应该重新洗井。重新洗井的相关技术要求同前，需要结合具体的场地条件和具体的井而定。

# 4.5 不同监测井的成井

上面所讨论的成井过程适用于最上层含水层（或称作A含水层）中设置的监测井。然而，有些监测井必须设置在较深的含水层中，以确定不同深度的地下水水头分布，或在较厚的含水层中确定不同深度分层的污染羽。已经有几种不同的成井技术应用于较深含水层中，包括下伏含水层（或称B含水层）监测井、巢式井和井群等方式。

## 4.5.1 B含水层监测井

B含水层监测井是指穿过一已知受污染的地方，并在第二层含水层所设置的监测井。由于上一层含水层的范围已经界定，所以对于B含水层的成井需采用不同的钻探方法。A含水层范围的界定已经确定出了A含水层的深度区间及其A弱透水层的上方接触面的深度。在B含水层建井时，钻孔将首先穿过A含水层，进一步验证A含水层的顶、底板，然后钻进至A弱透水层中约1ft（0.30m）。这个钻孔口径一般较大（通常成井直径为10～12in，即0.25～0.30m），然后将钢制导管放入并伸入弱透水层中1～2ft（0.30～0.61m）。将导管的下部加封，然后在外部环形空间灌入水泥（图4-7）。待密封材料凝固后（大约24小时）再继续钻进，如此可防止导管受钻井影响而被抬升。然后将钻井内淤泥和所有积水从导管中清出，这样可以清除污染物质，并检查密封效果。在此基础上，按前一章所述方法继续钻进，识别含水层并对污染物取样。一旦确定了B含水层的顶、底板位置，则按前文所述方法完成井的安装。A弱透水层和套管内部的环形空间完全密封。

## 4.5.2 巢式井

巢式井是指在同一钻孔中完成两口或两口以上的监测井（一孔多井）。巢式井是观察一个含水层中分层效应的最有效率的方式（图4-8）。然而，单个钻孔中的可用有限空间及不易在井的筛管段分别设置滤料段和密封段，造成了巢式井复杂和困难的施工问题。这种成井方式的密封尤为重要，因为一旦地下水在钻孔中形成上下循环，设井的目的就会丧失。其他问题同样也有可能发生在巢式井的建设过程中，如存在易发生塌孔的地层条件、超量泥浆循环引起侵蚀或出现井管倾斜等情况。这种成井方式对仅监测一个含水层的水头而言可能相对简单，但对多层监测来说可能比较麻烦。此时，可考虑使用井群的成井方式。

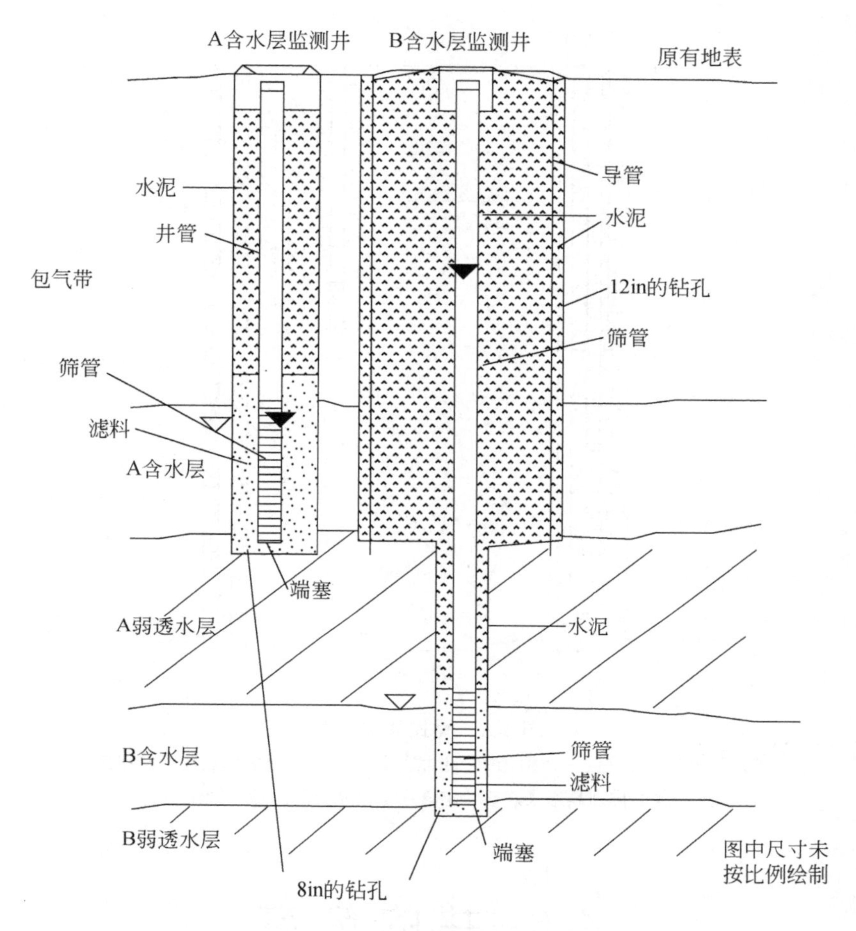


图 4-7 B 含水层监测井的完井
图中尺寸未按比例绘制

## 4.5.3 井群

井群是在小范围内（井间距在 5 ~ 15ft，即 1.52 ~ 4.57m）由多个单井构成的。井群中单井的建造步骤与 A 含水层的例子类似，但井筛管段的深度区间不同。因此，井群可监测单个含水层内不同深度的污染物（图 4-8）。井群通常以三口、四口或五口井为一组进行设置，所以通常会先施工一个钻孔，据此确定地层和采样深度。因为在很短的距离内场地地层层理不太可能产生显著差异，因此其他的井可以根据第一个钻孔的数据直接钻到目标深度后成井。当然，要对含水层顶、底板进行验证，并根据现场岩心样品及现场实际情况对成井参数进行更改。从井群收集的数据通常都非常好，并且避免了建造巢式井时所遇到的施工问题。

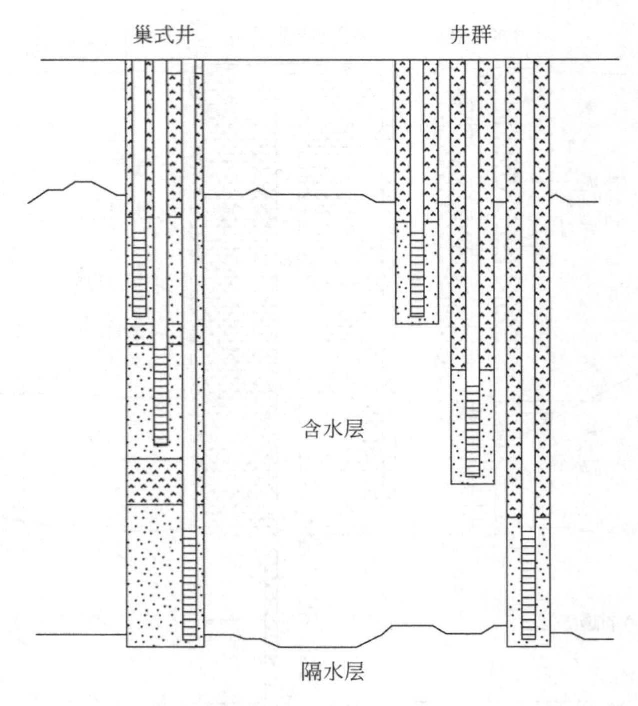


图 4-8　巢式井和井群

巢式井指多个井在同一个钻孔中。井群指每个井分别建成但彼此距离很近。
这些井的排列是用来观察特定含水层以及分层的污染物流动的

# 4.6 井的废弃

井的废弃一般发生在监测井不再被需要或者出现施工问题或者监测井作为场地关闭的一部分时。当不再需要监测水井时，废弃或销毁是明智的。这样可以避免一些潜在的污染、破坏（包括增加污染途径）或未来找不到监测井。场地经常会重新开发或进行产权的转移，所以即使有记录的监测井也可能无法确认，相关管理部门的记录也可能因为场地的变迁而出现错误。

通常可通过拔出井管或用密封材料填充井管内部来实现井的废弃。废弃的方案最终取决于井的状况、深度、位置和主管部门的要求。井的废弃可以先拔出井管、取出滤料和密封材料，然后在钻孔内填充水泥或其他密封材料。这意味着在废弃之前应该掌握成井的相关信息，以了解成井的材料和深度。井在废弃之前可进行最后一次取样，同时测量并记录水深和井深。如果是成井时间较早或者是井管已经失效的井，则应结合原始成井记录、相关详细设计资料和管理部门的许可资料等信息来确定井深的变化。若井管是不锈钢材质，则拔出井管是不可行的，此时则采用充填的方式来废井。

采用充填方式废井时，从下往上向井管内填充水泥浆。可以使用导管充填，或者通过压力送入。应尽可能将井管从地下拔出，如果无法拔出，则应对井管进行打孔或用套管刀将其撕开，以使水泥浆渗入滤料层。钻孔必须填满，这样才不会成为形成含水层的流体或污染物流通的水力通道。灌入水泥浆前应计算所需的体积，以便准备适量的材料。如果在灌浆时在钻孔内形成了架桥现象，则必须停止灌浆，消除架桥现象后再行填充，以确保井孔完全密封。废井工作完成后，应准备废井许可或其他文件，并向监管机构备案，保留废井的记录。

# 5 地下水监测井采样

## 5.1 绪论

地下水监测井采样是污染调查过程中最重要的任务之一。钻孔柱状图和水质信息是地层观测信息的两个基本来源。通过监测井的采样分析可为地下水地球化学和污染化学信息提供依据。调查人员大多数情况下面对的污染物浓度单位是 ppm 或 ppb。因此，数据收集时误差需要重视，在获得样本时必须采取质量控制程序。

环境咨询公司经常被询问确定是否存在污染问题，通过化学数据即可确定污染是否存在及其性质和类型。当管理机构审核这些数据信息时，只要存在一种污染物，即使浓度非常低，管理部门也可能要求进行昂贵的调查和修复工作。因此，在正确建造监测井后，必须正确小心地执行水样采集程序，以获得可靠的数据。我们需要知道，场地的特殊性不能被过分强调。含水层化学性质可能非常难以捉摸，也可能随季节或者整个项目周期而变化，这些变动需要一些时间进行观察。通常，环境咨询公司只进行数次的采样分析，然而我们可能需要对 4 ~ 8 个季度的数据进行分析才能做出污染判断。因此，采样程序能准确定义含水层水文地球化学特征是地下水采样的主要考量因素。

## 5.2 采样计划和方案

通常我们把现场调查前的场地采样计划和采样程序称作采样方案。常规的采样方案通常依据政府指导文件中的建议程序，环境咨询公司会将其用作内部的采样程序资料。所有的采样方案是以政府规范文件为基础，再经地方主管部门修正的（表 5-1 和图 5-1）。通常调查和采样计划是由主管部门和其他相关方审查的，并且可能需要数月甚至数年才能让他们对调查和采样计划达成共识。采用类似于行业或监管标准的取样程序是重要的，其可为样品提供从现场运送到分析实验室的必要规范。无论项目规模或复杂程度如何，在收集任何地下数据时应同样谨慎，因为采样分析的结果在未来某个时间可能会受到法律质询。

**表 5-1　一般性地下水采样规范程序**（U. S. EPA，1987）

| 步骤 | 目标 | 推荐规范（推荐标准和参数） |
| --- | --- | --- |
| 水位测量 | 了解抽水前的水位 | 测量水位，精度为±0.01ft（±0.30cm） |
| 洗井 | 去除或分离停滞的水，否则会使代表性样品产生偏差 | 抽水，直到至少两倍井管体积的水被抽出，并且洗井的参数［例如 pH、温度、溶氧量（$Q^{-1}$）、氧化还原电位（Eh）］稳定在±10% 为止 |

续表

| 步骤 | 目标 | 推荐规范（推荐标准和参数） |
|---|---|---|
| 样品采集 | 在地表或井中用对样品化学干扰最小的方法采集样品 | 对于有挥发性有机物的地下水采样，泵速应限制在100mL/min以下 |
| 过滤/保存 | 过滤允许测定的可溶性成分，是保存的一种形式。因此，收集后应尽快在现场进行过滤 | 可过滤：痕量金属、无机阴离子/阳离子、碱度。<br>不可过滤：总有机碳、TOX、VOC样品。<br>其他有机化合物样品仅在需要时过滤 |
| 现场测定 | 样品的现场分析将有效地避免测定参数/组分由于保存方式不当而产生的偏差，如气体、碱度、pH | 样品应尽可能在现场进行气体、碱度和pH分析 |
| 现场采集空白样/标准样 | 现场空白样和标准样允许对样品由于保存、储存和运输所可能导致的变化作分析结果的校正 | 每天取样时，现场应至少为每个敏感参数采集1个空白样和1个标准样。还建议使用加标样品以获得良好的质量保证/质量控制 |
| 样品保存/运输 | 对样品进行冷藏和保存，以减少分析前的化学变化 | 遵守监管机构建议的最长样品保存期限或储存期。应当仔细记录实际保存期内的相关文件 |

<table>
<tr><th>组分（参数）类型</th><th>组分（参数）例子</th><th colspan="2">正交换式气囊泵</th><th>现场 Thief 或双止回阀捞砂器</th><th>机械正交换式泵</th><th>气动设备</th><th>抽取装置</th></tr>
<tr><td rowspan="2">VOC 有机金属化合物</td><td rowspan="2">氯仿、TOX、$CH_3Hg$</td><td colspan="6">取样机制的可靠性增大</td></tr>
<tr><td rowspan="5">样品敏感度增加</td><td>对于大多数应用，表现良好</td><td>如果保证良好的洗井，可能是适合的</td><td>如果设计和操作可控，可能适合</td><td>不推荐使用</td><td>不推荐使用</td></tr>
<tr><td>溶解性气体和洗井参数</td><td>$O_2$、$CO_2$ 和 pH、$Q^{-1}$、Eh</td><td>对于大多数应用，表现良好</td><td>如果保证良好的洗井，可能是适合的</td><td>如果设计和操作是受控的，可能足够</td><td>不推荐使用</td><td>不推荐使用</td></tr>
<tr><td>微量无机金属和还原剂</td><td>Fe、Cu 和 $NO_2^-$、$S^-$</td><td>对于大多数应用，表现良好</td><td>如果保证良好的洗井，可能是适合的</td><td>适合</td><td>可能适合</td><td>如果物质适合则可能适合</td></tr>
<tr><td rowspan="2">主要阳离子和阴离子</td><td>$Na^+$、$K^+$、$Ca^{2+}$、$Mg^{2+}$</td><td rowspan="2">对于大多数应用，表现良好</td><td>适合</td><td rowspan="2">适合</td><td rowspan="2">适合</td><td rowspan="2">适合</td></tr>
<tr><td>$Cl^-$、$SO_4^{2-}$</td><td>如果保证良好的洗井，可能是适合的</td></tr>
</table>

图 5-1　敏感化学成分和各种采样设备矩阵表（U. S. EPA，1991）

目前已有许多机构编制了地下水采样指导文件用于设计和编写采样计划书（Nielson and Johnson，1990；State of California，1986；U. S. EPA，1985，1986，1987）。基本的采样计划应详述收集所有资料的程序，以及如何记录和进行资料管理，其中包括样品流转单和采样记录表。相同的资料收集方式和适宜的采样方法会随着方案书中的计划执行。这些数据最终将形成一个项目数据库，以监测地下水水位、流向和化学性质的变化。该数据还将用于确定污染范围以及场地修复的设计。

## 5.3 化学分析实验室的选择

化学分析实验室的选择程序应与采样计划的准备一样严格。场地数据和样品采集都影响化学分析的正确性，因此实验室必须能够根据已经认可的分析技术进行分析工作。在一些州，分析实验室的分析程序需由所在州进行认可，当地监管机构可能要求将认可证列为采样计划书的一部分。在环境研究中（如对燃料、溶剂、杀虫剂或微量元素），几乎总是需要使用美国环境保护署的化学分析方法。此外，实验室可能有专门的分析方法，如对杀虫剂的分析。这些分析方法可能是由产品制造商开发的，有时这类方法可以取代美国环境保护署的方法。

离场地最近的实验室无法进行化学分析时，样品必须送到另一个城市或其他州进行分析。如果需要，快速转运样品是实验室必须服务的一部分，因为样品在分析之前的存储时间有限。实验室处理和分析样品时，必须记录内部的质量保证和质量控制（Quality Assurance-Quality Control，QA-QC），并提供保存记录和原始数据文件，以便在数据可靠性受到质疑时检查样品的准确性。最后，选择的实验室应该在项目的整个持续时间内使用，这样可以避免或减少由实验室变更而导致的质量控制问题（如果需要，可以使用分样送检的方式来检查准确度）。

建立质量保证和质量控制程序，是为了精准和完整地获得现场水质数据，使信息准确并代表实际现场条件。QA-QC 工作涉及对现场和实验室程序进行内部和外部程序核查。通常核查内容包括：准确度、精确度、完整性、可比性和代表性（类似于分析实验室程序）。QA-QC 工作在政府采样指导文件中已有讨论，并可在不同政府出版物中查阅到各种联邦、州和地方机构的一些规范和法规（U. S. EPA，1985a）。这些适用于地下水水质采样的术语定义如下：准确度——测量值与被接受、引用或真实值的一致程度；精确度——在类似条件下测量各个测量值之间的一致性，通常用标准偏差表示；完整性——将从测量系统获得的有效数据量与项目数据目标的预期量相比较；可比性——表示可以将一个数据集与另一个数据集进行比较的置信度；代表性——反映采样点处介质或水质特征的样本或样本组，以及采样点考虑参数变动时的代表程度。

这些标准与实验室 QA-QC 类似，包括了分析技术、净化程序、仪器校准、设备检测限和仪器维护等内容。由于采样人员和实验室之间相互影响密切，因此可以使用相同的 QA-QC 程序来确保收集到最佳地下水数据。水文地质学家可能希望审查实验室的资质、参观实验室，并讨论项目的关键方面，以确保实验人员可以最大限度地提高数据质量。

## 5.4 监测井采样——现场采样前准备

采样人员必须事先对其所用的设备进行清洗和校准。目前，采样设备是由不锈钢和 Teflon® 等惰性材质制成的，以最大限度地减少设备部件可能产生的污染问题。现如今，很多设备和试剂都可通过供应商来获得（Parker，1994；参考相应的工业供应商）。设备清洗通过清洗程序完成，如用磷酸三钠或去污型肥皂清洗贝勒管、泵、水管、线绳和相关设备，然后用蒸馏水或去离子水冲洗。在某些情况下，可以按照采样计划的需要采用溶剂冲洗。也可根据需要采用蒸气对设备进行清洗。如果清洗和净化未能达到清洗要求，则应更换采样设备。用于测量地下水深度的设备、分层取样设备和泵等都应该保持清洁，防止不经意的污染。pH、电导率、溶解氧等水质参数的测量设备，根据各个制造商的规定每天进行精度校准。这些仪器提供了每一种采样情景下含水层的基本信息，因此对现场设备进行适当校准至关重要。

## 5.5 样本偏差

样本偏差问题可能随时发生，对采样人员的技术水平、设备和化学分析程序的检查是一项持续性的任务。考虑到出现问题的可能性很大，样本偏差可能难以确定。采样人员的采样技术可能因为个人或公司的不同而有很大差异。这也包括当地和州相关机构对环境咨询公司的监管可能因当地特殊的水文地质条件而不同。不同的采样方法和测量装置各有利弊。所采用的方法应适用于污染物类型，如挥发性有机化学品、微量元素、农药等，应最大限度减少顶空，保存时也应采用特定的保存容器。每次采样都必须严格遵循采样方法，以减少采样偏差对实验室结果可重复性的影响。换句话说，不可让现场采样误差影响实验室结果（表 5-1、图 5-1 和图 5-2）。

采样偏差源自许多原因，包括但不限于以下内容：不恰当的洗井、采样井位建于低渗透含水层、设备清洗不当、容器准备不当、存在大气污染源、监测井交叉污染等。采样计划书应尽量将这些潜在问题考虑在内，以避免出现采样出差错。例如，如果存在油类污染物，钢制的取样工具可能是一种合适的选择，因为塑料和 Teflon® 难以清洗。如果不能清洗采样设备，则应更换新的采样设备或可接受的净化过的设备。部分场地可能存在特殊含水层问题（如低渗透率或浊度高）。大部分场地采样问题都可以得到解决，在第一轮取样之后，可进一步整体调整采样方案。

可使用空白样对实验室可能的错误和偏差进行检查。利用空白样可检查实验室和采样人员的 QA-QC，以追踪污染物的量和可能的实验室错误。因此，空白样对于检查总体数据准确度非常有用。通常，为了确保实验室的准确度和检测效率，在采样计划方案中会考虑一定比例的空白，一般空白样数量为样品总数的 5%~10%。为了保证设备的清洁度，采样人员可能会不时地添加额外的随机空白样，并且可以将加标空白（包含已知量的污染物的空白样）发送到另一个实验室以检查实际分析的准确度。最常见的样品空白类型如下。

（1）运输空白：仅针对有机化合物分析所准备的样品，由实验室准备并送至项目现场并与所采集的样品一同运回实验室。运输空白不得打开，返回实验室后与项目样品一起分析。

（2）现场空白：在现场使用不含有机物的水制备，这些样品与项目样品一同送回实验室，并分析项目现场的特殊化学参数。

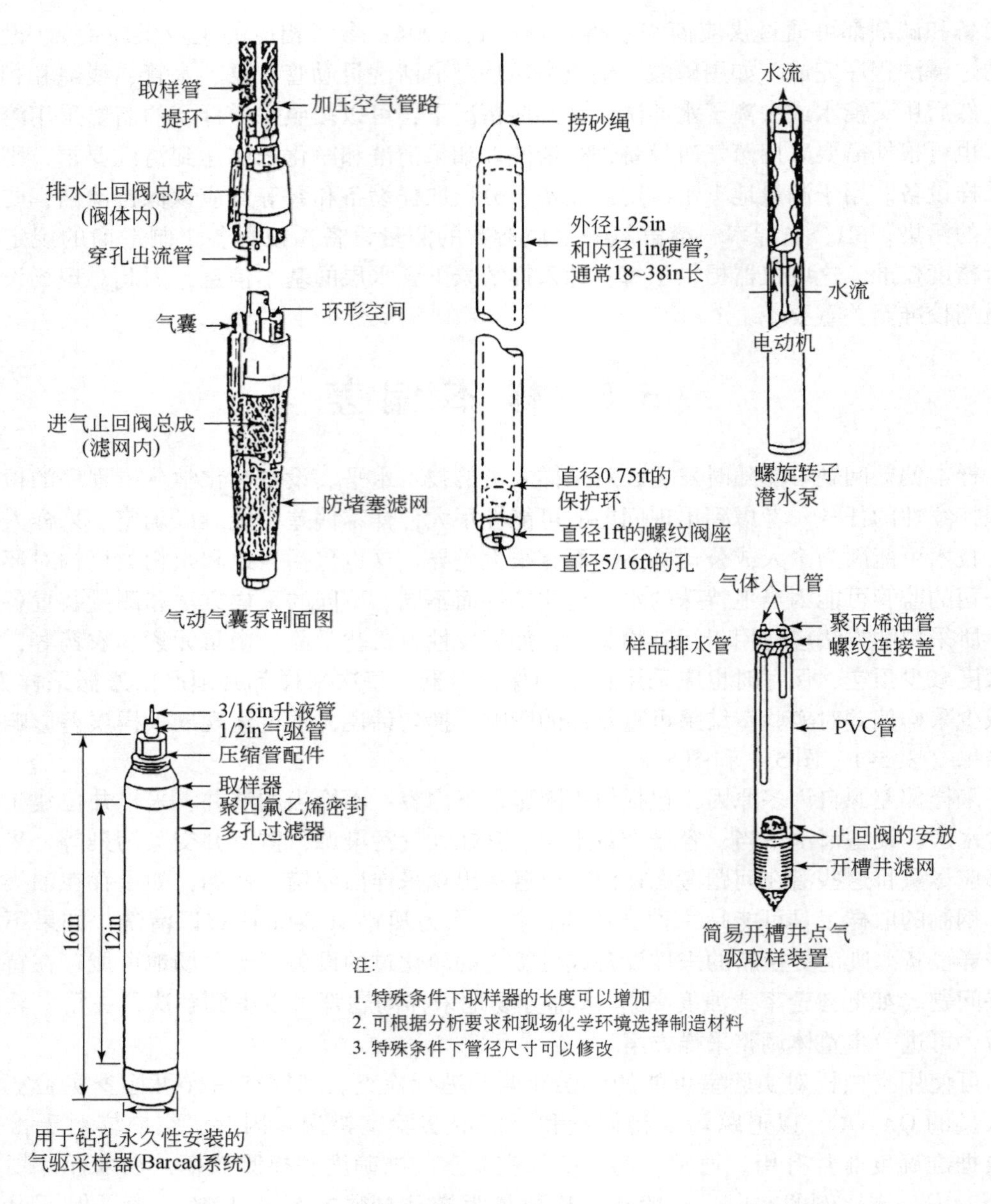


图 5-2　普通地下水取样装置
修改自 U. S. EPA，1987

（3）平行样品：从选定的井或项目地点收集，作为“第二样本”。它们可以是分样（从同次的采样器或泵送物中采集），或作为来自同一井的第二次样品（从独立的采样器或泵送物中采集）。可以在不同的实验室分析部分平行样以检查总体准确度。

（4）设备空白：从现场设备冲洗液中收集，以检查采样器的去污彻底性。

# 5.6 案例——监测井现场取样程序

采样人员须预先准备采样数据记录表格。监测井采样计划通常是从污染最轻的井到污染最严重的井进行采样作业，这样做是为了最大限度地减少井间交叉污染的可能性，并且随着现场取样的进行，对每口井的熟悉程度逐渐增加的情况下会逐步改善采样程序。如果需要长期监测采样，那么谨慎的做法是在每口监测井中安装专门的采样装置，以减少潜在的井间交叉污染，从而进一步减少设备净化和井间干扰。无论系统是由气囊泵、潜水泵还是其他系统组成，其安装和维护成本通常可以通过减少可疑数据带来的冗余采样成本来抵消（表5-1）。

采样人员应与所准备的已清洁设备和适当样品保存容器一起到达监测井。采样人员应需记录项目编号、日期、时间和现场条件（如天气、井的安全防护和是否有人为破坏），以及任何其他必要的信息。监测井打开的同时，就需要对水的深度进行测量并记录（测量精度为0.01ft，约3mm），以便计算水位。该测量是基于标记在井管上的工程测量基准刻度线所完成的。同时，还可以检查井内是否存在分离相的污染物。非水相的表观厚度可以用贝勒管或者试水膏检查。可以使用光学电子探针同时测量井口到非水相的深度和到水相的深度。如果有漂浮非水相，可以使用干净的一次性贝勒管测量非水相的表观厚度。

## 5.6.1 监测井洗井

完成上述基本步骤之后，在采集实际样品之前需对监测井进行洗井。洗井非常重要，因为井管中水的地球化学成分可能由于长时间停滞和暴露于大气而改变。取样人员应提前计算井水体积（图5-2和图5-3）。因此，采样人员应事先了解是否存在特殊要求，以及是否可能需要额外体积的洗井水量，但大多数监管机构认为3～4倍钻孔体积的洗井水量是足够的。然而，对于所使用的洗井水量并没有固定的标准，而且指定特定的洗井水量可能会形成误导，产生有问题的数据（U.S.EPA，1985）。洗井水量是针对每口井及其含水层的水力条件而定的。

根据Schmidt（1982）的报告，美国西南部监测井的经验数据显示，在高渗透性含水层中，需要以每分钟约0.076～0.190$m^3$的速度抽水30～60分钟，水质化学参数才会稳定。但这可能仅代表洗井的极端情况。在低渗透性含水层中，想要抽取大水量的地下水往往不切实际；一次洗井的水量就可能超过补水量，因此回水需要很长时间。

因此，建议使用相对较低的洗井抽水速率来维持稳定的pH和电导率。洗井应根据场地的水文特性进行，以采集代表性样品（Gibs and Imbrigiotta，1990）。如果没有达到最小的洗井水量，则采集的将是井管内储存或“滞留”的地下水，该样品对含水层而言不具有代表性（Driscoll，1986）。

在洗井的同时，监测pH、电导率、温度和溶解氧等基本物理参数，以协助判断含水层地下水非原滞留的地下水（U.S.EPA，1985a）。通常这些参数在洗井期间是波动的，最

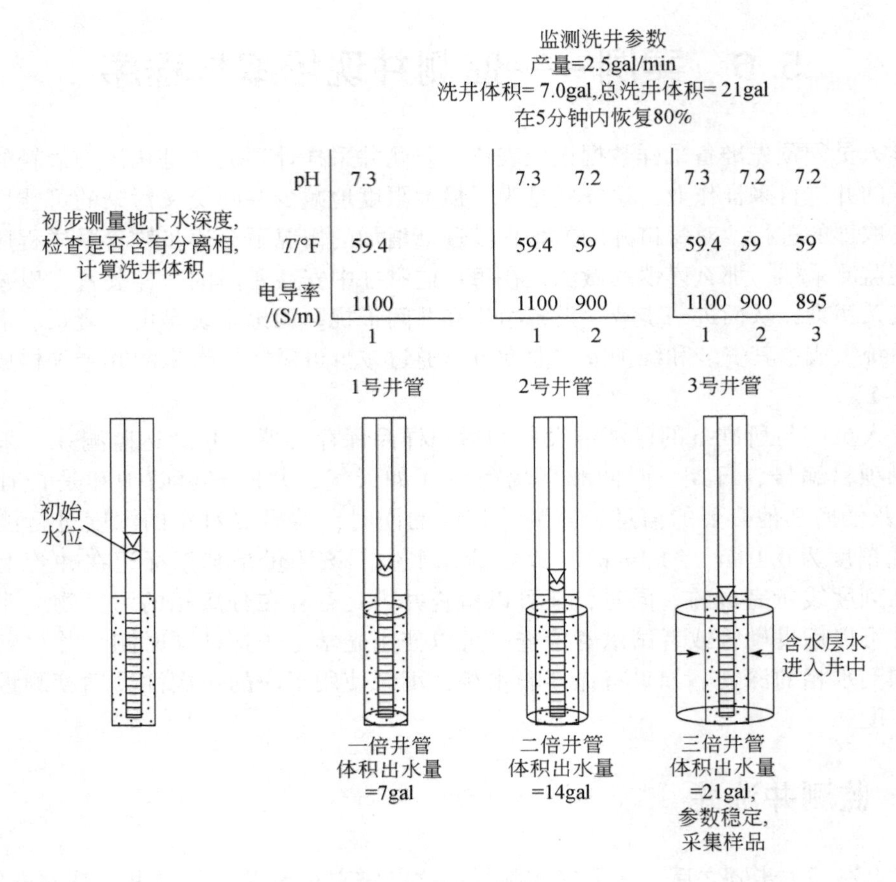


图 5-3　监测井取样

在完成水深测量和计算洗井体积后，对监测井进行洗井并取样。参数值在连续两次清洗后趋于稳定，且当井恢复到初始水位的 80% 时，采集样品。然而，这种情况可能发生在第三次洗井之后，每个洗井过程和回水过程都是具有独特性的

终将达到稳定值或区间。例如，典型的参数稳定范围可以是 0.1 个华氏温度单位、0.1 个 pH 单位和 10S 或 100S 电导率单位。一旦观察到相对稳定的数值，则采样人员可以假设含水层中的地下水已经进入监测井中。如果井的回水较快，则可以开始采集样品。如果井中水量不足，则应等待井中回水。一般情况下，在恢复到最初测量的静态水位的 80% 后方可取样。洗井参数应该进行记录，以便与未来的取样批次进行比较。同时，洗井参数还提供了有关含水层长期水质波动和井况的信息，可以了解水文、水量变化和整体含水层地球化学等信息的长期趋势。

## 5.6.2　地下水样品采集

在地下水样品采集阶段，样品经由泵抽出或由贝勒管提升至地面。必须注意不要搅动样品以引起较高蒸气压的污染物挥发。因此，在提取样品的过程中，必须尽量减少样

品瓶中的顶空（图5-1）。将样品小心地倒入适宜的样品瓶中，使顶部空间最小，并立即盖上盖子。样品瓶上应标有日期、井编号、取样人员姓名、项目名称或其他识别号以及相关信息，同时填写样品流转单，再置于冷藏容器中保存。即使经过洗井，样品也可能是浑浊的（井中可能会抽入少量的砂和粉砂，特别是在细粒含水层中）。当分析金属元素时，或者已知浊度会干扰分析时，应提前进行过滤步骤。采样人员应与水文地质学家一起检查采样方案和相关数据，以确定何时需要过滤，并调整采样方案使之与观测到的现场情况相适应。

所有样品都应记录在样品流转单中，以便保留完整的样品处理记录，确保正确运输和保管。对样品负责的每个人必须在样品流转单上签字，并标注日期和时间。由于正确的处理和程序至关重要，样品流转单将成为一份法律文件，可以在项目生命周期内跟踪所有样本，以满足监管需求和对样本数据的任何法律质询。有关样品分析方法、检测限、所需周转时间等的其他信息可在表格中填写。

采样完成后，对采样器设备进行清洗，重新封盖并锁闭井口，密封清洗用的水桶，然后移至下一口井继续采样。

### 5.6.3 低渗透或缓慢补给含水层的采样

低渗透环境中的取样井可能会产生特殊的问题，因为这些含水层通常不符合典型模型。一般来说，这种含水层出水量低，且细粒物质（粉砂或黏土）也会导致井水浑浊。当取样人员洗井时，水位降低后在几分钟、几小时甚至几天内都不能重新补给。枯水期时从一般含水层中采样也可能会出现类似的问题。采样方案必须根据监测井的低回水率情况而修改，并且根据水文地质学条件采集样品，并且可能需要独立于普遍认可的采样程序。它甚至可能引发对“监测能力”的质疑，并需要对长时间采样间隔的地下水流动情况作出解释（Marbury and Brazie，1988）。因此，井况和地质条件会给监管带来一些问题，需要与有关方面和管理机构进行协商，以便就这些情况下的采样方法和工作计划达成共识。

如果监测井的产水量极低，可行的解决方案可以是收集和保存洗井水样，并且在特殊情况下将其作为样品分析。如果监测井回水时间超过24小时，则采样人员可以返回并收集这些回水的水样。通过采集多个样品，测定一系列的化学物质确定现场背景值或目标污染物的存在。因为地层的因素，样品可能会浑浊，因此可能需要对现场样品进行过滤处理。最后，如果井的回水不足，可以取消此次采样计划，采样人员必须等到含水层的回水和下一个预定的采样日期。

低回水的含水层可能会凸显含水层水质化学性质的准确性问题。挥发作用可能发生在地下水通过滤料和井管过程中。McAlony和Barker（1987）曾指出，当回水通过干燥的滤料层时，5分钟内可能会导致挥发性化合物损失10%。即使经过多次取样，也可能无法获得代表性样品，含水层水质的化学性质仍然无法被充分了解。

这些问题必须在业主、专家和监管机构之间进行协调，以便就特定场地的采样程序和方案达成一致。由于场地水文地质最终决定了地下水的赋存和化学性质，因此可能需要灵活的采样计划。通过这种方式，可以收集最大量的数据来研究难以获得地下水信息的场地。应仔细审查在这些条件下收集的样品的化学分析数据。但其数据准确度和可信度可能很低，特别是确定极低浓度的污染物是否存在的时候。

## 5.7 非饱和环境（包气带）中的采样

有时需要在填埋场或土壤处置场收集来自包气带的液体样本，以追踪污染物从包气带向含水层可能的迁移情况（U. S. EPA，1985）。这种样品采集技术由农业科学家研发用于研究作物根区的水分运动，至今已有多年历史。采样器是压力真空渗漏计，其工作原理是使用吸力使黏附在土壤颗粒上的液体移动至采样器中（图5-4）。Wilson（1980）与Everett等（1984）编写了完整的包气带采样和土壤水分检测综述。

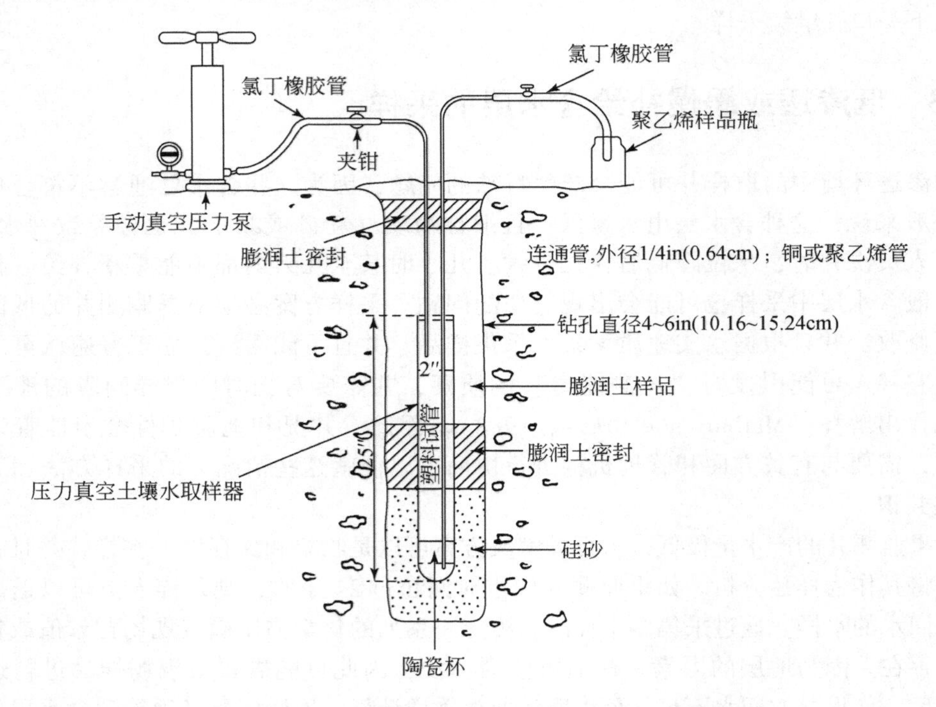


图5-4 用于非饱和带取样的压力真空渗漏计

资料来源：Wilson，1980

渗漏计是一个有帽的取样管，底部带有可渗透的陶瓷杯，可通过该陶瓷杯收集样品。陶瓷杯具有一定尺寸的孔口，以允许液体进入。这些采样器价格低廉，用途广泛，可以在数百英尺（几十米）深度下使用。不过油或化学污染物可能堵塞或改变陶瓷的渗透性，导致无法用其采样。另一个问题是陶瓷材料可能会从陶瓷杯或Teflon®杯中浸出重金属，使样品产生偏差。渗漏计购买和安装成本相对便宜，如果安装仔细，这些装置可以提供土壤包气带的数据。

渗漏计通常涉及收集土壤水分数据，因此可用其估算现有的液体量，还可以收集土壤样本确定场地存在的化学污染物和土壤湿度，其可在监测计划开始时帮助了解地层状况。在某些情况下，可使用张力计或其他湿度测量装置测量增加的水分，以作为土壤水分采样该开始的信号。渗漏计安装在钻孔中，陶瓷尖端包裹在细粒多孔材料（如非常精细的喷砂玻璃珠）中，其对陶瓷杯形成水力包裹以防止堵塞。一旦安装，可以使用抽气设备对该单元施加负压，该压力使陶瓷产生吸力，产生的压力“梯度”可克服水分表面张力，引起水分从土壤孔隙中朝陶瓷杯移动。在一段时间后（数小时至24小时），若释放压力，已聚集在管道中的水分可由泵送到表面，从排放管道收集。渗漏计可以用于低湿度土壤，正确安装和规范取样可以使其具有较长的使用寿命（Merry and Palmer，1985；图5-5）。图5-6提供了使用土壤取样、渗漏计和监测井进行联合监测的概念示例。

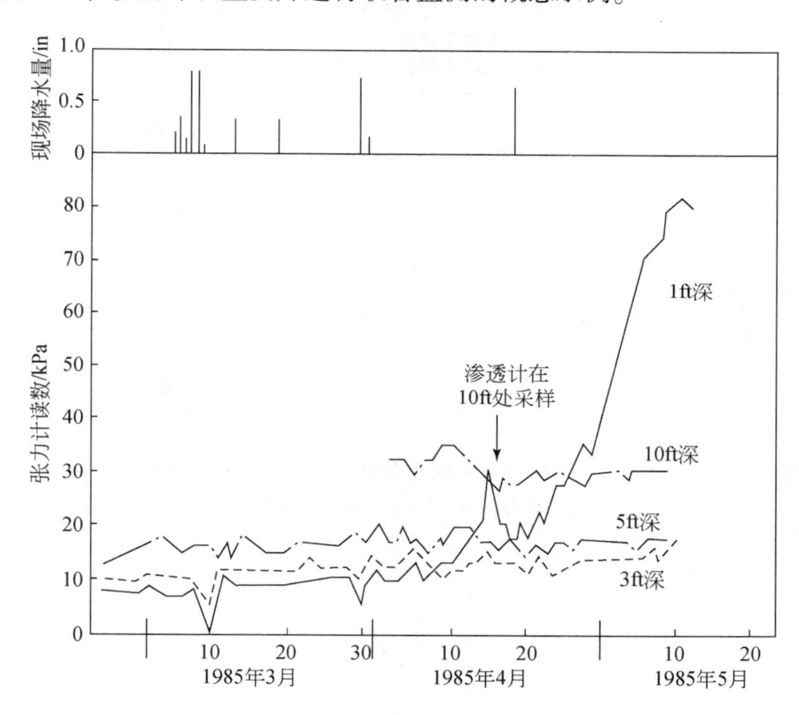


图5-5 在污水处理厂污泥分离区对包气带的雨水渗透过程的监测

用张力计和渗漏计监测雨水对低含水率土壤的渗透，以确定污泥在静止地下水水位之上的渗透。随着降雨的入渗，土壤的张力随着深度减小，表明水入渗的滞后现象。随着张力下降，渗漏计中的水分含量增加，然后对渗漏计进行取样，作为对包气带的监测（修改自 Merry and Palmer，1985）

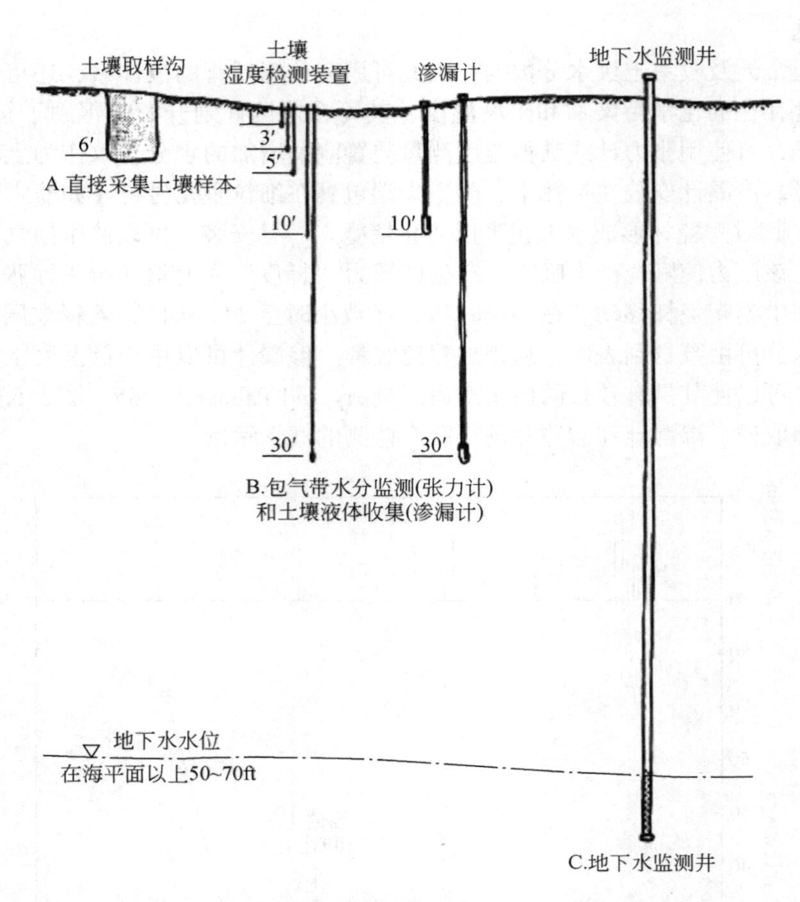


图 5-6　不饱和带及饱和带组合采样阵列的概念图
修改自 Merry and Palmer，1985

# 6 监管和法律框架

## 6.1 绪　　论

在过去的20年中，随着科研界和公众环境意识的增强，对地下水质量和保护的监管越来越严格。因此，从事地下水污染研究的水文地质学家必须对地方和州政府关于地下水、饮用水和含水层水质保护的监管法规有很好的了解。水文地质学家和相关环境咨询公司人员要注意相关监管法规对环境工程师和业主的责任划分及职业道德的监管。这些其实是水文地质科学的外围问题，但环境工程师应该要注意这些问题对场地调查工作可能产生的影响。随着越来越多的法规出台，加上不同监管部门的介入和越来越严的管理政策，如果顾问人员对相关监管法规不了解，会导致工作条理不清晰、重复性工作等问题。

显然，法律问题本身包括很多不同的主题，并且会通过书籍和研讨会定期进行替代和更新。本章的目的是概述一些和水文地质学家可能关联的法律法规内容，以及如何在这些法律法规监管下合法开展相关水文地质工作。本章旨在协助环境工程师，在其解决特定的监管问题或调查过程中需了解相关法律条文的时候，为其提供一般性介绍和指引。针对个案，请读者务必研究个案的实际情况，进而分析其适用的联邦法规、州和地方性法规。

现行的法律在环境目标的制定和指导方面做出巨大贡献，但是如何理解这些法律常常让人感到无所适从。各联邦和州立法典是污染监管法律法规的主要来源。Elliott所撰写的相关著作内容（1988年及其之后的版本）也是一份很好的参考资料，它通过对各州立法进行解释，提出了环境法的母体。Elliott及其同事编译了几个州（包括加利福尼亚州、佛罗里达州、伊利诺伊州、新泽西州、俄亥俄州、宾夕法尼亚州和得克萨斯州）的法规，以下的论述充分借鉴了该著作。

## 6.2 联邦法律概述

20世纪70年代和80年代的美国通过了许多涉及环境和地下水问题的法律法规。所通过的许多联邦法律，包括成立环境保护署，现在用来管理或指导地下水污染调查（表6-1）。

**表6-1　节选的联邦环境法规**

| 年份 | 联邦环境法规 |
|---|---|
| 1970 | 国家环境政策法案（National Environmental Policy Act） |
| 1972 | 联邦水污染控制法案（Federal Water Pollution Control Act） |
| 1976 | 有毒物质控制法案（Toxic Substances Control Act） |

续表

| 年份 | 联邦环境法规 |
| --- | --- |
| 1976 | 资源保护与恢复法案（RCRA）(Resource Conservation and Recovery Act，RCRA) |
| 1977 | 清洁水法案（Clean Water Act） |
| 1977 | 露天采矿控制与填海法案（Surface Mining Control and Reclamation） |
| 1979 | 安全饮用水法案（Safe Drinking Water Act） |
| 1980 | 综合环境反应、补偿与责任法案（Comprehensive Environmental Resource Conservation and Liability Act，CERCLA） |
| 1984 | 危险和固体废物修正法案（Hazardous and Solid Waste Amendments） |
| 1986 | 超级基金修正和再授权法案（Superfund Amendments Reauthorization Act） |

这些法律规定了对环境的保护和清理，以及对危险废物与危险废物的运输、处理、清理和处置的定义。此外，还添加了用来解决不同方面环境问题的法律法规。遗憾的是，没有独立的联邦地下水保护法规（Patrick et al.，1987）。虽然联邦法律确实规定了地下水保护，但它们往往侧重于范围狭窄的污染活动（Patrick et al.，1987）。1974 年出台的《安全饮用水法案》授权美国环境保护署向公共供水系统颁布一级和二级饮用水标准。1986 年，美国环境保护署地下水保护办公室发布地下水分类指南。分类如下：Ⅰ. 特殊类型地下水；Ⅱ. 当前及潜在的饮用水水源的地下水；Ⅲ. 非饮用水用途的地下水。该分类体系的建立是为了使作为饮用水水源的地下水具有最大资源利用效益。

本书并非一本完整的法律法规综述，读者可以参考各种相适用的法律法规。但是，为了介绍相关的法律法规体系，本书对一些有关地下水问题的联邦法和州法进行了高度概括和简要概述。读者借此可以认识到相关法律法规体系的复杂性。

### 6.2.1 《资源保护与恢复法案》和《综合环境反应、补偿与责任法案》

《资源保护与恢复法案》（RCRA）（由 Elliott 总结，1987 年）旨在为危险废物提供“从生成到消失”的法规，实际上是基于多项法案构建而来的，包括 1965 年颁布的《固体废物处置法案》、1976 年颁布的《资源保护和恢复法案》、1984 年颁布的《危险和固体废物修正法案》（HSWA）以及 1986 年颁布的《超级基金修正和再授权法案》（SARA）的一部分。水文地质学家最常遇到的部分常包含在《美国联邦法规汇编》（CFR）第 40 条第 264 款的 F 项中，该部分提供了地质与水文地质勘查选址的方法，以及危险废物处置、储存和处理场所周边地下水的监测方法。这些法规概述了联邦监管部门为保护这些场地下方和附近的含水层而需要的地质信息。在设施选址方面，除了考虑地下水的因素，还要求考虑地震安全、工程、地质和岩土工程方面的因素。

基本上，地下水保护工作不仅要求具备地下环境方面的知识，还需知道如何合理设计和建设监测井等相关设施，理解特定位点地下水的地球化学背景和污染物情况。只有这样，才可以利用设施的地质条件及其与附近饮用水源的关系来保护那些水资源。通过对现场监测信息和本地基准水质的统计分析，可以确定监测点的水质是否发生质的变化。如果发生这种情况，则需在质量标准合规点设置监控点，在清理场地污染的同时进行监测。一旦清理完成或设施使用结束，将进行相当长时间（长达30年）的关闭后监测，以确保该地的污染问题得到妥善解决。毋庸置疑，这些调查是一个漫长、复杂且成本高昂的过程，需要顾问人员和业主投入大量人力和精力，通常还需要与监管部门进行人员访谈。尤其对军事场所、工业旧址和垃圾填埋场的调查及清理工作将持续更长的时间。

一项与之相关的法律是《综合环境反应、补偿与责任法案》（CERCLA），其又被称为《超级基金法案》。该法案的创立是为了明确因有害物质释放而被污染的场地，并通过"责任方"赔偿款或联邦及州政府的清理基金为污染场地修复提供资助。作为《超级基金法案》的补充，美国又相继制定了《超级基金修正和再授权法案》。在美国环境保护署实施该法案的同时，某些要素被各个州所掌控，因此这些州可能成为特定清理工作的牵头部门。

基本上，受污染的场地首先由业主和监管部门提请美国环境保护署做出认定，其中包括那些可以根据 RCRA 确定的污染场地。然后，该场地将利用国家应急计划（National Contingency Plan）的分级系统，确定场地修复工作的优先顺序。最后是确认污染场地的持有者并开展场地清理工作。一些部门致力于认定潜在责任方（Potentially Responsible Parties，PRP），而这些潜在责任方需要承担场地污染物情况调查及可行性调查的费用。通过这些调查，可以确定该场地的污染情况，并为污染物的处理和清理提供台架试验和规划设计。潜在责任方所支付的费用可以直接用于场地修复，或偿付联邦政府对场地修复的支出。如果未能明确潜在责任方，则将由超级基金资助这些污染场地的修复工作。

## 6.2.2 美国环境保护署和国家地下储罐（UST）项目

RCRA 和 CERCLA 可用于解决工业、军事和民用场地污染的问题。但是，其他规模的污染问题正日趋严峻：加油站或小型工业场地内地下储罐泄漏现象在美国各地普遍存在。无论是大型储油罐片区，还是某个释放大量污染物的储油罐泄漏点，特别是在这些泄漏物被列为危险品的情况下，地下储罐泄漏会导致严重的污染问题。为了应对这些扩散性污染源或大型点源污染的问题，美国很多个州已经或即将实施 UST 项目。美国的一些州，尤其是加利福尼亚州、佛罗里达州和纽约州，于 1983～1984 年制定了 UST 项目；目前美国大多数州都对美国环境保护署根据《危险和固体废物修正法案》要求制定的联邦标准做出了响应。

UST 的研究方法和 RCRA 的研究方法有点不同，因为 UST 调查工作的规模通常较小，清理成本也相对较低。但是，我们必须对这两种调查给予同样的重视程度。否则，较小的问题也很容易发展成与 RCRA 和 CERCLA 相匹敌的法律和责任问题。从整体来看，UST 问题的规模很大，虽然这仅仅是由诸如小型商业区的储罐、锅炉油箱、家用汽车油箱和农用储罐等仅需花费数万美元的潜在问题组合而成的。这些场地的潜在责任方通常是财务资源有限的个人或团体，但这些"小规模"的污染事件也可能带来毁灭性的财政负担。

已通过的美国环境保护署的 UST 项目（《联邦法规汇编》第 40 条第 280 款和 281 款）

适用于美国全国范围内的 UST 的监管。该项目实施时将与各州及地方部门合作来探测泄漏、预防泄漏、监控储油罐并清理地下泄漏。此外，必须正确关闭储油罐，UST 项目还包括经济责任部分，用于处理损坏的储油罐和污染清理的费用问题。尽管许多储油罐都被划入该项目的整治范围，但仍有许多其他污染源未被包含在其中。不属于该计划的对象包括：储油量小于 4.2$m^3$的非商业用途的农用和民用储罐、修复现场加热用油罐、地下区域或地面以上的储油罐、雨污化粪池、直通式处理罐、10.42$m^3$或以下的储油罐，以及应急溢漏池和溢流池。

该法规的其他章节还包括溢流和腐蚀的预防和检测、土壤和地下水的监测、储油罐的二次密封、化学储罐的间隙监测以及对主管机构的通知。关于设置监测井位置的指南，允许井位布置和设计具有一定的灵活性，尤其是对于不混溶（漂浮）的污染物。随着这些法规的实施、发展、改变和修正，并且根据不同项目实际处理情况的不同，政策也会相应地进行改变。

## 6.3 部分州和地方性法规

在过去的几年中，其他几个州也通过了 UST 法律法规，包括有许多 UST 项目的新泽西州和佛罗里达州。1983 年，加利福尼亚州通过了一项综合性储油罐法，在州法律颁布之前，有几个县就已经通过了 UST 条令。每个州的目的都是相似的，即为监测工作、监测井建设、土壤和地下水取样、UST 及其相关管道定期监测的基本要求提供指导。其他法规还包括危险物质管理计划、UST 和集油槽登记、监测井安装和销毁的许可证费以及清理设备。这些地方性法规有助于在应急预案中确定潜在危险物质的位置以及监测井的位置。

法规中纳入的一个新概念：收取许可费和对监管部门的审查有助于为监管部门的工作提供资金。换言之，业主可以为在场地内必须进行的活动按照许可支付费用，包括查看审查机构的档案文件以及让机构人员审查和指导特定案件。如果没有州或其他机构人员，当地管理部门也可以作为执行部门来指导工作。缺乏人力和市政资金对受控社区进行监督，则有可能会阻碍监管部门工作的执行力。

在位于圣弗朗西斯科湾南端的圣塔克拉拉县的硅谷发现的地下溶剂和燃料储油罐的泄漏，引起了人们对有害物质的关注。《危险品储存条例》（Hazardous Materials Storage Ordinance，HMSO）的制定工作于 1982 ~ 1983 年在圣塔克拉拉县由一个包括当地政府参与的特别工作组完成（Elliott and Esquibel，1986）。正如 Elliott 和 Esquibel（1986）所述，圣塔克拉拉消防长官协会为这项工作提供了经费支持，因为消防员需要知道地上危险物质存储的位置。其他组织也加入了这项工作，因为他们担心 UST 储存的材料发生泄漏。1983 年，圣塔克拉拉县及其所辖的 15 个市开始实施 HMSO。截至 1989 年，加利福尼亚州共有 100 个 UST 项目，其中 57 个主要由县卫生监管部门运营，43 个主要由市消防部门运营（Elliott，1990）。自 1989 年以来，联邦 UST 法规的实施可强化管理监督和分级审核工作。

1983 年，硅谷当地的圣塔克拉拉山谷区水务局，为应对燃料和化学品存储中发生的大量储油罐泄漏事件，已按 UST 地下水监测指导条例执行工作。该条例规定了监测井的设置、水和土壤气的定期监测以及储油罐或储油罐综合设施附近土样的分析。拟定了土壤和地下水采样现场调查的程序。监测井的设置需要办理许可并向民众公开其位置，同时需要依条例对所要求的基本施工规范进行审查。这些工作记录了现场的地质情况，并为初步估计土壤、水质以及渗漏程度提供了依据。随着工作的开展，采用成本回收措施来收回监管部门用于实施和管理该项目的成本。

因此，根据不同的情况，一个场地上可能存在多层法规，包括城市或县、水务部门、州，甚至联邦政府的法规。因此，水文地质学家必须审查他们将要涉及的法规和监管部门。这直接关系到专业性的指导和相关的报告格式工作的完整性。如果工作计划仅针对特定法规，则可以认为该工作是不完整的。如果未根据公认的协议对监测点进行采样，则收集到的数据将被视为无效的。相关主管部门的重复审查，会让业主和顾问人员产生困惑，地方主管部门的审核有时优先级在州政府部门的审核之上。熟悉业主所在地的法律法规是技术人员的责任。

## 6.4 监管部门的参与、与咨询人员的访谈

对于很多监管灰色区域，监管部门可能没有水文地质学家那样的专业判断能力。例如，在现有众多地下水法规中，包气带（地下水以上）中的土壤污染物并未受到特别的管制，或者可能存在重复监管（如县级卫生部门和水务部门）。此外也可能会涉及没有管制标准或管制标准中相关的毒理学数据不完整的其他污染物。因此，尽管这些污染物可能需要被清除，但清理指南也许会使用污染物浓度，甚至使用最初不用于这些特定清理目的的其他法规来作为修复目标。有时，土壤样品显示出有污染，但是其化学浓度的意义却不清楚，这是因为运输监管要求确定土壤或地下水中污染物浓度是否有害，而不是依照修复标准来定的。

监管部门的指导性文件规定了采样频次、化学分析技术的类型以及特定场地的修复标准（场地需要修复的程度）。例如，一个污染场地需要将化学物质 X 修复至 1ppb 的浓度，并且对其进行季度性的持续监测。这些是对特定场地的要求。由于法规应用的方法是不固定的，并且毒理学方面的基础信息（包括污染物的迁移转化）也在不断发展，因此处置清理的最终目标可能也会改变。但是，如果顾问人员对适用的法规有一定的了解，同时进行了全面彻底的调查，并与业主和监管部门进行了有效的协商，那么这一困境将会有所缓解。

面对法律和监督机关，环境咨询人员需要代表业主提供相关的调查文件。水文地质学咨询专家代表业主向监管部门提供场地信息和调查工作方案。环境咨询人员一般需要提供书面计划、合理性说明、采样方案、定期监测报告等其他文件供监管部门审查，以对案例进行支撑和对收集到的数据进行解释。此外，咨询人员还需要与场地所属的案件负责人进行会议协商，讨论调查方法、数据有效性、监测系统构建以及最终的场地修复计划。随之而来的关于场地修复计划的协商难度可想而知，因为修复的程度将决定所需资金额度。显然，“多干净才算干净”的争论会十分激烈。因为监管部门将决定修复工作的清理程度，并设置污染物浓度的修复水平，而环境咨询人员主要提供修复场地的水文地球化学性质。“举证责任”将由业主和环境咨询人员承担，因此监管部门必须充分了解情况，以合理设

置适合现场的修复目标。尽管各方都有着同样的目标（即环境达标和保护），但上述问题仍非常复杂且难以获得一致意见。

环境工作中不断发展的领域之一就是“勘测现场评估”，有时也称为“环境尽职调查”。进行这类调查是为了初步确定场地是否存在环境问题（一般指地下污染调查）。由于财产所有者、银行或其他团体可能对环境达标与否及其清理负有责任，这些研究需涉及场地历史和潜在污染。无论场地的产权归属如何，监管部门对于环境是否达标的要求与场地的产权归属无关。为了避免潜在的责任，业主将需要证明他们不是污染的责任方，或者证明这些污染另有来源。（第一步为初步现场评估，一般为现场走访，通过记录现有的现场状况，并查看现有的法规文件和数据库来确定问题；一般不进行或很少进行地下侵入性测试）

Palmer 和 Elliott（1988）提出了解决此类问题的可行方法。当与监管部门合作时，水文地质学专家应向监管部门提供所需的信息，以便它们评估场地条件。如果某些信息没有传递给它们，或者工作不完整，那么环境咨询人员目前的工作可能不被监管部门接受。所有工作记录、现场数据和化学数据都应完整记录在案，并向各部门提供所需存档副本以供查阅。不合理的要求和具有对立性质的会议只会使问题两极化，阻碍双方的进展。不管规模大小，这些项目都可能需要花费大量时间和金钱。最好的方法是有充分的资料，其中包括记录和支撑你立场的历史文件。需要与监管部门建立良好的沟通渠道，以准确陈述现场条件和适用的法规要求。谈判态度应坚定且友好。Palmer 和 Elliott（1988）给出了两个案例来说明这种方法。

## 案例 1

一家便利店有多个地下汽油储罐，这些汽油储罐由地下储油罐检漏仪和一个监测井进行监控。现场监测井突然显示有汽油在场地下方迁移，但地下储油罐检漏仪显示无泄漏发生。储油罐业主决定在其上游方向增设两口监测井，结果发现汽油来自上游污染源的迁移，从而决定进行季度性监测。六个月后，该州及当地监管部门通知该业主和附近其他几个地下储油罐所有者，他们可能被指定为附近大量汽油泄漏的责任方。

该业主在当地政府开始确定汽油泄漏责任方的前几个月，就已经向州政府提交了监测井安装报告和季度监测报告。该业主利用这两口上游监测井，以及所有三口井的季度监测作为证据，表明其非事故责任方。州政府认定他为非责任方，但要求其共享监测信息。

该业主通过增设两口监测井并及时跟踪监测，同时配合监管机构的工作，从而避免了陷入责任方认定的论战中。在一年半的时间里，他花费了大约 12 000 美元（1988 年），避免自己按照规定需在三个月内开展成本 50 000 美元以上的调查，并且免除了参与修复工作的责任，没有带来未来经济损失。

## 案例 2

开发公司（买方）希望购入一些高价地产。尽管现场看起来不存在有害物质，但买方选择安装监测井并对该地的土壤和地下水采样，通过化学分析来进行环境勘测调查。监测井的采样分析显示，现场地下存在轻微的工业溶剂污染，且其浓度超过了相关的州立标准。该场地另一监测井［由原业主（卖方）的另一位咨询人员安装］也显示了污染的存在，但事实上原业主没有使用这些化学品的历史。由于州政府了解到该地及其附近存在使用溶剂的历史，所以州监管部门要求提供“证明”来证实这些污染并非现任业主造成，否则州政府可能要求现任业主或未来业主参与将来的污染物调查和修复工作。

由于涉及的两名顾问人员，一名为买方的顾问人员，一名为卖方的顾问人员，因此需要进行额外的调查，以验证污染物的存在、确认地下水的流动方向以及确定该地区的溢漏史。表层土壤采样表明不存在污染物，因此污染物不可能通过包气带迁移至地下水。这排除了污染物的污染源来自现场的可能。根据历史记录，该地的上游区域曾发生了几起大规模的工业溶剂泄漏事故并向该地迁移。根据少量的监测井数据及其他可获得的关于大规模工业溶剂泄漏的公开报告，该泄漏物的污染羽已迁移至该场地，或者说污染羽的边缘已到达该场地附近。

州政府没有对责任方做出“最终”认定，但要求此地在未来需要继续进行监测工作。但是，两位顾问人员从众多收集和共享资料信息中看出：①现场土壤不是污染物的来源；②上游大规模的溶剂污染羽已经形成，并且向该地迁移；③进一步的调查证实最初溶剂污染的发生及其源头，即使无法确认某一确切污染源，也至少能追溯出几种可能的来源，并且已知这些污染源与现任业主或未来潜在的购买者无关。在沟通过程中，州政府要求对污染源进行类似场地调查的评估，这可以通过收集数据并提出论点来进一步解决。现场调查工作应符合州政府的要求。由于污染源可以追溯到该调查场地外的一些地方，这些地方有可能在清理的名单中，也有可能不在。在这块场地的买卖交易中，该场地的水文地质和地球化学方面的资料很有价值，可为现任业主、未来的购买者了解本地块潜在的风险提供便利。

## 6.5 专家审查

面对污染问题，业主可能需要顾问人员审查现有的调查文件，以明确谁为潜在责任方并需为污染问题担责。尽管环境咨询公司通常有能力进行这项工作，但有时可能需要其他更专业的人员。这里所提到的专家是指在地下水调查方面公认具有丰富经验的人（就像其他任何领域的专家一样，具有资格证明文件，通常很多专家拥有现场经验和资格证明）。在项目进入法律诉讼阶段时，可以直接聘用该专家或请环境咨询公司协作进行审查工作。在某些情况下，专家的证词和判断经验可能与专业知识同样重要。在过去，许多污染场地会进入到诉讼阶段，并且承担这些场地的修复成本费用巨大，因此专家就会被要求出庭，对此案就水文地质技术方面、修复费用等与案件相关的其他要点发表意见。

专家将审阅资料并给出意见，这对于确认问题责任方及赔付方至关重要。与其他领域一样，水文地质学专家为了业主的利益，会利用他们的经验找出对方顾问人员论点中可能存在的缺陷。专家审查有时会用场地某些信息的缺乏来支撑自己的观点。例如，一个初步的勘探性调查研究，不足以支撑一个相对确定的结论。一个场地进行多年调查，在确定污染位置、污染时间和程度、污染物的化学特征以及该地地下水迁移状况、污染羽状分布等情况后，就很难再否认该场地的污染源。但是，如果只在一个地点进行密集采样，而忽略了其他可能的污染源，则可能会被质疑有针对性地确认“潜在责任方”。某些专家也可能会选择性地歪曲事实；但如果解答是建立在丰富的数据基础上，这样过度选择性解释的现象就很难发生。专家应根据文件和实际的水文地质条件提出真实的看法。专家为业主提供的最大服务是切实帮助他们了解自己应承担的责任和义务。

## 6.6 小 结

环境咨询人员必须对联邦、州和地方的相关法规有深入的了解。遵循指导原则并提供必要的监测和修复方法对完成调查工作而言是最基本的。由于法规层层相关，故可能经常需要与不同监管部门沟通协商。“举证责任”通常总是由业主（和环境咨询人员）承担，以阐明污染程度并协商修复措施。通常，他们会与政府监管部门的人员进行协商，给监管部门提供需要的完整和最新信息。必要的协商应该坚定而友好地进行，以获得现场污染问题的答案。环境咨询人员应预测监管者会提出的问题并提前准备相关资料，在适用的法规范围内为业主提供切合实际的解决办法。

# 7 地下水地球化学入门

## 7.1 绪论

本章将介绍与污染水文地质应用领域相关的地球化学与实验分析。关于地下水地球化学方面的研究已有大量的著作文献，因此这里不对其作全面的介绍。本章将重点介绍土壤与地下水水质在化学方面的考量因素，因为这两者与污染物迁移以及撰写报告之间有着密不可分的关系。每个场地都有其独特的地球化学性质，因此有必要在研究开始前将其量化。此外，调查人员应当对人为污染物的地球化学性质进行评估。地下水水质作为我们主要探讨的因素，主要包括了两方面：第一，饮用水以及保护饮用水含水层相关监管标准中的地球化学参数；第二，对实验室以及分析方法的选择。

地下水在地球化学性质上具有天然的易变性。地下水径流、径流所经的地层、组成含水层的沉积物来源、地下水位的变化、地下水补给的源头以及与其他不同化学成分地下水的混合，这些均会造成地下水的地球化学性质发生改变。在自然系统中，元素会进入或离开该系统，或者在系统中形成化合物（图 7-1；Toth，1984）。地下水的水质取决于水中溶解的物质以及淋溶至地下水中的化合物的特性。因此，地下水水质在流经含水层之后会发生变化。相同地，变化也可能来源于弱透水层或隔水层的渗水，尽管渗水的速度非常慢。

在调查开始之初量化地下水地球化学性质以确定场地基线资料是至关重要的。由于地下水补给所经过的含水层上覆土壤或者沉积物也会影响含水层的水质，因此土壤和地下水的基线资料均需进行量化。地下水流经场地下方时，水质会随时间的变化而变化，然而土壤和沉积物的化学性质通常不会改变。但是，当水从污染场地表面垂直流经包气带时，地下水水质可能会被明显影响和改变。

化学分析技术以及监管标准的更新对调查有着很大的影响，因为在调查过程中相关法规标准可能会发生变化。过去十年里，分析技术在精细化程度方面有着非常大的进步，分辨率已经可以精确到 ppm、ppb 甚至更低。因此，过去在 ppm 范围内探测不到的成分如今就可能被探测到，甚至精确到 ppb 的级别。由于毒理学的研究决定着一定浓度化学物质的健康风险，而健康风险又涉及监管标准的改变，因此化学物质的浓度对调查来说非常关键。法令法规一直都在变化，对法令法规变化的解读也影响着调查的进程，并可能增加运用风险评估来评估场地健康风险以及关闭场地的概率。因此，当判定一项物质有健康风险后，法规对此的解读会更趋于保守。如果污染物的法定浓度值降低，调查和清理的成本及时间可能会增加。

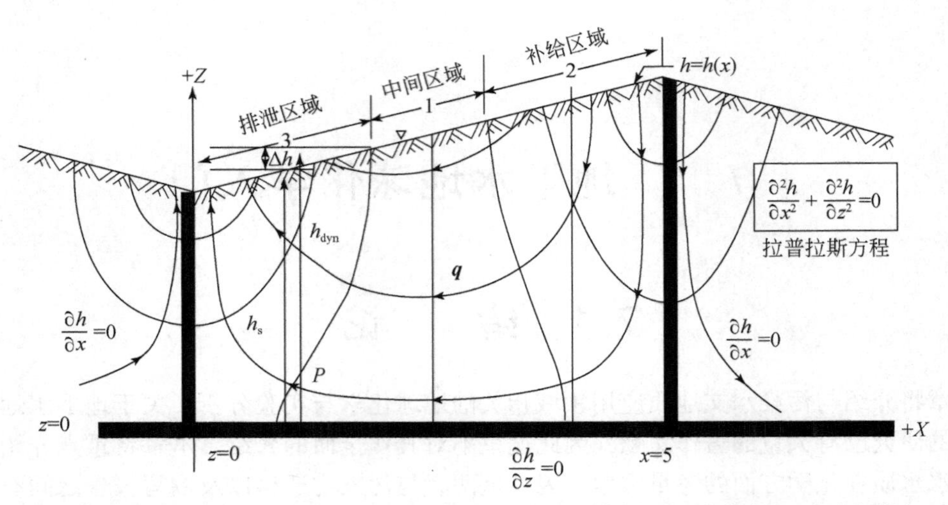


单一地下水流域：几何形状、边界条件、水头$h$和流量$\boldsymbol{q}$的单位模式以及三种基本地下水流态区域

**地下水流系统的地下水化学和水力区域**

**补给区域**

状况：降雨；低TDS；高$CO_2$；低$T$；坡降$p$-$q$；越流$q$

反应过程：溶解、水化、氧化；酸侵蚀；碱基置换

结果：主要成分为$Ca^{2+}$、$Mg^{2+}$、$HCO_3^-$、$CO_3^{2-}$、$SO_4^{2-}$

不同的岩石类型：含有不同的成分，TDS快速增加

**中间区域**

状况：水源水有些许变化：$p$≈静水压：$px$≈0；$T$=常数；游离的$CO_2$含量少，越流$q$

反应过程：溶解、沉淀、硫酸盐还原、碱基置换

结果：主要成分为$Na^+$、$Ca^{2+}$、$Mg^{2+}$、$HCO_3^-$、$SO_4^{2-}$、$Cl^-$，TDS逐渐增加

**排泄区域**

状况：地下水硫化程度高，水压、导水系数和$q$成反比；越流；与下渗的淡水混合

反应过程：沉淀、还原、薄膜渗透

结果：高TDS，但越近地面其值越低；主要成分为$SO_4^{2-}$、$Cl^-$、$Na^+$

地下水流方向的一般变化

| | |
|---|---|
| TDS | :增加 |
| $\frac{SO_4^{2-}}{Cl^-}$ | :减少($SO_4^{2-}$还原，$Cl^-$更高溶解度) |
| $\frac{SO_4^{2-}}{HCO_3^-}$ | 增加(随$CO_2$的消耗) |
| $\frac{Ca^{2+}}{Na^+}$ | :减少(没有因$CO_2$耗竭而增加$Ca^{2+}$; $Na^+$置换$Ca^{2+}$) |
| $\frac{Ca^{2+}}{Mg^{2+}}$ | :减少($Ca^{2+}$无增加: $MgSO_4$比$CaSO_4$更容易溶解) |

图 7-1　地下水盆地水文地质单元和地下水流经该系统时发生的自然地球化学变化

资料来源：Toth，1984

## 7.2　无机组成与性质

地下水的无机化学性质主要讨论控制地下水流动的物理因素与化学因素。关于地下水

无机化学详细的讨论可见于 Hem（1985）与 Matthess（1982）（表 7-1A 和表 7-1B）。通常进行监测井的取样时，我们常使用四项参数来提供快速且经济的化学信息，且让水文地质学家们在采样的同时观察场地地下水的地球化学性质。美国地质调查局已制定出这些参数的标准数值以进行常规的地球化学分类。

**表 7-1A　无机物对地下水质量与使用的影响**

| 物质 | 主要自然来源 | 对水利用的影响 | 关键浓度范围[①] /(mg/L) |
|---|---|---|---|
| 碳酸氢盐（$HCO_3$）与碳酸盐（$CO_3$） | 碳酸盐岩溶液的产物，主要为石灰石（$CaCO_3$）与白云石[（$(CaMgCO_3)_2$）]，产生原因为水中含二氧化碳 | 控制水中和强酸的能力；钙与镁的碳酸氢盐在沸水或热水炉中分解，产生水垢并释放二氧化碳；与钙或镁反应产生高硬度的碳酸盐 | 150～200 |
| 钙（Ca）与镁（Mg） | 土壤与岩石中的石灰岩、白云石、石膏（$CaSO_4$）。少量来自火山岩与变质岩 | 主要导致水质变硬，产生锅炉水垢，热水器沉淀 | 25～50 |
| 氯离子（Cl） | 在内陆地区，主要来源于沉积时期滞留于沉积物中的海水；在沿海地区，通常来自含水层中淡水与海水的混合物 | 过量时会增加水的腐蚀性，并且与钠共同存在时会给水带来咸味 | 250 |
| 氟离子（F） | 来自沉积物与火成岩。分布范围并不广泛 | 在特定浓度时会降低蛀牙；高浓度时会导致牙釉质斑点 | 0.7～1.2[②] |
| 铁（Fe）与锰（Mn） | 绝大部分土壤与岩石中都含有铁；锰的分布则不如铁广泛 | 衣服污渍；在食品加工、染色、漂白、制冰、酿酒以及其他工业中应当避免有该类物质 | Fe>0.3、Mn>0.05 |
| 钠（Na） | 与氯一样；在某些沉积岩中，由于被溶解钙与镁置换，每升淡水中可含有数百毫克钠 | 见氯离子；高浓度情况下，可能对人体心脏产生影响，产生高血压以及其他症状。根据水中钙与镁的浓度而定，可能对特定的一些灌溉作物产生危害 | 69（灌溉）、20～170（健康）[③] |
| 硫酸盐（$SO_4$） | 石膏，黄铁矿（$FeS_2$），以及其他含硫化合物的岩石 | 在特定浓度下，水带有苦味；在高浓度下，可导致腹泻；在蒸气锅炉中会与钙形成高硬度的碳酸盐结垢 | 300～400（苦味）、600～1000（腹泻） |

①显著浓度范围，用来衡量在水中的影响是否明显。

②由美国公共卫生局（U. S. Public Health Service）制定的最佳范围，根据水的摄入量而定。

③严格控制饮食时应保持低浓度；普通饮食可保持在中等浓度

表 7-1B　影响水质的特征

| 因素 | 主要来源 | 显著程度 | 备注 |
| --- | --- | --- | --- |
| 硬度 | 溶解在水中的钙与镁 | 钙与镁会和肥皂产生不可溶解的沉淀（凝乳），并且阻止泡沫的产生；硬度同时也影响水在纺织业与造纸业、锅炉以及热水器等中的适用性 | 美国地质调查局规定的硬度（mg/L $CaCO_3$）<br>0～60mg/L：软水<br>61～120mg/L：中度硬水<br>121～180mg/L：硬水<br>高于180mg/L：非常硬水 |
| pH（或氢离子活性） | 水分子分解；溶解在水中的酸与碱 | pH代表了水的活跃程度。低pH，尤其低于4时，会产生腐蚀性并能够分解金属与其他接触到的物质。高pH，尤其高于8.5时，水呈碱性并容易在加热时形成水垢。pH对水的处理与使用有着极大的影响 | pH<br>小于7：酸性；<br>等于7：中性；<br>大于7：碱性 |
| 电导率 | 溶解在水中可形成离子的物质 | 大部分在水中溶解并产生离子的物质都具有导电性。因此，电导率可以用来指示溶于水中的物质的数量。电导率越大，水的矿化程度就越大 | 电导率代表了电流传导的能力，以S/m为单位，在25℃下量测 |
| 溶解固体总量 | 溶解在水中的矿物质 | 测量溶解在水中的矿物总量。溶解固体总量是水质检验中一项重要的指标。含量小于500mg/L的水适宜家用以及许多工业用途 | 美国地质调查局规定的水中溶解固体总量：<br>小于1 000mg/L：淡水<br>1 000～3 000mg/L：轻度盐化<br>3 000～10 000mg/L：中度盐化<br>10 000～35 000mg/L：高度盐化<br>大于35 000mg/L：盐水 |

资料来源：Heath，1982

## 7.2.1　电导率

电导率代表了一个物体传导电流的能力（Hem，1985）。这种电流的传导能力取决于水中带电或离子物质的浓度。因此，我们常用电导率来估计水中离子的总浓度，并可大致判断水的矿化程度。电导率的测量单位通常为微欧姆/厘米（μmhos/cm）西门子/厘米（S/cm）。通常，测量的标准状态为25℃。考虑到电导率的测量会受到多方面的影响，因此测量结果通常仅用来粗略估测溶解盐类与污染物。如今现场使用的电导率测量设备通常配有自校准功能，或者在使用时水文地质工程师可依已知电导率的标准溶液加以校正。

## 7.2.2　pH

pH是用来检测地下水中的酸碱度的，其表示方式是氢离子浓度的负对数值，范围为1（酸性最强）到14（碱性最强）（Gymer，1973）。由于pH影响离子强度、氧化还原性、有机碳含量以及金属离子的迁移率（Mobility，亦称为淌度），因此pH对水的地球化学性质有着显著影响。水的pH受温度变化、二氧化碳或者其他气体的释出或溶解影响

(Gillham, 1983),因此在现场的测量值会更加准确。比如,当抽水时所取水样的 pH 读数达到稳定,通常认为该值是含水层的真正 pH,并且在开始采样前进行记录。

### 7.2.3 氧化还原电位

氧化还原电位亦称为氧化还原电势(Eh),这是溶液中氧化或还原状况相对强度(由 Nerst 方程而来)的测量值(Hem, 1985)。在已知 pH 的情况下,可以判定水中矿物质的稳定程度。溶解氧的测量值可以表明地下水是否具有氧化条件(API, 1983)。

### 7.2.4 溶解固体总量

溶解固体总量包含了在水中解离与未解离的物质(Matthess, 1982)。该数值通常由蒸发水样至干燥而得到,在有些情况下,由于一些少量损失与沉淀反应,残留物与溶液中物质的量会有些微不同。这是一项常用于衡量整体水质的指标。溶解固体总量在 500mg/L 以下的水被认为适合作为家用以及工业用水(Heath, 1982)。

## 7.3 饮用水质量标准的规范

联邦与州政府为饮用水制定了适合人类使用的最低水质标准。联邦饮用水部门针对水中污染物制定了"最高污染物浓度建议值"(Recommended Maximum Contaminant Levels, RMCLs)。RMCLs 根据毒理学数据发展而来,只是欲达成基于人体健康的目标,并非强制的饮用水标准。但是联邦一级饮用水标准所制定的"最高污染物浓度值"(Maximum Contaminant Levels, MCLs)就是强制执行的饮用水标准。在综合考虑达到饮用水标准的技术可行性及成本后,MCLs 会尽量向 RMCLs 的标准值靠近。个别州采用了联邦标准或者在其基础上进行修订后作为水质标准。这些标准涵盖了一些可能影响供水的潜在污染物(表 7-2 和表 7-3)。

**表 7-2 美国国家中期饮用水标准**

| 无机化学品的最大污染浓度 | |
|---|---|
| 污染物 | 水平/(mg/L)(括号里为 μg/L) |
| 砷 | 0.05(50) |
| 钡 | 1.0(1000) |
| 镉 | 0.010(10) |
| 铬 | 0.05(50) |
| 氟化物 | 2.2 |
| 铅 | 0.05(50) |
| 汞 | 0.002(2) |
| 硝酸盐 | 10 |
| 硒 | 0.01(10) |
| 银 | 0.05(50) |

续表

| 无机化学品的最大污染浓度 | |
|---|---|
| 标准 | 水平/（mg/L）（括号里为 μg/L，特别标注除外） |
| 氯离子 | 250 |
| 色度 | 15 度 |
| 铜 | 1.0（1000） |
| 腐蚀性 | 非腐蚀性 |
| 发泡剂 | 0.5 |
| MBAS（亚甲基蓝活性物质） | |
| 硫化氢 | 不得检出 |
| 铁 | 0.3 |
| 锰 | 0.05（50） |
| 嗅和味 | 3 |
| 硫酸盐 | 250 |
| 总残留物 | 500 |
| 锌 | 5（5000） |

| 有机化学品的最大污染水平 | |
|---|---|
| 污染物 | 水平/（mg/L） |
| 氯代烃：异狄氏剂（1，2，3，4，10，10-六氯-6，7-环氧-1，4，4a，5，6，7，8，8a-八氢-挂-1，4-挂-5，8-二亚甲基萘） | 0.0002 |

镭-226、镭-228 和总 α 粒子放射性的最大污染物水平

1）镭-226 与镭-228 的总和-5pCi/L

2）总 α 粒子放射性（包括镭-226，但不包括氡和铀）-15 pCi/L

| 放射性核素 | 临界氧 | 水平/（pCi/L） |
|---|---|---|
| 氚 | 全身 | 20 000 |
| 锶-90 | 骨髓 | 8 |

关于上述标准未覆盖的污染物的水质信息可以在联邦和州政府的网站上获得。美国国家科学院（National Academy of Sciences，NAS）与美国环境保护署发布了关于某些化学品的健康建议。美国环境保护署根据《清洁水法案》（Clean Water Act，1974）制定了国家环境水质标准（National Ambient Water Quality Criteria，NAWQC）。NAWQC 不是强制性标准，但各州可以作为强制性标准采用以保护水体。

**表 7-3　1986 年修订版《安全饮用水法案》规定的污染物**

| **挥发性有机物** | **有机物** |
|---|---|
| 三氯乙烯 | 异狄氏剂 |
| 四氯乙烯 | 亚麻烷 |
| 四氯化碳 | 甲氧基氯 |
| 1,1,1-三氯乙烷 | 毒杀芬 |
| 1,2-二氯乙烷 | 2,4-D |
| 氯乙烯 | 2,4,5-TP |
| 二氯甲烷 | 涕灭威 |
| 苯 | 氯丹 |
| 氯苯 | 达拉蓬 |
| 二氯苯 | 敌草快 |
| 三氯苯 | 草多索 |
| 1,1-二氯乙烯 | 草甘膦 |
| 反式-1,2-二氯乙烯 | 呋喃丹 |
| 顺式-1,2-二氯乙烯 | 甲草胺 |
| | 表氯醇 |
| **微生物和浊度** | 甲苯 |
| 总大肠菌群 | 己二酸酯 |
| 浊度 | 2,3,7,8-TCDD（二噁英） |
| 蓝氏贾第鞭毛虫 | 1,1,2-三氯乙烷 |
| 病毒 | 杀线虫剂 |
| 标准平板计数 | 西玛津 |
| 军团菌属 | 多核芳香族化合物 |
| | 碳氢化合物 |
| **无机物** | 多氯联苯 |
| 砷 | 阿特拉津 |
| 钡 | 邻苯二甲酸盐 |
| 镉 | 丙烯酰胺 |
| 铬 | 二溴氯丙烷 |
| 铅 | 1,2-二氯丙烷 |
| 汞 | 五氯酚 |
| 硝酸盐 | 二氯胺 |
| 硒 | 地乐酚 |
| 银 | 二溴乙烯 |
| 氟化物 | 二溴甲烷 |
| 铝 | 二甲苯 |
| 锑 | 六氯环戊二烯 |
| 钼 | |
| 石棉 | **放射性核素** |
| 硫酸盐 | 镭-226 和镭-228 |
| 铜 | β 粒子和光子放射性 |
| 钒 | 铀 |
| 钠 | 总 α 粒子放射性 |
| 镍 | 氡 |
| 锌 | |
| 铊 | |
| 铍 | |
| 氰化物 | |

# 7.4 天然污染物

虽然地下水抽出后可以直接饮用，但并非所有地方都要求地下水达到可饮用的标准。事实上，目前大多数地区在使用地下水作为饮用水前，都需要对地下水进行一些处理。天然地下水污染物包括石油、盐、微量元素和生物源等天然来源。尽管这些水可供使用，但是如果超过了（所在州或联邦政府）管制的化学成分标准，就会被认为是“受到了污染”，不适合人类饮用。区域地质条件可能会对当地水质中的微量元素产生深远的地球化学影响。如果在水（和土壤）中观测到了无机污染物，则可能需要进行法定的调查和修复计划，因此识别天然污染物来源非常重要（表7-3）。

不难看出，微量元素的范围可能会在不同地区变化很大（表7-4），这主要取决于当地的地质条件。例如，如果一个城市区域位于一个大规模含矿岩系的附近，被侵蚀和分解的岩石会产生微量元素（通常为重金属）。这些元素可能会伴随沉积物的自然搬运沉积过程而释放，并最终通过淋溶作用进入地下水。如果在饮用水的化学分析中发现了某种金属，那么当其浓度超过监管标准时就会被认定受到污染。如果当地制造业在生产过程中也使用了类似的金属，那么就面临着一个问题：所检测到污染物是来源于自然还是人类活动？如果受污染地下水的上游没有相关的制造业，那么问题的解决可能很简单；但是如果城市场地被出售重新开发，除非有证据表明污染不是人类活动造成的，否则对潜在污染的调查可能会引起污染责任的归属问题。

**表7-4　土壤中各种微量元素含量**

| 微量元素（金属） | 土壤选择平均值/（mg/kg） | 土壤内的常规范围/（mg/kg） |
|---|---|---|
| Al | 71 000 | 10 000 ~ 300 000 |
| Fe | 38 000 | 7 000 ~ 550 000 |
| Mn | 600 | 20 ~ 3 000 |
| Cu | 30 | 2 ~ 100 |
| Cr | 100 | 1 ~ 1 000 |
| Cd | 0. 06 | 0. 01 ~ 0. 70 |
| Zn | 50 | 10 ~ 300 |
| As | 5 | 1. 0 ~ 50 |
| Se | 0. 3 | 0. 1 ~ 2 |
| Ni | 40 | 5 ~ 500 |
| Ag | 0. 05 | 0. 01 ~ 5 |
| Pb | 10 | 2 ~ 200 |
| Hg | 0. 03 | 0. 01 ~ 0. 3 |

注：摘自 Lindsay，1979

# 7.5 生物性污染物

生物性污染物（Biologic Contaminants）在地下水尤其是在浅层地下水中非常普遍。此类污染可能会非常严重，值得引起注意（Mathewson，1979；Miller，1980）。动物和人类的排泄物、下水道的渗漏和污水处理是这些污染物的主要城市和农业来源。它们所造成的疾病问题众所周知，是水处理、水质和饮用水井密封标准的初级监管重点之一，分别由县级卫生机构和管道工程规范执行监管。对于供水商而言，每周须执行一次井口或配水管网的大肠菌群检测。其他生物性污染源包括从城市化程度较低地区的家用污水渗滤池（Domestic Leachfields）向区域浅层含水层中输入的硝酸盐，以及大规模的地表灌溉污染水源等。Robertson 和 Blowes（1995）的研究表明，酸性渗滤液可能产生于家用污水渗滤池的化粪池系统，并在碳酸盐岩贫瘠的地区内造成微量元素的迁移。这样一来，生物与金属污染物都可能来源于住宅区，对地下水的水质构成威胁。

# 7.6 有机化学污染物

本节以地下水的“有机质”组成物质观点进行地下水质的讨论，是探讨关于人为有机污染物存在的情形。地下水可能含有一些天然有机化合物。例如，有机碳、腐殖酸和富里酸等自然存在于地下水中，它们来自于有机分解和其他无机过程（Dragun，1988）。地下水中的有机碳浓度一般较低。由于地下水停留时间长，碳、氧变成二氧化碳，进而使水偏碱性，或者重新结合形成甲烷并可吸附于含水层组成物质上。石油产区中的土壤和地下水中可能会出现痕量级的石油烃背景浓度。尽管这些石油烃可能来源于燃料提炼的衍生物，无论如何，在接下来的讨论中，我们将假设地下水只有天然存在的无机成分，而地下水中发现的有机物质均来自某些人为污染源。

## 7.6.1 有机污染物的信息来源

化学工业的发展带动了天然石油化合物的提炼及其合成化学品和原料的发展，进而产生了提炼处理程序中的废弃副产品。因此，实际上可能会有成千上万种化合物已释放到环境中，污染了土壤和地下水（表 7-3）。有机污染物可能会残留在长期停产的工厂中，如 20 世纪的煤焦油工厂。多氯联苯在 21 世纪被广泛使用，应用于溶剂、杀虫剂、化学密封剂、塑料、炸药、弹药和火箭燃料等多个产品中，几乎在任何地方都可以发现它的存在。来自于加工或制造过程的有机污染物历史可能非常复杂，而且可能会追溯到遥远的过去。美国环境保护署制定了一份最受关注的污染物清单，大多参考美国附录Ⅸ清单（Appendix Ⅸ to Part 264）或《安全饮用水法案》。通常，场地调查时的第一个步骤即是掌握现场使用化学品的历史，因为经过长久时间后，场地所有权、化学品的使用和生产工艺可能已经发生很大的变化。

因为有机污染仅在过去的二三十年才被确认为对环境质量产生威胁，所以关于有机污染物在地下水环境中的迁移、归趋及行为的信息是有限的。政府、制造商和科研机构正在对化合物的化学性质、用途和安全性进行研究。关于污染物归趋和传输模型的研究也在持续进行中。现在一般可以通过期刊、场地修复报告和培训研讨会获得更多的研究资料。迄今为止，在数以千计的潜在污染物中，只有少数污染物（油品类碳氢化合物、杀虫剂和卤代溶剂等）得到了较深入的研究。鉴于工业化学品的复杂性和多样性，熟悉化学品及其性质和分析技术的化学工程师和分析化学家对信息收集是有必要的。

## 7.6.2 有机污染物的种类

显然，在适当的环境下，几乎任何化学物质都可能成为潜在的污染物。一般化学信息较容易得到，特殊化合物的信息读者可参考化学物质索引和字典（Lewis，1993；Montgomery and Welkom，1989；Sax and Lewis，1987）。依据美国环境保护署提供的方法[取自美国环境保护署水和废水的标准分析方法（EPA Methods of Analyses for Water and Wastewater）]，可以将污染物的类型按照下述方式进行分类。将工业上常见的且具有相似化学性质的污染物进行汇总，水文地质学家能够基于此初步确定存在的有机化合物类型，并尝试预测它们在地下水中的整体迁移和行为。通常在这些分析中，可以用美国环境保护署提供的方法来筛选化合物类别。图 7-2 为气相色谱-质谱联用技术对挥发性有机物类别的色谱鉴别实例。以下种类虽然不全面，但都是监管机构重点关注的对象。

（1）VOC——通常为具有低蒸气压的化合物，可能包括溶剂、具有芳香族化学性质的燃料（苯环类）；也可能包括卤代化合物（包括氯、氟或溴），如氯化溶剂和材料（三氯乙烯、甲基氯化物或氯化物）。根据化合物的不同，混溶性和溶解度也不同。

（2）酸碱中性化合物——这些可能包括多核芳烃、醚类、酯类、酚类、多氯联苯、增塑剂和类似的工业化合物。

（3）农业化学品——包括大量的农药、除草剂、杀线虫剂、化肥和相关化学品。考虑到现代农业中直接施用于地面的化学物质的数量，不能低估这类化学品的重要性。一些较老的化合物，如 DDT，寿命较长，但迁移性较为保守；而另一些化合物，如二溴氯丙烷（DBCP），则可能在地下水环境中迁移。

（4）微量元素——包括特定的微量元素（13 种金属）、石棉和氰化物。

（5）醇类和酮类——它们作为清洁剂很常见，由于具有高溶解度，它们的迁移速度可能很快。

（6）石油、油脂和“重质”石油产品——包括如燃料和润滑剂等碳氢化合物原料。

有时这些组分可以被认为是化合物的“污染物组合”，或被视为某些工业生产过程中使用的化学品组。由于这些物质可能在工业工艺中同时使用，所以它们也可能是污染物。例如，一些与电子制造有关的挥发性溶剂和微量元素，如砷、铜、铅、锌、汞、金和银；和石油燃料有关的污染物，如汽油、柴油和煤油燃料，油和油脂，收集的废油，以及微量元素镍、钼和铅；和杀虫剂的长期使用或与生产有关的污染物，包括有机磷和氯代烃类化合物。重点是，某些工业过程可能包括类似类型的化学物质，而这些化学物质可能对土壤和地下水构成威胁。化学物质族群的初步化学试验是必需的，在试验中分析扫描通常会显

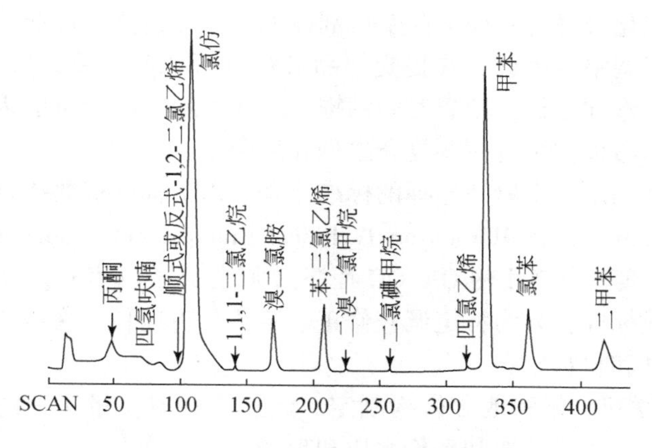


图 7-2 气相色谱–质谱图示例

资料来源：Trusell and Deboer，1983

示出具有相似性质的族群或对应的特定化学物质。某些化学品可能没有“标准 EPA 方法”，则视需要对具体化学品进行专门测试。

例如，考虑到石油泄漏的调查和大部分土壤与地下水污染问题时，EPA 的分析方法可以鉴别出化学物质的大致种类，不过在确认数据的“真实性”之前必须对数据仔细审查。通常石油类污染物被简单分作汽油或柴油，而实际的识别过程并非这么简单。由于燃料可能含有许多化合物，这些化合物成分会因最初的制造过程而发生变化，且在地下会发生显著分解，因此必须谨慎地识别它们。Zemo 等（1995）讨论了这些化合物的“指纹识别”，囊括了它们的组成、提炼、分析方法和数据解释。正确识别可以减少继续调查和进行修复的必要，更可避免建立一个不适当的场地修复目标。然而色谱图中错误的推论可能会导致对燃料及其组分的错误识别。

## 7.7 分析实验室

选择分析实验室是场地调查非常重要的一步。一旦选定，实验室将提供所有化学数据，数据经环境咨询人员审查后向监管机构报告。实验室结果的准确性、有效性和重现性对任何调查的成功都至关重要，因为它们提供了“直接”的化学监测数据。实验室应当有能力执行所有调查所需的分析（如色谱、质谱、原子吸收光谱等；图 7-2）。某些实验室可执行特别的分析，如农药分析，而某些实验室则不能。如果分析项目和结果不能令人信服，数据的作用可能会大打折扣，污染物的浓度甚至其是否存在均可能会受到质疑。若是在分析方法、质量控制和流转文件方面出现错误，还可能产生诉讼问题。

分析实验室通常根据公认的标准方法进行分析。这些包括美国材料与试验协会和美国环境保护署的标准方法，它们已经经过政府和相关专业协会及工业研究机构审查通过。部分州的实验室可能要求需由州认可机构认可，部分州可能只需要实验室证明他们使用的是经批准的 EPA 方法。如果监管机构要求有政府的认可证书，那么实验室在进行分析之前必须获得认可。如上所述，调查关注的化合物可能没有“标准”的分析方法。此外，有些方法可能是针对特定化合物的，如某些杀虫剂或油品。分析方法可能需要根据污染物的类型和实验室能力进行调整。因此，在提交样品进行分析之前，最好与实验室负责人联系，讨论需要进行哪些工作和分析。随着时间的推移，水文地质学家可能需要与进行分析的化学家建立关系，并学习该技术的一些复杂之处和局限性。

美国环境保护署制定了实验室选择的标准流程。以下标准摘要摘自“EPA 地下水技术实施指导文件”（Groundwater Monitoring Technical Enforcement Guidance Document）（1986 年，1992 年修订）。实验室使用的 QA-QC 程序必须全部予以审查。请注意，每个州可能有自己的指导文件或标准，并为特定调查修正了某些分析项目。在调查中可使用由专业实验室编制的指导文件和材料。

QA-QC 指南由联邦、州和地方机构制定。建立实验室质量保证的目标是制定和实施以精确、准确和完整的方式获取和评价水质和现场数据的程序。通过这种方法，测量结果可以提供具有可比性和代表性的真实场地信息。实验室质量控制要求分析实验室进行内部和外部的质量控制检查。实验室质量控制包括：

（1）准确度（Accuracy）——测量值与公认的参考值或真实值的一致性程度；

（2）精密度（Precision）——在类似条件下，单个测量值之间的一致性度量。通常用标准差表示；

（3）完整性（Completeness）——从度量系统获得的有效数据量，与预期满足项目数据目标的数据量进行比较；

（4）可比性（Comparability）——表示一个数据集可以与另一个数据集进行比较的可靠性；

（5）代表性（Representativeness）——反映采样点介质特性的样本或一组样本，还包括采样点考虑参数变动时的代表程度。

实验室的质量控制还包括玻璃器皿的清洁、溶剂的纯度、仪器的维护和记录。各个实验室质量控制选择标准可能包括分析加标样品、重复分析和特定的标准样品，以确保化学分析的准确度和精密度。报告数据必须准确，并提供完整的实验室文件。数据删减、仪器校准和样品基质干扰都应加以分析，以审查监测结果。这些程序提供了对交叉污染的检查，但并不能应用于更改或修正已建立的分析数据。由于个别分析程序或现场样本可能导致现场特定的偏差，因此在解释数据时必须考虑到这些偏差。QA-QC 应与现场采样程序相结合，确保样品从现场到实验室检测的有效性。

各报告的浓度单位应保持一致。分析结果通常以 mg/kg 或 mg/L（ppm）表示。根据实验室和样品基质（土壤或水）的不同，分析的范围可以达到 μg/L（ppb）。重要的是，实验室通常提供方法检出限（Method Detection Limit）给业主，水文地质学家应该对其进行检查，以确定实验室提供的单位是什么。即使分析报告看起来很平顺，但是如果分析仪器的检测限不同，或者顾问人员出于某种原因要求改变浓度单位，都会使我们对该数据产生疑惑。某些数据可被报告为“未检出”，这意味着其在当时所用仪器的方法检测限下未被检出。实验室报告的单位应和调查报告与数据报告中使用的单位一致，以避免混淆。

## 7.8 监测井中化学数据的长期趋势

随着项目的进行，从监测井中会采集到很多数据流，形成场地数据库。这些数据应该显示污染物浓度下降的趋势，因为这是最终移出污染场地名录的重要依据。污染修复工作中，预期的分析数据应该是朝着污染物浓度下降的方向，并最终会逼近制定的修复目标。然而也可能趋近区域地球化学的背景值，或已知的区域污染背景值。随着浓度下降并接近修复目标，数据趋势及其质量控制变得非常重要（图 7-3）。

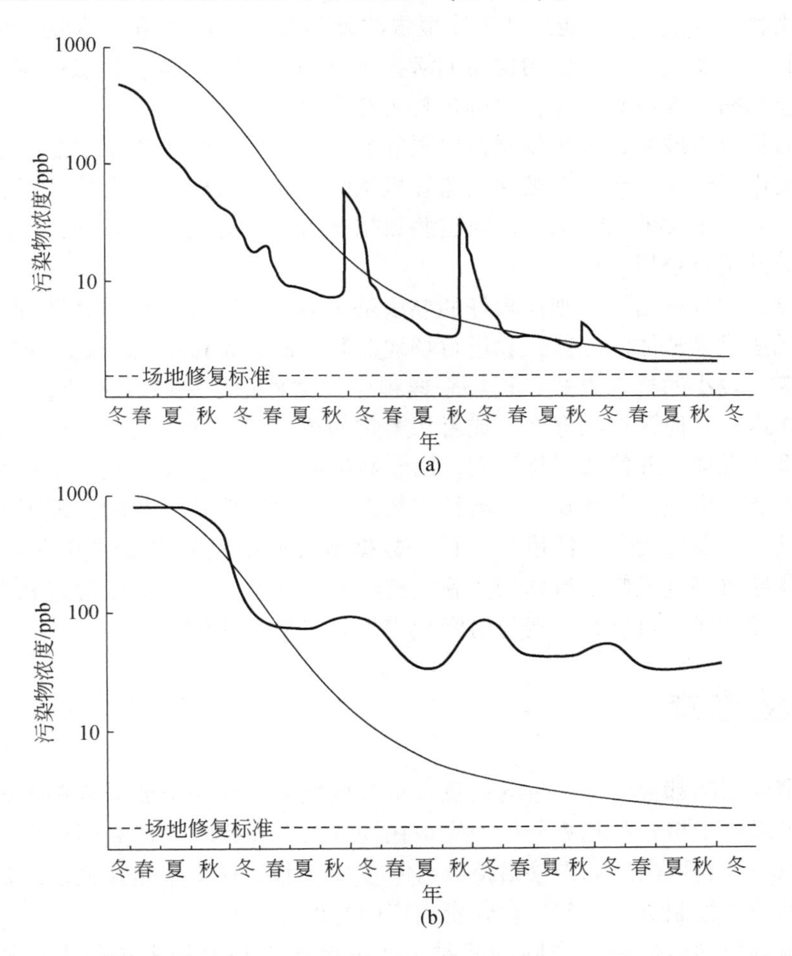


图 7-3 （a）污染源去除后监测井中污染物的浓度趋势。这显示了预期的趋势，一旦污染源被移除，剩下的污染物就会被降解和稀释。监测井数据峰值与降水相对应，补给和渗入的雨水影响了残余污染物的浓度，导致浓度短暂上升，随后又回到下降趋势。（b）清除部分污染源后污染物的浓度趋势。这些趋势似乎显示出部分污染源的去除，但预期中的减少趋势并不明显。这一趋势可能表明，当主要污染源被移除时，某个次要污染源或大量污染物残留在土壤和地下水中，形成一个持续的污染源。污染物浓度水平随季节波动，但没有下降。为确定污染源和污染物的数量，还应开展更多的评估工作

### 7.8.1 关于检出限的实验数据报告

由于水质数据是处理 ppm 或 ppb 范围内的污染物，因此分析过程中分析仪器的准确性至关重要。所述分析仪器在不同日期内可能具有不同的准确度，而接近检出限的准确度或检测上的限制都会对报告数值产生重大的影响。

例如，如果某种污染物浓度的报告值与检测限相同，那么它是否真的存在？在一个含水层中，一种污染物的残留浓度在分析数据中可能呈现长时间的极低浓度值。若实验室的报告显示污染物“存在”，可能会基于该报告浓度引发后续的调查或修复。这可能是非常重要的，尤其很多实验室也会使用常用的潜在污染物，如二甲苯、二氯甲烷、甲苯、丙酮等。实验室应严格检查所有程序，以确定是否存在分析问题。

对于任何报告在或接近分析仪器检出限的数据，都应当给予高度注意。应就这些数据与实验室人员进行讨论。当数据被送到监管机构时，监管机构通常会默认所收到的分析数据是正确的，因此水文地质学家应该对这些数据是否正确有信心。否则，可能会导致非必要且昂贵的额外调查费用。

若出现异常的分析结果，则比较好的办法是采集另一组地下水样品进行验证分析。由于单独一点无法代表整体的趋势，除进行场地监测（Site Monitoring）趋势审查之外，重新采样分析是花费较小的检查方式。现场采样程序及文件记录完整性的检查是非常必要的。如果以前不知道有其他污染物存在，或者污染物的浓度与已确定的趋势相差很大，保守起见可以进行重新采样，并修改采样计划。由于数据收集和质量保证是一个持续的过程，在某个时候很可能会出现一些明显无法解释的数据。如果趋势是一致的，即可显示出污染物长期的分解过程。在接受一个浓度值之前，数据解释应由经验丰富的分析人员进行审查，因为该值可能导致调查或修复行动的实施。有经验的环境咨询师应该检查和审查数据的准确性。通过这种方式，可以在经费与时间允许下获得最佳的信息。

### 7.8.2 数据管理

调查和定期监测都会产生大量的信息。每个场地都需要一个数据管理系统，以便信息的获取，并可以用于报告和趋势分析。应该在场地工作开始时就建立历史数据库，当需要的时候就可以将资料取出。如果项目持续时间较长，那么有关监测井记录的数据会以季度为时间单位和质量控制资料一起保存到资料库中并保存数年。

数据资料的巧妙运用是个实际的问题，使用计算机和电子表格程序对数据存储很有用。根据项目的使用需要和类型，已有数种现成的计算机和数据库电子表格可供使用。当与绘图程序相连接时，可将数据转换到图形中，以显示检测到的污染物和时间趋势。例如，浓度或有机物相可以根据井的水位绘制。通常情况下，一个资料组显示一个监测井的化学资料数据，包含用于报告或简报中的采样日期、实验室样品编号和污染物名称。如果项目预计会有大量的数据积累，那么在最初的计划阶段就应该考虑数据管理的方法。

## 7.9 案例：此处低浓度的污染物真的存在吗？

有一地下储罐泄漏了约3.8m³ 的汽油，汽油通过一个非常松散的包气带进入砂砾质含水层。含水层的渗透系数在378~3785m³/（ft·d）。1200ft（约365.76m）外的地方有一个区域性地下水抽水井，每天抽约7600m³的水作自来水使用。大部分泄漏已被清理干净，但一些油品已经进入地下水层，因此需要安装数个监测井以确定苯系物向抽水井的迁移。一个简单的苯系物线性传输模型可以预测一个可能的到达时间，以观察污染羽是否在向抽水井移动。

每周一次的地下水监测已经进行了三个月，结果显示地下水中并没有检测到污染物。依据假定的地下水流速计算，污染物应该没有流经监测井，所以在监测井阵列中没有观测到污染羽。一段时间后，一个样本中显示监测到一次极低浓度的二甲苯。根据苯系物传输模型的假设，二甲苯应该出现在污染羽的后端。但本该出现在污染羽前端的苯却从未在任何样本中被检测到。因为这个“烫手”二甲苯样品及其对公共给水的潜在威胁，监管机构要求立即安装抽水井并进行抽水处理。含水层设置一口抽水井和初步抽水的费用可能超过10万美元。问题是：基于这个实验室数据是否真的需要进行抽水？

后续针对这口监测井重新取样，结果非常相似，但浓度接近检测限。从采样设备采取的设备空白及运输空白，连同一个重复样品皆送到另一个实验室进行分析。送到第二个实验室的分样测试结果显示，无论是空白样本还是二次取样样本中都没有测到污染物。从数据上看，第一个实验室可能有分析程序上的错误——要么是实验室内部因素污染了样品，要么是没有正确清洗仪器，从而导致了样品的污染。

依靠专业知识的判断，若观察到更多的二甲苯出现，那么可能就是有一个污染羽正朝抽水井移动。鉴于以前的“未检出”数据，没有必要立即安装抽水井执行污染羽抽提工作。模型也同样预测，在假定的流速下，污染羽的前端首先会出现苯，最后出现二甲苯。额外的取样表明了所有汽油成分都没有被检测到。单个数据点并不能表示整体的趋势，所以必须进行额外的监测予以确认。观察到的低浓度的二甲苯可能缘于实验室的误差，在后续的监测中二甲苯也未再出现。这均表明此前的观察数据是单次事件。因此，污染羽的位置需要通过监测井的持续监测来确定。将问题归因于实验室误差和缺乏地下水污染趋势信息，避免了不需要且昂贵的修复措施。

关键在于，有限的数据必须经常进行评估和报告，每一项数据都可能启动政府的监管行动。在取样和分析的任何过程都可能产生误差，重新取样和实验室核查是有必要的。当然，分析实验室得出的数据不应该因为不符合常理就成为“替罪羊”，水文地质学家们在解决这种问题时需要懂得随机应变。实验室可能会发生错误，或是偶尔报出非常低浓度的数据结果，但有时基于是单次事件，这些错误极难证实。因此在分析数据时，需要考虑泄漏问题、取样分析、含水层条件和所有观察到的数据趋势。综上所述，各部分资料既可能是污染羽存在的信号，也可能是“虚假”信号。在有限的信息和法规前提下，数据质量问题时有发生，这也是环境调查工程师必须处理的问题。

# 8 含水层分析

## 8.1 绪　论

因为地下水可抽出至地面后再进行处理，所以含水层的分析对地下水修复而言是必需的项目之一。与修复行动设计直接相关的含水层分析有如下三个方面。

（1）通过现场试验确定水井的最佳抽水量，并估算影响范围，由此可以估算水力屏障-捕获漏斗的范围。

（2）通过对含水层试验数据（传导系数和水力传导系数）的数学分析，有助于估算修复系统需处理的水量。

（3）地下水中污染物的浓度，可以用化学时间序列的采样方式得到相关数据，这样就可以在地下水处理期间评估修复系统的操作成效。

通过上述分析可以得到基本的设计资料，这是项目成功的要素。在作者看来，当修复工程师和水文地质学家共同合作时，常常会在执行重要步骤时发生意见不统一的情况。抽取地下水治理污染羽的成本很高，但设置地下构筑物形成污染羽屏障的修复方法的成本要更高。污染羽的水力屏障设置完毕后，需要将地下水抽出进行处理。除非场地的污染问题非常严重，并需要用物理屏障的方法争取时间以有利于后续的修复，否则此法的花费通常超出了较小业主的经济能力。如果已知水力捕获范围、井的出水量以及需要处理的地下水量等数据，可将其用于不同抽水模式的计算机模拟。

## 8.2 含水层试验前的注意事项

含水层试验通常在场地特征研究之后才开始进行，此时监测井已设置安装完成，可采集到水质和水位等数据。这种预先考虑井址的做法，可以让含水层试验得以进行并得到相关的水文地质资料。在理想情况下，井需要在特定的水头和梯度下加以设置，但常会折中考虑。不过，一般来说足以取得所需的水文地质和化学参数。

对场地的地质条件进行审查和概念化是不能忽视的。通过对场地地质条件的评估，应该获得大部分水文地质的限制条件，包括但不限于含水层孔隙度和水力传导系数的估值、边界条件预测、延迟给水或排水的预测、含水层的二次补给或排泄以及含水层试验中弱透水层的释水现象等。场地的地质状况，应在地表调查时就予以了解，因此岩性剖面应该能预测井的水力效应。先期的概念模型应该有助于预测一些井的响应，或者能表明对一些特定的井需要进行额外的测量和试验。

### 8.2.1 可能的边界条件

检查钻孔记录和剖面确定可能的边界条件。地层的纵向和横向分布可以指示可能的导水单元，这些导水单元的产水量可能增加或减少。无论地下水降落漏斗的形状是否发生变化，监测井的水位是否发生变化，此处皆有可能是边界位置。

### 8.2.2 延迟排水

一旦试验开始，地层中的水就会被抽出，但随时间的推移，即使井水水位下降，仍持续有地下水的补给。细粒沉积物中，地下水补给的时间比粗粒沉积物中的时间长。延迟排水现象可以通过现场的抽水试验曲线识别，当降深曲线由陡变缓再变陡时，表明有延迟排水。通常抽水试验必须运行很长时间才能观察到这种延迟排水现象。

### 8.2.3 次生渗透性

监测井出现水位迟滞或快速变化的现象皆取决于地质介质的水力连通性。这种现象可以在裂隙岩石中观察到，且与存在的裂缝、节理、溶洞或其他通路的存在有关。如果井与周边地层没有水力连通，则井水位降深数据可能难以获取和解释。

### 8.2.4 弱透水层释水

含水层的补给可能通过上覆或者下伏的弱透水层发生。假如监测井设置于弱透水层中或靠近弱透水层附近，水位的变化可以指示越流现象是否发生。根据场地调查的弱透水层的数据也可以推测发生越流现象的可能性。

### 8.2.5 地下设施

进行试验时应了解地下设施的位置，特别是地下水井的周围区域。雨水或污水管线的渗漏会影响水文地质试验中监测井的响应。

### 8.2.6 不充分或质量较差的洗井或完井

抽水井和监测井的建井和洗井极为重要。如果试验前没有很好地洗井，由于钻孔的“皮肤”效应，初期数据（通常几个小时）通常可能不具有代表性或者无法解释，并且井内可能产生浑浊的水。在许多情况下，这些初期数据所代表的是试验初期阶段的洗井现象，出水量也可能小于井的实际产水量。水文地质试验之前应做好洗井工作，以利于数据收集，尤其是试验初期数据。

## 8.3 瞬时排水试验（微水试验）

瞬时排水试验（Instautaneous Discharge Test）或微水试验（Slug Test）可用于测量井周围的水力传导系数，如产水量、试井监测（Bouwer，1989）。微水试验相对来说速度快且成本低，可用于从现场收集数据，并根据水力传导系数估计透水性。含水层的水力传导系数可以通过往微水试验井瞬时注入或抽取一定体积的地下水产生的水位上升或下降的速率估算得到（图 8-1）。与抽水试验相比，微水试验的主要优点如下：执行费用更低，需要更少的设备，更快地获取现场数据，更短的数据处理时间，可用于抽水试验不适宜的情况（如低流量条件），以及可用于小口径井。

微水试验的缺点包括：大多数条件下，传导系数和水力传导系数是最佳估计值。如果含水层没有受到足够的压力，无法对测试井的整个影响范围进行评估；如果含水层为非承压含水层，则试验所得数据可能仅为滤料层的结果；仅适用于低流量含水层，不适用于大口径井。

如果试验井的洗井不合格，可能会产生错误的数据。

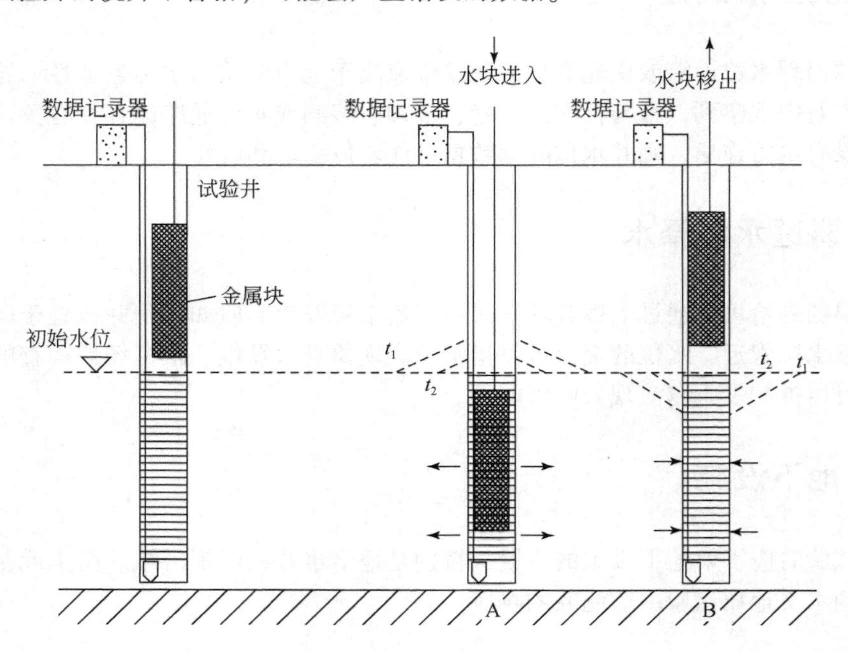


图 8-1 微水试验步骤概念图

将一个已知体积的金属块下沉至井中替代等体积的水（A），水位线会被一直监测直至恢复到初始静止水位。移除金属块并再次试验进行检查（B），观察到水位上升并回到初始状态。水力传导系数可以从数据中计算得出

Ferrie 和 Knowles（1954）、Cooper 等（1967）与 Bouwer 和 Rice（1976）建立的公式是评估微水试验数据的常用方法。

这些数据有时与计算机建模一起用于估算场地修复时的抽水井的抽水速率。当在低渗

透含水层应用时，该信息模型可以提供有效的抽水模式和估计抽水井的影响范围。但是，根据作者的经验，这种应用只能用于极低流量的含水层，因为短时间的抽水试验不适合确定长期抽水速率。此外，不能从抽水井收集抽出-处理工况所需的水质数据。非抽水试验不会对含水层施加应力，所以任何计算所得出的抽水速率都是一个近似值，可能是真实的也可能是不真实的。尽管计算机模型可以估计井的出水量，但是修复过程中抽水系统的实际运行情况是衡量修复系统是否成功的标准，因此现场的抽水试验数据是十分宝贵的。这意味着观测到的污染地下水的捕获范围和抽出的污染物浓度数据对修复设备的设计有很大的帮助。

## 8.4 抽水试验

抽水试验将对含水层施加应力，形成可以观测的地下水水位的变化。这种分步抽水/恢复试验的目的是：①估计含水层的传导系数；②为定流量抽水试验选择最佳的抽水量；③试验第二阶段的监测过程可鉴别监测井之间的水力关系。一个分步抽水试验可以在相对较短的时间内完成（通常为 6 ~ 10 小时），仅需要单井就可以估算传导系数。相比之下，定流量抽水试验通常至少需要 24 小时的抽水时间，并且在预估的影响半径之内至少还需要一个监测井，用来计算传导系数和储水系数。如果已知饱和含水层厚度（$t_0$），则可以估算水力传导系数。分步抽水/恢复试验包括两个阶段：阶梯降深试验（Step-drawdown Test）和水位恢复试验（Recovery Residual Test）。

阶梯降深试验是指起始阶段以某一流量（$Q_1$）抽水，然后逐步增大抽水量，同时分时段测量抽水井水位降深（$s$）。这个试验的目的是确定后续的定流量抽水试验的最佳抽水量。

理想情况下，阶梯降深试验至少需要三个不同抽水量（$Q_1$，$Q_2$，$Q_3$，……），每一个后续的抽水量都比前一个抽水量有所增加。在大多数情况下，抽水量增加的幅度会有所不同。因此，在测试开始之前，需特别注意地下地质条件、井的设计和井内的可用水位，这是估算潜在抽水量的关键。建议采用初始“保守”的抽水量来评估含水层响应和地层的含水能力（图 8-2）。

各阶段的持续时间取决于试验现场的观测结果。同时，依抽水井内观测到的水位高程和井内水柱长度可决定各阶段试验时间的长短。每个阶段皆需持续 30 ~ 60 分钟，甚至更长时间，如此才有足够的数据资料建立半对数图上的趋势。除非是降深条件无法维持长时间的试验，如脱水情况，否则 60 分钟是较佳的时间。如果某一阶段内水位有持续下降的趋势，则可以将其视为试验的最后一步。如果在试验的第一阶段出现这种情况，则需要关闭抽水泵，待井水位恢复后再以较低的抽水量重新开始试验。若井的出水量较低，则无法进行分步抽水试验，而微水试验可能是一种可行的替代方法。同样，如果某一个阶段井水位降深 30 分钟内很小或没有变化，则可继续进行下一个阶段。选择每一阶段的抽水量时必须考虑上一阶段观察到的抽水井水位变化，以选择一个保守的抽水量再予以增加，这会比对含水层过度增加压力而抽干水井更好。

在进行阶梯降深试验之前，可以通过绘制一个简单的图来分析不同阶段抽水量增加的

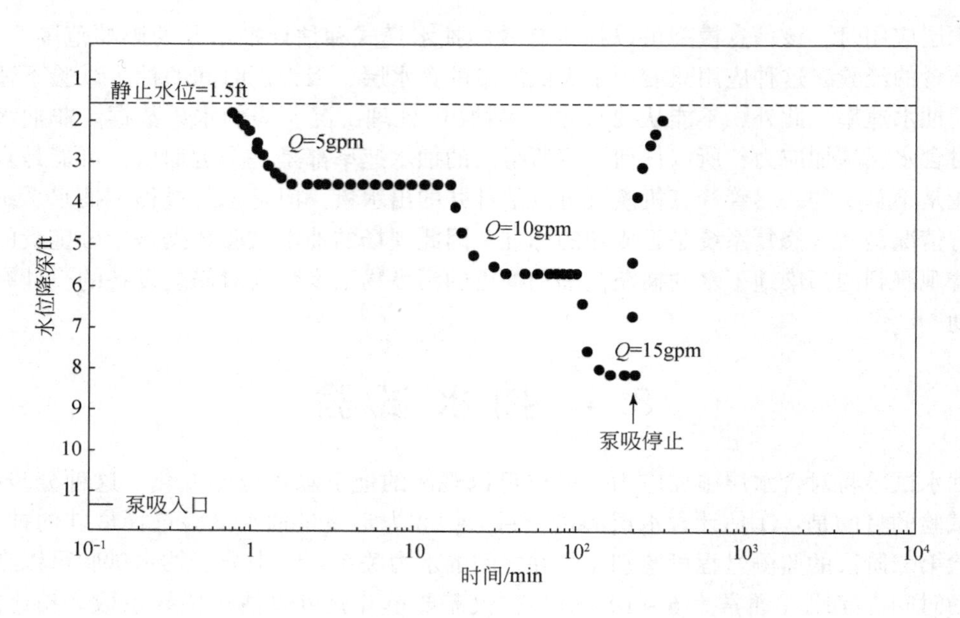


图 8-2 阶梯降深试验

阶梯降深试验允许抽水井以逐步增大的水量抽水，并观察水位下降。随着每一步抽水量的增加，井水位将随之下降至一定深度并保持恒定。应注意泵的进水口深度以保证水位的下降不会导致烧泵。图中的阶梯降深试验表明可以保持15gpm 的抽水量。泵关闭后，应采集恢复试验的测量结果

效应。该图应包括：井中可用水位、井的设计、含水层/弱透水层或隔水层相互关系、潜水泵进水的位置和深度。以下列出了一些建议的抽水速率判断标准（Palmer et al.，1992）。

（1）如果水位降深低于可用水位的25%，可以增加流量。

（2）如果水位降深在可用水位的25%～50%，可增加流量。执行人员应该根据前一阶段观测到的水位降深，现场判断可增加的流量。

（3）如果水位降深在可用水位的50%～75%，抽水量可以增加也可能不可以增加。同样地，需要查看前面数据，并选择一个比较保守的增长量，以防止水井被抽干。

（4）如果降深大于可用水位的75%，增加抽水量会导致抽水井被抽干。此时也许还能增加一个比较保守的流量，但只有在前面数据表明这样增加是可能的情况下，才可以尝试增加流量。

（5）如果水位降深大于可用水位的90%并有下降趋势时，则开始准备恢复试验。关闭抽水泵并开始恢复试验的测量。

以上标准仅供参考。显然，每个试验点根据水文地质条件会有所不同，如含水层/弱透水层关系、井的设计和含水层中可用水量。如果不确定抽水速率增加对抽水井的影响，应该采用保守的策略。相对于不足的抽水阶段而言，较多阶段的抽水是比较好的方式，其可有效评估潜在的出水量和传导系数。

# 8.5 抽水试验设备

对抽水试验而言，合适的抽水设备是必需的。设备选择取决于要进行的试验类型、现场的后勤支援、井的设计、是否有污染和污染物类型，以及监测井的数量和位置。因为工作团队可能会在现场驻扎几天，所以明智的做法是事先将所需的设备准备好，避免需要时再四处寻找或购买，造成时间和金钱的浪费。以下建议的设备清单是一般试验所需的，但根据试验要求会有所不同（Palmer et al.，1992）：潜水泵（优选不锈钢元件，配有止回阀和相应的控制箱）；泵排水管路（与抽水泵兼容）；管爪或三脚架（将泵固定在井内）；流量阀控制（闸阀或球阀）和流量计系统；排水管道或管线（软管为佳）；电源（交流电源或合适的便携式发电机和燃料）；秒表（最少两只）；水位测量装置（电测深仪、钢卷尺、油水界面探头）；数据记录器和压力传感器；半对数和对数-对数坐标纸；尺子、曲线板、自动铅笔；科学计算器；现场特定安全计划中所概述的安全设备；数据表，用于记录降深、恢复数据、时间、井号、抽水量等；工具、配件等；照明工具（手电筒或提灯）。

除了现场设备外，水文地质学家、地质学家、工程师或技术工程师在测试期间还应在现场具备以下文件：抽水井和监测井的钻孔记录、抽水井和监测井的细节、洗井记录（如有）、地下水采样前的洗井数据，以及最新的地下水监测网的水化学数据。

**1）预备操作现场流程**

进行试验前，须获取地形或场地设施图，检查场地的限制、可能的安全问题、潜在的交通问题和测试井的完整性。同时需确认需要的排水点与监测井之间的距离，并从主管的州或地方机关或私人团体取得所有必要的许可证、通行权等。检查钻孔柱状图和建井施工细节。获取并检查任何试验井的抽水记录，如果井已完成洗井，还需要检查洗井的抽水速率。此外，若有采样记录也可以进行查阅，这是因为洗井数据对估计井出水量非常有用。事先需要将所有设备组装完成并确认所有设备都能正常运转。在每口井开始试验之前或换井进行试验时，应对设备进行清洁。含水层试验前的准备工作是现场工作中费用很高的一部分，也是很关键的一步。

**2）试验前井水位的监测**

对选定的抽水井和监测井（或“背景”监测井），在试验前应至少监测一天（24 小时）水位。监测的目的是识别潮汐、灌溉或从当地的家庭或市政井抽水等因素引起的地下水位日变化。水位随时间变化的图对识别非抽水试验引起的地下水位波动非常有用。试验前，可以人工测量水位，或者使用传感器/数据记录仪定期记录水位。建议测量的时间间隔见表 8-1。

**表 8-1　建议测量的时间间隔**

| 累计时间 | 测量频率 |
| --- | --- |
| 0~10 分钟 | 每 0.5~1 分钟 |
| 10~15 分钟 | 每 1 分钟 |
| 15~60 分钟 | 每 5 分钟 |

续表

| 累计时间 | 测量频率 |
| --- | --- |
| 60 ~ 300 分钟 | 每 30 分钟 |
| 300 ~ 1440 分钟 | 每 60 分钟 |
| 1440 分钟至试验结束 | 每 8 小时 |

**3）建议的现场流程**

（1）测量抽水井的静水位，测量筛管底部的深度，并记录沉砂或堵塞物的深度，再计算可用水位体积。

（2）在井中将潜水泵安装至预定深度。通常情况下，泵的进水口置于筛管底部的位置（位置会根据井的施工和地质条件而变化）。避免将泵安装在井底沉积的粉砂或黏土上，从而对泵造成潜在的损害。理想情况下，试验井应该在试验之前完成洗井工作。

（3）确认试验时可能受影响的监测井，量测并记录井内的水位变化。通过定期测量监测井的水位，评价抽水井的影响半径和降落漏斗的大小。记住要将数据与背景数据进行比较，确保监测井的水位变化与抽水试验有关，而不是由自然现象引起的。在每口井使用前清洗净化所用的探测仪，以防止井间交叉污染。

（4）泵抽水速率的变化保持在 10% 的范围内。经常检查抽水速率，以确保抽水速率不产生较大波动。确定水位测量的参考点（即井管顶部、保护箱顶部等）。在测试过程中，现场数据非常有用，它可以帮助确定什么时候应该终止试验（如井被快速抽干），或者得知电子数据记录仪出现故障（图 8-3）。试验过程中，不要更换水位测量设备，除非设备发生故障。随时准备好备用设备。

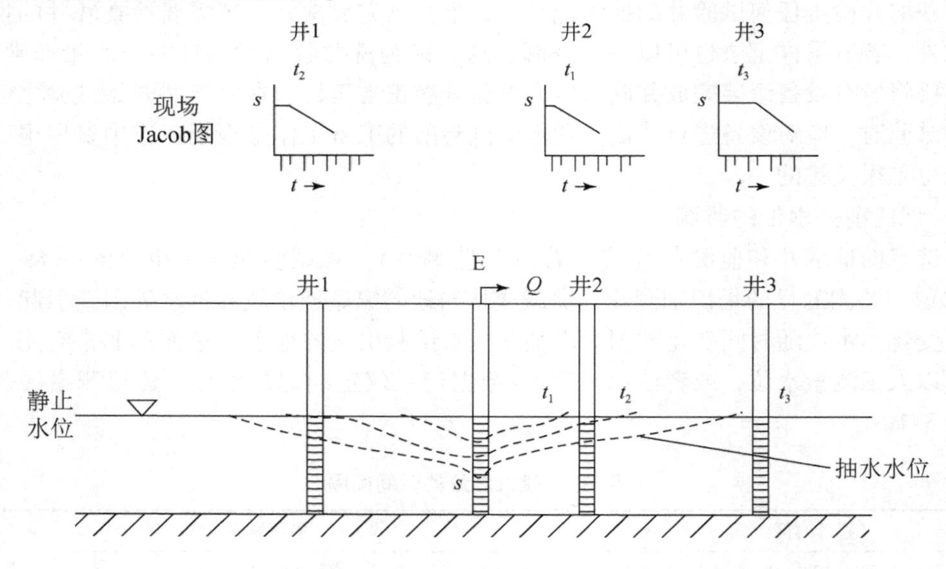


图 8-3　匀速抽水试验中的观察结果

当抽水井 E 的降落漏斗在不同时间到达监测井时，降深 $s$ 和时间 $t$ 已绘制在 Jacob 图上。降深的变化可能表明边界条件。当将现场井响应图与场地钻孔柱状图进行比较时，可能会揭示出未在钻孔中直接观察到的其他地质情况

（5）记录泵启动和关闭的时间。应安装一个止回阀，防止水回流到井中，导致“人工”补给。如果试验井是地下水监控网的一部分且历史上发现有化学品，则在每次测试之前、测试之间和最后一次测试之后，都需要清洁设备。试验期间需要进行的现场测量包括：泵启动时间、停泵时间（水位恢复）、水位深度、抽水量。水位的最大波动通常发生在试验开始时，偶尔发生在试验结束时。因此，在试验开始阶段应该高频记录水位。理想情况下，应该使用数据记录仪/传感器系统来测量降深数据。以下时间间隔可作为指导；根据场地情况，读数可能会有所不同。

**4）匀速抽水试验**

一旦试验井完全从分步抽水试验中完全恢复水位，便可开展匀速抽水试验。该试验是在分步抽水试验中出水量最大的井中进行，试验持续的时间更长（通常为 24 小时或更长），然后立即进行水位恢复观测。匀速抽水试验的数据采集与上面讨论的分步抽水试验基本相同。匀速抽水试验允许在试验过程中对水位降落漏斗和水质化学性质进行长时间观测，且同时可进行采样工作。有时，在试验过程中可能会出现一些问题，如在边界条件影响下抽不到水（抽水井的水位急速下降）。在这种情况下，要马上开始水位恢复试验。在水位可能下降处，延迟释水可能会使得监测井中水位上升。因此，现场标绘数据可以帮助确定补给的时间和大致位置。此试验中污染物有可能流入抽水井中，若场地有可能发生这种状况，现场工作人员必须提前做好准备。

**5）井水位恢复观测现场流程**

水泵关闭后，应立即开始测量水位。测量应至少按下列时间间隔进行（表 8-2）。

**表 8-2　井水位恢复测量的时间间隔**

| 累计时间 | 测量频率 |
| --- | --- |
| 0 ~ 5 分钟 | 每 0.5 分钟 |
| 5 ~ 10 分钟 | 每 1 分钟 |
| 10 ~ 30 分钟 | 每 5 分钟 |
| 30 分钟至恢复结束 | 每 10 分钟 |

如果在 30 ~ 60 分钟内测量的水位变化小于 0.01ft（3mm），则可以终止水位测量。这段时间内的读数没有变化，通常表明恢复到原来的静水水位需要很长时间。如果水位恢复到静水水位的 80% ~ 90%，则可以考虑结束抽水试验。

有时会观测到水位恢复到初始静止水位以上。这可能是日常的水位变化或抽水的“反弹”（Rebounding）效应。通常情况下，水位会恢复到比初始静止水位略高一点，然后再下降并接近初始静止水位。在井水位恢复期间，可绘制水位恢复观测图（降深-时间）。在水位恢复完成之前，不应将泵或任何井下测试设备（如传感器）从井中移除。过早地拆卸泵、管道和设备会导致错误的水位数据。

**6）剩余水位恢复试验**

剩余水位恢复试验（Residual Recovery Test）是在抽水泵关闭后监测井的水位恢复。对恢复水位的测量一直持续到恢复到初始静止水位。如果针对低流量含水层进行抽水试验，井水位完全恢复可能需要24小时或更长时间。对低流量含水层，水位恢复到80%～90%是可以接受的。因为剩余的10%～20%可能需要很长一段时间，完全采集整个恢复过程的数据可能耗时耗钱。

## 8.6 抽水试验数据分析综述

下面是对匀速抽水试验数据的简要回顾。虽然有这一简单的回顾，但它并不能代替地下水水力学的严格课程。本节仅以两种分析方法作为实例，其他未讨论的方法，读者可以自行参考有关地下水数据分析的大学课程和教材（Driscoll，1986；Health，1982；Theis，1935；Walton，1962，1970）。渗透含水层及部分贯穿含水层的分析方法可见Hantush（1956，1960，1962）。未承压含水层的数据分析方法可见Neuman（1972，1975）。

**1）泰斯（Theis）方法**

Theis（1935）指出，在穿透承压含水层的井内进行抽水试验时，如果抽水速率保持不变，其影响面积会随时间增加而增大。泰斯方法能够将地下水降落漏斗予以概念化，并可了解储水系数倍增时，水位下降的速率以及概括其影响区的范围（Kruseman and DeRidder，1990，图8-4）；Theis还认为，在均匀的含水层中，若持续抽出地层中的地下水，水位下降就会一直存在，并且从理论上讲，并不会形成稳定流。泰斯的非稳态方程如下。

$$T=\frac{114.6QW(u)}{s}$$

$$S=Tut/1.87r^2$$

式中，$T$为含水层传导系数（gpd/ft）；$S$为含水层储水系数（无量纲）；$Q$为抽水量（gpm）；$s$为降落漏斗的水位降深（ft）；$t$为距抽水开始的时间（天）；$r$为距抽水井中心距离（ft）；$W$（$u$）为$u$的函数，指数积分（无限数列）。

泰斯方程遵循裘布依（Dupuit）的假设，即

（1）含水层的面积是无限的。

（2）含水层均质、各向同性、水平且厚度一致。

（3）在抽水之前，地下水等势面是水平的。

（4）含水层以定流量抽水，抽水井的效率是100%。

（5）抽水井完全穿透含水层，从而抽取含水层整个厚度的水。

（6）抽水试验过程中无激发补给。

（7）抽水与水位下降同时发生。

（8）地下水等势面无倾斜。

**2）泰斯曲线拟合法（Theis法）**

（1）取$W$（$u$）～（$1/u$）或（$u$）曲线，叠加在$s$-$t$现场数据曲线上。

（2）确保数据图和类型曲线的水平和垂直轴是平行的。

（3）选择一个“匹配点”（优选偶数对数刻度；10、100或1000）。避免用初期的数据匹配，优先后期的数据匹配。

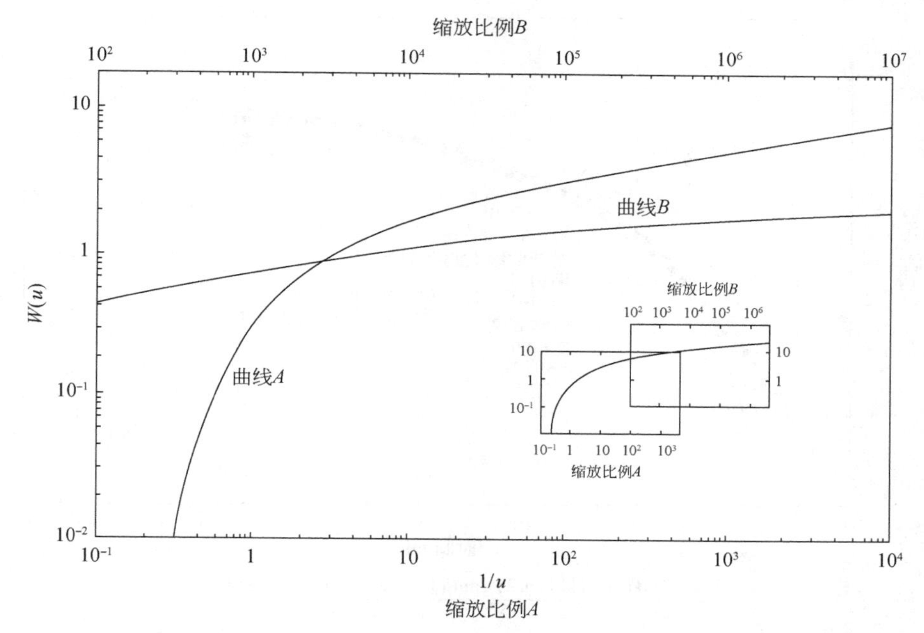


图 8-4　自流井的无量纲降深 $W$（$u$）与无量纲时间（$1/u$）的匀速抽水泰斯曲线

资料来源：Reed，1980

（4）注明四个坐标：①$W$（$u$）；②$1/u$ 或 $u$；③$s$（ft），④$t$（min，可转换为天）。

（5）计算以下积分方程

$$u=1.87r^2S/Tt$$

可采用 $1/u$ 和 $u$ 计算，解得 $u$

$$T=114.6QW(u)/s \quad (方程1)$$

$$S=Tut/1.87r^2 \quad (方程2)$$

求解方程 1：

（1）从试验中得到 $Q$；

（2）从匹配点得到 $s$；

（3）从匹配点得到 $u$（$1/u$ 的倒数）。

求解方程 2：

（1）从方程 1 得到 $T$；

（2）从匹配点得到 $u$；

（3）从匹配点得到 $t$；

（4）从现场测量中得到 $r$（抽水井与监测井的间距，ft）。

注：①$t$ 以天为单位；②数据绘制的图纸需和标准曲线图纸刻度相同（图 8-5）。

除了绘制抽水试验数据作图外，水位恢复数据（抽水井和监测井）或所谓的“剩余降深”也可以用来计算传导系数和储水系数。此法使用停泵后的剩余降深-时间的变化来计算。利用泰斯曲线找到匹配点，并利用这两个泰斯方程计算 $T$ 值和 $S$ 值。工程师也可使用监测井的数据计算储水系数。

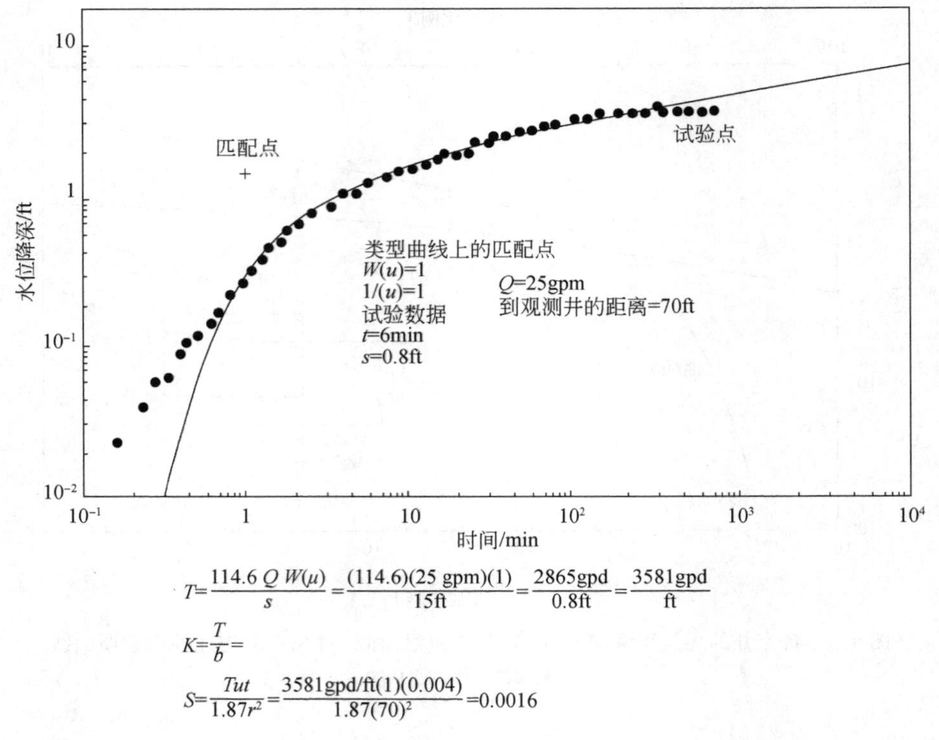


图 8-5　泰斯分析示例

绘制出野外数据并叠加在泰斯类曲线下，得到匹配点的数据，$1/u=1$ 以及 $W(u)=1$。注意在试验结束时，由于曲线会趋于平缓，可以观察到补给边界，这是在一个长时间抽水试验中得到的一个非常有价值的数据

**3）Cooper-Jacob 图解法**

计算传导系数（$T$）的 Cooper-Jacob 图解法（Cooper and Jacob，1946）是基于泰斯方程衍生而来，因此其适用条件更加严格。当 $u \leqslant 0.05$ 时（通常在抽水试验初期 $u>0.05$），修正的非平衡方程将得到与泰斯方程相同的结果（Kruseman and DeRidder，1990）。此直线法本质上与泰斯方程相同，不同之处是用对数项代替了指数积分函数 $W(u)$。传导系数和储水系数的计算公式为

$$T=2.3Q/4\pi\Delta s$$

$$S=2.25Tt_0/r^2$$

式中，$T$ 为含水层传导系数；$S$ 为含水层储水系数；$Q$ 为抽水量；$t_0$ 为降深为 0 时的时间截距；$r$ 为抽水井半径。

分析无渗漏的承压含水层时，利用时间和降深的简化公式 $T=264\times Q/\Delta s$ 以及 $S=Tt/4790\times r^2$，Jacob 方法可计算 $T$ 和 $S$，其中 $t$ 是时间-降深半对数图上回归线降深坐标轴的交点［图 8-6（a）］，计算步骤如下。

（1）将监测井得到的抽水试验结果在半对数坐标纸上绘制成时间 $t$-降深 $s$ 图（降深为算术轴，时间为对数轴）。

（2）绘制所有数据点的最优回归直线，并延长至降深轴（$s=0$）。

（3）计算回归直线的斜率（一个对数周期的 Ds-斜率简单地定义为“上升趋势”）。

（4）读取回归线于降深轴上的截距，单位为分钟，再转换为以天为单位来估计储水系数。

（5）求解方程 1，得到传导系数（$T$）。

（6）利用监测井数据（降深和到抽水井的距离）计算储水系数（$S$），再利用方程 1 计算 $T$ 值。

现场人员应在抽水试验期间即时采用试验所得的数据绘图，再利用所得的图形观察抽水井和监测井的试验状况。绘图中的数据偏离可以指示场地边界条件的影响。通常，降深和时间的数据由数据记录仪取得（抽水井和邻近距离的监测井），并绘制在半对数图纸上。积累较多数据后，可以利用最佳回归直线来估算含水层的传导系数，并与监测井数据一起来估算含水层的储水系数。

**4）距离–降深法**

当匀速抽水试验过程中采用多口监测井时，距离–降深法可用来计算含水层的传导系数和储水系数。用这个方法时，至少需要三口监测井。将三口监测井同时记录的降深数据绘制在半对数图纸上：降深（以 ft 为单位，算术值）为纵轴；监测井与抽水井的距离（以 ft 为单位，对数值）为横轴 [图 8-6（b）]。在半对数坐标纸上，距离–降深呈直线关系。以下修正的不平衡方程可利用距离–降深图来计算 $T$ 和 $S$：

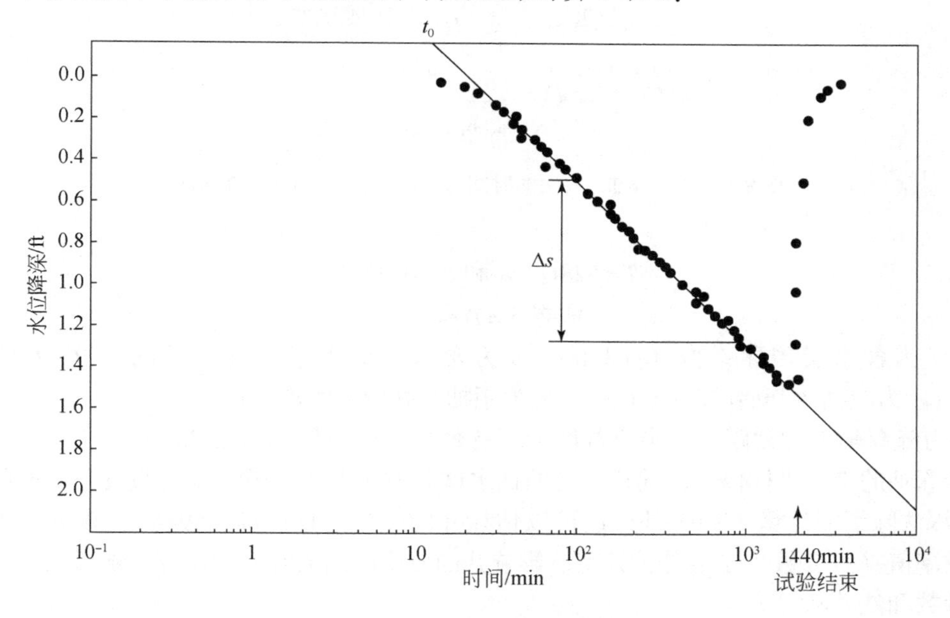


$\Delta s$=1.3−0.5=0.8ft; $r$=25ft(到观测井的距离);井排水量=15gpm

$T=\dfrac{264Q}{\Delta s}$　　$S=\dfrac{Tt_0}{4790r^2}$

$T=\dfrac{264\times15\text{gpm}}{0.8\text{ft}}$　　$S=\dfrac{4950\text{gpm/ft}\times20\text{min}}{4790\times(25\text{ft})^2}$

$T$=4950gpm/ft　　$S$=0.003

或4 560 000gpd/ft

(a)Cooper-Jacob方法，时间–水位降深图

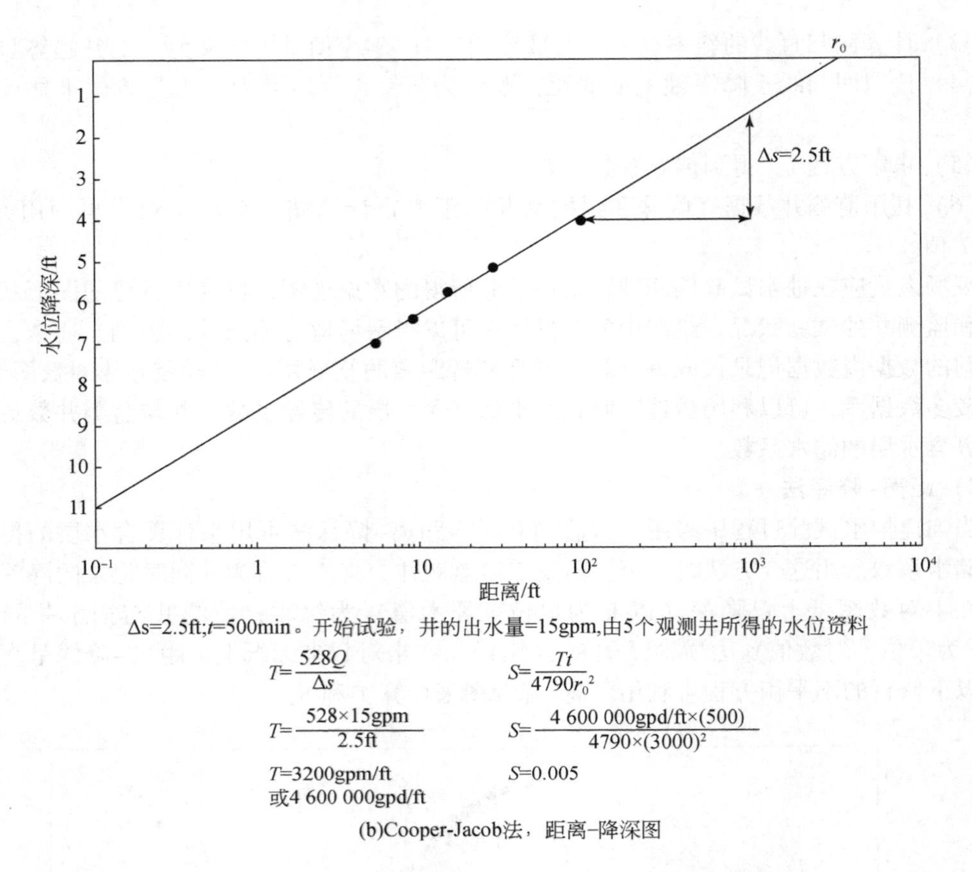


图 8-6　Cooper-Jacob 法的时间-水位降深图和距离-降深图

$$T=528Q/\Delta s \text{ 和 } S=0.3Tt/r_0^2$$
$$\text{或者 } S=Tt/4790r^2$$

式中，$T$ 为含水层传导系数（gpd/ft）；$S$ 为含水层储水系数（无量纲）；$Q$ 为抽水量（gpm）；$t$ 为距抽水开始的时间（天）；$r_0$为距抽水井中心距离（ft）。

$r_0$为降深轴上的截距，是半对数图上所有数据点以类似 Cooper-Jacob 方法绘出的回归线与降深轴的交点坐标值。就前述所有的抽水试验方法来说，裘布依的假设是需要的，距离-降深法除了能计算 $T$ 和 $S$ 外，还可以估计井的效率（Driscoll，1986）。该方法得到的井的效率值（百分数）是最佳估计值。影响井的效率的因素有井的设计、地质条件、抽水试验参数和洗井状况等。

虽然许多监管机构对计算机模型分析数据感兴趣，但用手工计算的数据补充这些抽水试验数据也同样重要。通过进行手工计算，你可以向管理者和潜在的评审同行证明，你了解含水层特性的量化机制。抽水试验数据结果可用于修复技术的选择、开发和实施。当用计算机模型计算 $T$、$S$ 和水力传导系数时，还需要水文地质学家确定数据是否能代表场地的具体情况，同时利用手工计算的数据加以验证。特别是模型输入的参数，建议将手工计算和计算机生成的含水层参数与收集的现场数据进行比较，使监督机关了解所设计的系统。

上述方法一般是常用的，但并不涵盖所有的含水层情况（如延迟释水的校正和受压渗漏等），相关的详尽论述不在本书讨论的范围。运行试验程序和数据分析的水文地质学家需根据特定场地的含水层情况，选用适当的分析方法。读者可参考水文地质课本和相关文献中的含水层分析方法。

## 8.7 裂隙岩体含水层试验

裂隙岩体含水层试验与分析和上述方法不同。含水层为破碎岩石，覆盖有冲积层和腐殖土，或者可能与其他含水裂缝相连通。这些地形中的水流运动与上覆介质的透水性质、岩石中是否有裂隙及溶蚀穴、裂隙密度和裂隙间的连通程度有关。一般情况下，裂隙随深度增加而逐渐闭合，并且井深超过300ft（91.44m）时，出水量都不大（除非存在其他的含水层、裂隙带或断层等）。

裂隙岩体中的地下水流动主要是放射状流动和线状流动。水流运动方式与裂隙的连通程度和裂隙上覆介质的储水量有关。试验阶段与一般含水层试验阶段很类似（即需要抽水井和监测井），但要针对抽水井进行数据分析，来确认附近的水井是否受到抽水试验的影响。抽水试验和分析结果应作为特定场地建立地下水模型的考虑因素。

例如，当抽水井抽水时，应立即观察对监测井的影响，由受影响的程度推测裂隙的贯通情况。抽水井可能会抽取上覆冲积层或残积土层中的水分，因此“水位降深”可能无法立即观察到。当上覆层中的水被抽干后，抽水井内的水位可能会迅速下降，随后趋于稳定，此现象表示水分通过裂隙抽出。其他效应对降落漏斗而言具有方向性，即可能会在一个方向上被拉长（图8-7）。观察水位恢复情况有助于分析和确定裂隙之间的连通。目前已有对于裂隙岩层抽水试验的数据分析技术（Jenkins and Prentice，1982；Maslia and Randolph，1990）。Schmelling和Ross（1989）将相关模型和分析方法制成表格，并总结了裂隙岩石中的数据采集技术。

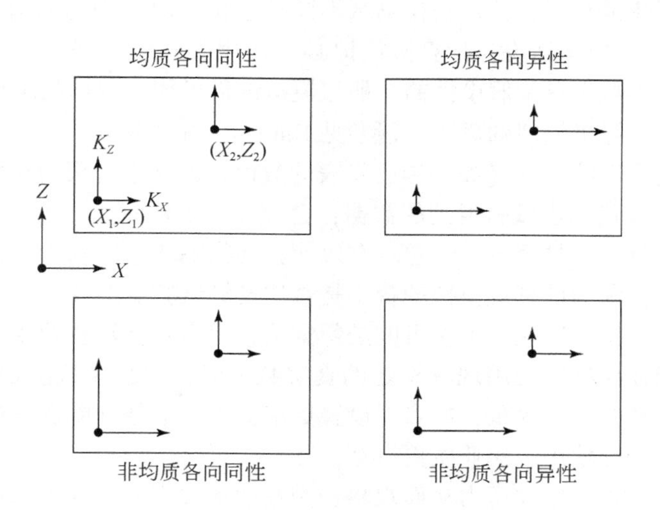

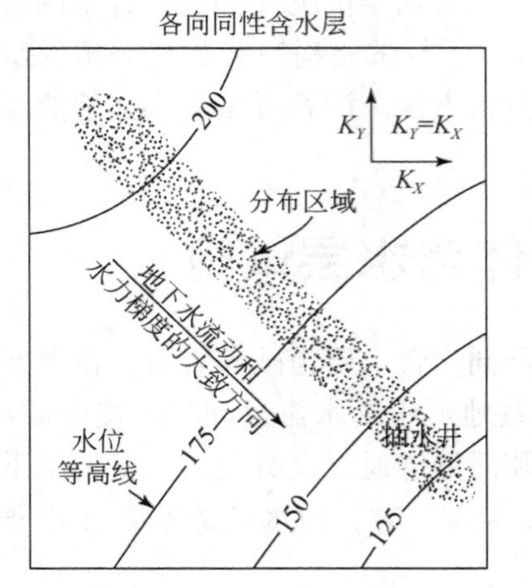


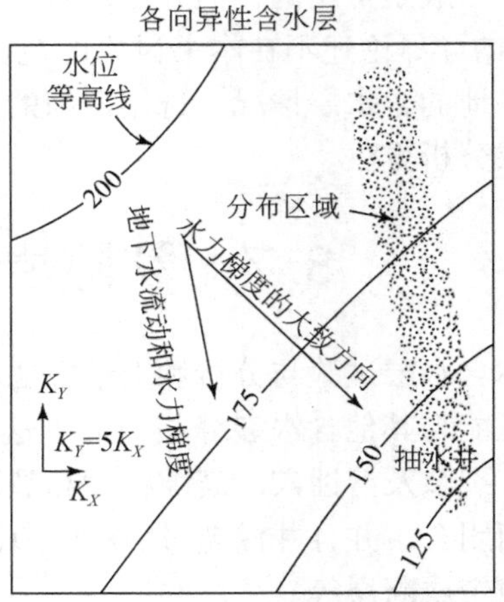


图 8-7　含水层均质性和异质性对地下水流异向性的影响

## 8.8　地下水抽水和修复情景的计算机模拟

计算机模拟在分析地下水流向中很有用，其可用来对不同的抽水工况进行长期模拟，并估计捕获漏斗的影响范围。根据不同使用目的，目前已有多种不同类型的二维或三维商业软件可供选用，并且只需要相对较少的培训即可在个人电脑上使用。本书不对有关模型进行详述，但读者需知道计算机模型的正确与否取决于输入的数据，而这些数据的好坏与现场地质调查和水文地质特征的完整性和准确性有关。

计算机模型可以用来估计从现场采集的地下水水流资料（如估计井影响范围等）。地下水流与含水层的地质结构有关。当计算机模型用于修复时，若配合良好的现场抽水试验数据，则水流模型非常有用，特别是在测试不同抽水情况对污染物的清除情况时（Keely，1982，1984，1989）。换句话说，计算机模拟必须使用实际的数据，否则模型结果纯粹是理论性的。如果输入数字只是假设性的，那么模拟结果可能与现场状况毫不相关［可称之为无效结果，有关计算机模拟的概述，请参见 Hatheway（1994）］。

如果只是使用假设的数据（如采用已发表的数值，并基于有限的现场研究，假设其数值符合场地现状）取代抽水试验得到的数据，会存在以下疑问。

据此设计的修复方案是否可行？它会有效捕获污染羽和进行水力控制吗？环境咨询人员的假设是否可行？利用计算机模拟的费用是否比现场试验更节省成本，是否是真的让业主有所受益？计算机模拟对业主来说可能是帮倒忙，因为它会浪费业主的金钱且还不能解决业主的问题。当在模型中使用现场特定的真实数据时，模型模拟能预测何种长期趋势？计算机模拟可以计算井的出水量，或者在设置更多抽水井前估计降深的影响等，这似乎是对计算机模型更恰当的使用，对业主更有利。

抽水试验是对含水层施加压力从而观察和测量抽水效应的试验。这些试验还可以显示地层的影响效应和边界效应，也可指示通过微水试验难以确定的补给区或排泄区。修复方案依抽水速率、井的效率和污染物捕获漏斗而设计，因此必须进行抽水试验。如果不进行抽水试验，修复只依靠计算的抽水量，那么井的捕获半径和真实的抽水量则一概不知。总的来说，修复设计和修复成本之间是需要互相折中的。

## 8.9 污染物捕获的抽水方法

抽水系统的目标是抽取地下水并将其输送到地面处理系统，然而根据场地和污染问题的不同，需采用不同的地下水抽取方法。本节提出了两种不同的基本抽水方法：井中抽水和沟渠抽水（水力传导系数较低，如粉砂、黏土和地下水较浅时）。

井中抽水应用于降落漏斗范围内和抽水量足以“捕获”污染羽的情况下，可以用单井或多个井的降落漏斗相互支援来增强效果（Keely，1984）。这种方法多用于砂质或砾石含水层，或有足够出水量的含水层。这种方法适合于计算机模拟，因为收集到的信息通常对修复系统的设计而言很有效。可利用获得的资料，通过添加井、改变抽水率等方式模拟修复系统的未来效率（Keely，1989），也可以计算捕获的范围和流路图（图 8-8 和图 8-9）。

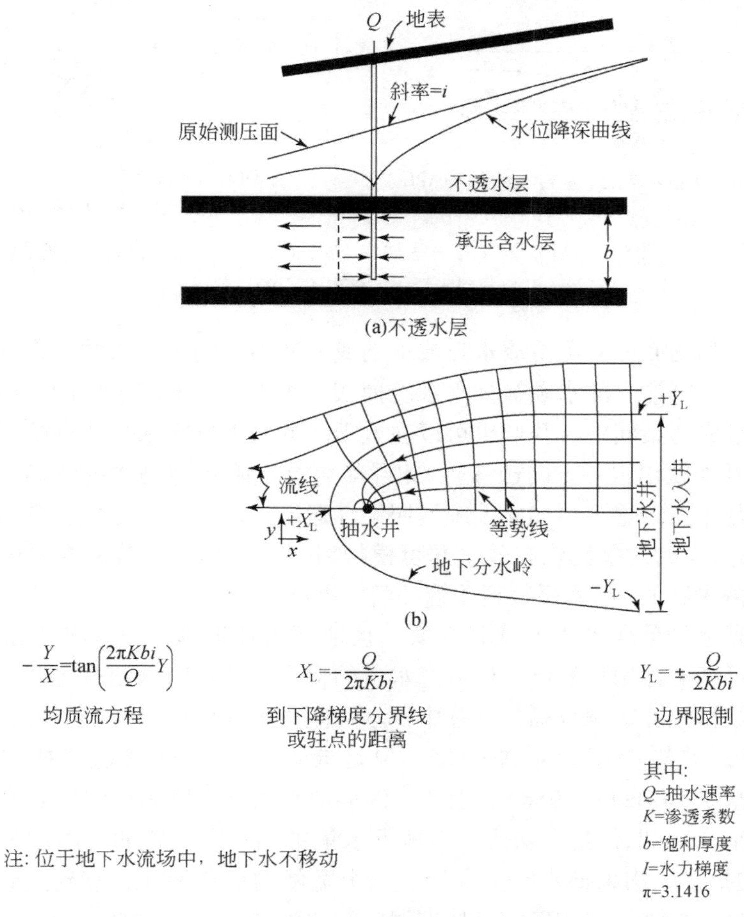


图 8-8　抽水井的地下水流线计算以及抽水导致的地下水分层的估计

资料来源：U. S. EPA，1993

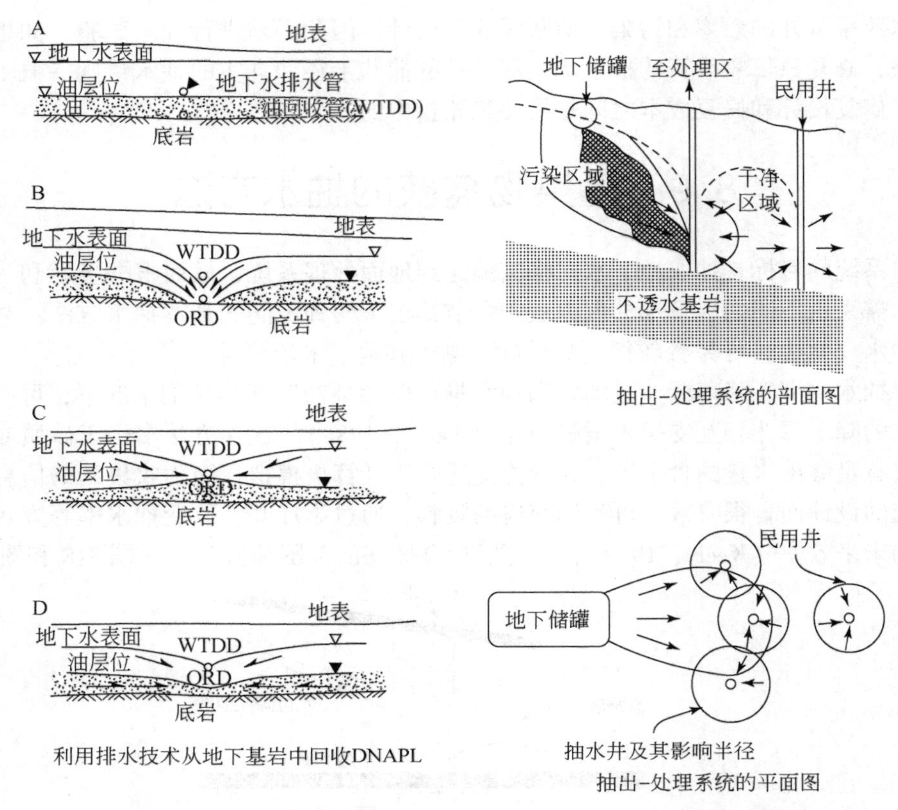


图 8-9　针对 DNAPL 回收的一些抽水方式（A ~ D）以及抽出-处理系统

资料来源：U. S. EPA，1991

不同方式排列的回注井可造成水丘或推动或冲洗污染物至抽水井。在这种情况下，如果目标仅是冲洗，则注入的水须被抽水系统捕获。否则，污染的水可能会流到抽水井的影响范围之外，造成污染问题。我们也可以注入干净的水来形成水丘或屏障以阻挡污染物的迁移（如阻止其朝饮用水井方向迁移）。此屏障可有效阻止污染物的流动。抽水试验的监测对确认捕获漏斗非常重要，如此系统按照设计运行。一旦试验完成，模型模拟对测试不同的注水/抽水方案的效果比较有效，并可模拟对未来的影响。若欲在井中回注水或另外添加物质（即微生物），都需要得到监管部门的批准。

当含水层黏土含量高或产水量非常低，且地下水接近地表（小于 20ft，6. 10m）时，采用沟渠抽水可能更适用且经济。极低产水量的含水层抽水问题使得无法从单一抽水井获得足够的出水量和估计影响范围，从井中抽水可能达不到设计的影响半径，就算增加一倍井径也不会使井的影响半径增加一倍，但是会产生一个可以定期抽水的“污水坑”（Anderson，1993；Driscoll，1986）。因此，沟渠抽水系统是以相反的方式利用“法式排水沟”（French Drain），取代排水功能，将地下水集中到不同位置的井内（通常是中央或两端），再由井内抽水。沟渠抽水时，会形成一个宽阔的捕获漏斗，直到达到平衡。抽水效率是通过半计算半观测的方式确定最佳方案。在这种情况下，微水试验可以提供一些有用的数据。

# 8.10 小　　结

在安装修复系统之前，应进行抽水试验，以确定含水层的水力特性，并观察实际的抽水情况。任何抽水试验方法都应该观察一段时间，看看是否有补给或边界效应发生。含水层试验根据执行时间、含水层的排泄或补给条件、附近的区域抽水井和初始抽水试验的长短会产生不同的结果。“污染物捕获漏斗”的形态会随着含水层条件的变化而变化，从而影响修复效果。一旦采集到实际的抽水数据，就可以用计算机模型计算出不同的出水量，以模拟最佳的污染物捕获方案。修复系统要利用月或季度地下水位图加以评估，修复的效果应每6个月评估调整一次。

# 9 修复与清除

## 9.1 绪 论

场地修复的目的是使将土壤和地下水的质量恢复到场地未被污染前的状态。虽然理想化的污染场地修复目标是使污染场地恢复到所有污染物都被移除的“自然”状态，然而目前，大多数修复是指将场地污染物浓度降低至修复目标值以下。在大多数情况下，土壤和地下水污染修复虽不能使污染的地下水衰减至完全无污染的状态，但可以保留土壤或地下水原有的使用价值。在美国，政府对污染场地管理的目的是希望该场地恢复至被污染前的状态。然而，这个有点不切实际，因为没法在已污染的土壤和地下水中移除所有的污染物。目前，美国已经建立相关的修复标准，并已经确立修复工作的整体步骤（图 9-1）。

通常主要负责污染场地修复的单位（包括场地所在地的主管单位、州政府和联邦主管单位），会依据该场地污染调查的结果和相关法规来制定该场地的修复目标，该修复目标是基于许多考量而制定的，如该场地的相关资料、污染形态和范围、对人体的潜在危害以及未来土地利用规划。尽管这些监管机构一般不会针对污染场地制定最严格的标准（如最高污染物浓度建议值），但仍倾向于制定相对保守的修复标准。通常情况下，在不危害人体健康、不影响土壤或地下水质量的情况下，修复目标会制定成最大可接受浓度。

场地修复最常被问到的是“多干净才算干净？”换言之，土壤和地下水中污染物的残余浓度是多少才可以保证人体健康和环境安全？随着化学分析技术的发展，污染检测方法越来越灵敏，较低的污染物浓度也越来越容易被检测到。理想的修复目标是使场地回到“自然状态”，但这是一个现实可行的目标吗？污染场地的地下水可能由于生物的有机或无机作用而被自然地污染。要去除滞留在包气带、黏土层和含水层孔隙中的残余污染物通常是极其困难的。如果将修复标准强制定为实验室检测的限值，这对土壤和地下水修复是切实可行的吗？或许基于健康风险的考虑，对某些化学物质制定如此的修复目标是必要的，但对于其他的污染物则不必如此。对于负责修复的施工单位而言，修复成本也应当作为考虑修复标准的因素之一，场地的修复标准将决定修复的难易程度和所需的资金数额的多少。

很显然，如果责任方因场地修复而破产，那么政府或其他责任方也可能继续完成修复。污染场地的相关责任方也需承担修复的责任，然而不论政府还是相关责任方，其资金都是有限的，场地污染清理的费用必须由某个人或某个单位来支付。目前，修复费用和修复场地的数量还在持续增加。通过法律诉讼来追究污染责任和确定付费方是一个复杂的过程，并且在由司法确定可能高达数百万美元的修复资金前，可能要经过持久的诉讼。修复基金需妥善管理和分配，否则会阻碍和拖延修复的进行。因为诉讼和法律规定的讨论也可

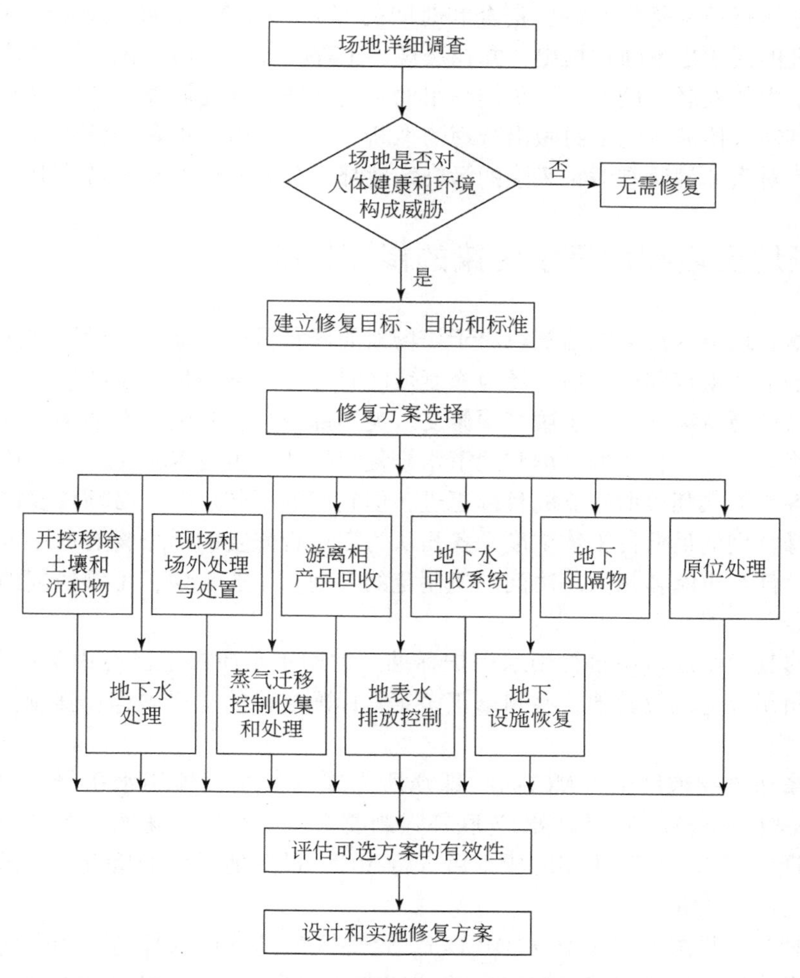


图 9-1 地下储罐泄漏场地修复指南流程图

资料来源：U. S. EPA，1985b

能造成修复工作的推迟，从而导致污染羽的迁移和扩散，从而使问题变得复杂。

场地修复是基于充足的场地信息、适用的法规、相对的公众健康风险、修复技术能力和清除成本效益合理判断下的结果。场地确实很难被恢复到原先的“自然背景条件”，即使有也是少数。政府、潜在责任方和环境相关组织非妥协的立场常常会延误污染修复工作，虽然他们的初衷是好的，但污染修复工作被拖延就会造成污染物迁移以及可能扩大潜在污染区域。

## 9.2 场地修复的概念方法

场地修复需要考虑各种技术的限制条件、当前的政府法规、环境保护的需求和经济条件。当地表下的环境复杂时，所需场地修复的费用很容易就变得相当庞大。整个项目中，修复的计划和执行通常是最为耗费资金和时间的部分。随着近几年场地修复费用的增加，污染场地管理的问题也不断被提出，并在法规、工程实施、环境意识、资源控制和废物管理方面取得很大的发展。例如，当我们利用地质调查进行场地调查时，可以通过专家对污染物迁移及其对人体健康的威胁做出合理的推断。美国环境保护署和各州政府已有优先修复场地名单，对人体健康有潜在风险的污染场地都会被列入优先修复名单中。

## 9.2.1 场地土壤和地下水污染的修复目标

场地土壤和地下水污染的修复取决于该场地的修复目标，修复目标通常用来保护地下水水质。在场地污染范围确定后，场地修复须同时考虑土壤和地下水的修复目标。为了避免地下水的污染源持续存在，土壤必须修复。美国部分州已制定了石油类和某些挥发性有机物的土壤修复目标。各州的土壤和地下水修复目标清单可见 Kostecki 等（1995）发表的文章。虽然各州都在朝着所建立的目标迈进，但它们的不同点在于必须修复的基本污染物浓度、必须修复到的最低污染物浓度和各州认为需进行修复的污染物有所不同。读者可以参考该列表，仔细审阅各州为解决问题所制定的导则。一般来说，土壤修复的标准会低于地下水标准。

地下水修复导则通常源自饮用水保护标准。饮用水水质标准已经由美国环境保护署、加利福尼亚州州政府以及其他一些州修正多年，标准变化的主要内容和强制执行的标准表述如下。

EPA 最高污染物浓度值（MCLs），即众所周知的《主要饮用水条例》（The Primary Drinking Water Regulations）。该标准为联邦强制要求。针对每个场地，在考量可适用的修复方法和治理到 MCLs 标准所需的成本后，将 MCLs 设置地尽可能接近基于健康的最高污染物浓度建议值（RMCLs）。

EPA 最高污染物浓度建议值（RMCLs）。这些限值是饮用水部门所颁布的，是颁布最高污染物浓度建议值的里程碑。RMCLs 是依据毒理学数据并以人体健康为考量所制定的较严格的标准，RMCLs 不同于饮用水标准，它虽然是非强制性的，但是是以人体健康为目标的。

加利福尼亚州相关标准——健康建议值（Health Advisories），之前被称为“无不良反应建议限值”（Suggested No Adverse Response Levels，SNARLs），它是基于美国国家科学院和美国环境保护署的资料而制定的。

加利福尼亚州有害物质控制部（Department of Toxic Substances Control，DTSC）行动限值，其与美国环境保护署和美国国家科学院基于健康的标准类似，皆源自相同的制定方法。这些行动限值并非如 MCLs，它是非强制性的，但加利福尼亚州有害物质控制部会依据水质要求要求供水单位进行修复以降低供水的污染。

## 9.2.2 场地修复标准的研究

我们要认识到完全清除污染物是不可能的，必定会有一些污染物残留。对残留污染物的风险评估是需要的。因此，在和政府主管机关的协商中，残留的污染物将成为“多干净才算干净”的挑战性议题。土壤质量及其残留污染物对地下水的威胁是含水层保护的一个关键问题。通常情况下，清理土壤/沉积物可能比清理地下水要容易一些。清理规范和标准会由政府机构审阅场地调查信息后制定。较为理想的方法是移除污染源及周边受污染的土壤和地下水，其修复边界需直至该处土壤和地下水污染物“未检出”。

监管机构偶尔会使用健康风险评估的计算方法，“允许”土壤中含有较高的污染物浓度。这是基于土壤可提供缓冲或衰减污染物，而不会下渗至含水层的能力。通常，若使用覆盖的方式可使场地或受影响的区域避免残余污染物的垂直移动。此外，其他与地下水保护有关的因素还有：沉积层的类型和厚度、包气带的总厚度、污染物的类型和浓度以及目前和未来的土地利用方式。在研究地下水问题时，不允许作为饮用水的地下水有降解现象，这是需要注意的。如果污染物存在于可使用的含水层中，则修复目标需基于 MCLs 设定。如果受污染的地下水与饮用水含水层是分开的，那么修复目标可以高于 MCLs 的规定，同时可进行长期监测以确保污染物浓度持续下降。

风险评估已逐渐用于确定污染物的衰减和可能的暴露途径，并用于协助选择修复方式。鉴于将残留污染物清除到极低的水平将大大增加成本，所以采用风险评估的方法应是可行的。污染永远不会被“100%清除”，因此，这意味着监管机构可能不会签署声明证明某个场地已完成修复。如果未来场地条件发生变化，监管机构则有权重新启动修复项目。

## 9.3 响应行动与修复技术概述

美国已经发展出和使用了许多场地修复技术，并在许多场地进行了效果测试。这些技术的有效性取决于污染物类型、场地土壤和沉积物类型、水文地质、污染问题的大小以及以保护人体健康为目的所选技术的成本效益。当污染物被定位和确定后，必须将其清除和尽可能有效地处理以降低或消除健康风险。污染物可以被收集、回收、销毁或吸附到其他材料上进行后续处理或回收，最终可在法律允许的情况下进行适当的处置。美国各州和国家的规定皆倾向于减少最终运至场外处置的污染物数量。为此，美国环境保护署正在现场测试各种新型技术，并向公众提供这些技术的有效性和可行性的评估（U. S. EPA，1994b）

修复技术没有万灵丹，一种特定的技术和方法并不适用于所有的污染场地。为了达到场地的修复目的，这些技术可以单独使用，也可以同时使用。例如，地下水抽出-处理技术、土壤气相抽提（Soil Vapor Extraction，SVE）技术和空气注入（Air Sparging）技术可以联合使用，用于清理含水层的降水区域。而通过水力或空气压裂法，可将致密的粉土或黏土地层形成裂隙，以使气体或水分向抽提井迁移。每个污染场地的情况都是不同的，因此在污染场地修复中如何进行技术的组合和选择，并根据场地的特定条件进行适当的调整至关重要。

场地地质条件和水文地质条件可能会对现有技术的修复效果产生很大影响。U. S. EPA（1993）已经针对部分污染物制定了一份“技术不可行”（Technical Impracticability）的指南，确认了一些污染物，如 DNAPL，其可能无法完全去除。虽然针对某些污染场地选择了适当的场地评估和清理活动，但修复技术实际执行时仍有其局限性，因而某些场地无法彻底修复是非常合理的。尽管这并不是不修复的原因，但的确在某些特殊场地条件下，污染场地会存在某些难以解决的地质和污染物扩散问题。因此，“不达标”（Nonattainment）的概念（最近已针对加利福尼亚地下水盆地提出此概念）得到了一定程度的支持，意味着在修复可行性研究或清理工作之后，我们可以接受残余污染物存在的事实。

若接受“技术不可行”观念，则意味着需要对所有场地都进行长期监测，并在主动清理后的一段时间内进行低浓度污染物的检测。污染物的定期监测必须结合整个场地条件和地质情况进行，特别是在地质和水文地质条件对修复效果限制较大的情况下（如低渗透介质和残留污染物释放）。在这种情况下，有关修复时间和污染物变化趋势的讨论都需要记录在修复报告中。

完成描述场地特征调查后，需要决定后续的响应方式。这一步骤需要与政府机构协商来确定污染场地所需要的修复方案。可能采取的一些响应和行动列举如下（Norris et al., 1993；Testa and Winegardner，1991；U. S. EPA，1994a）。需注意所有响应活动背后的潜在费用，这些费用包括管理机构的监督及检查费用、技术和设备的操作和维护费用、举办公众听证会议费用、因场地条件不符合预期变更现有技术的费用、不可预见工程导致的额外费用，以及任何对此修复场地有兴趣的团体带来的压力所产生的衍生费用。有关后续响应行动和修复技术的简述如下。

## 9.3.1 场地监测

每个污染场地都需要进行场地监测，以确定地下水抽取效率和污染羽迁移的状况，同时亦可确认是否有污染物迁移到场地之外。场地监测包括每个季度对地下水的采样分析（也包括土壤气监测、地表下以及管线周围的土壤采样），分析报告将送到有关单位。一旦该场地被认为是“干净的”，则可以尝试关闭场地。关闭行动意味着停止对场地的监测和修复活动。但关闭场地的前提是，如果该污染场地未来情况发生变化，监管部门可以重启该场地的修复。场地监测的持续时间是可变的，但是至少需要监测至场地污染问题已经得到充分处理，残留污染物浓度正在下降或者未检出。监测的时间可能有很大的不同，对于石油类污染物而言，至少需要 2 年（8 次采样）才能确定出下降或未检出的趋势。大型工业场地，或具有较大污染羽的场地，可能在修复活动完成后监测数年或数十年（如 RCRA 建议关闭后监测 30 年）。业主的财务计划可能需要为监测期间内的工作预留较充分的资金。

## 9.3.2 清挖

清挖（Excavation）是物理式移除污染土壤，并在场内或场外进行处置的修复方式。清挖出的土壤处理可采用生物修复（Bioremediation）、焚烧（Incineration）、曝气或其他获得所需许可证、操作需求和填埋许可的技术进行处理。新的法规并不鼓励填埋，因为可能发生“将问题转移到其他地方”的二次污染，尽管清挖填埋仍然是修复技术的一种，但其是费用最高的处理方式。然而对于某些污染物，如石油燃料类污染物，土壤可处理到可接受的水平以进行填埋或再利用。有时，如果修复工程与现场的运营相互干扰，那么采用清挖移除受污染的土壤可能是唯一的选择。通常需要在开挖后回填前对基坑进行取样采样，以确定污染物的清除是否达到了监管机构对场地修复水平的要求。

### 9.3.3 气相抽提

土壤气相抽提是通过安装抽提井来清除和处理挥发性污染物污染的土壤气，污染物的挥发性被用来活化及移除污染物到处理系统。该方法通常用于地下储油罐及受挥发性溶剂污染的场地。这是一种有效的污染土壤清理技术，特别是在包气带较厚且孔隙较多的地方（图9-2 和图9-3）。提取的蒸气可在现场处理达标后排放。这项技术相对容易设计和使用，所需的设备组件都是“现成的”（off-the-shelf），对小型场地具有较好的成本效益，被“证明”可以去除大部分的污染物，包括石化燃料中的 BTEX 和挥发性溶剂（如 TCE、PCE）。为确定每口抽气井和蒸气抽除的最大效率（包括抽气井的影响半径、井的位置和抽出蒸气体积、处理方式；Johnson and Others，1990a，1990b），需事先进行场地调查。抽出处理完成后的土壤采样分析土壤中污染物的残余浓度，此为经常用来确认抽除效率和修复完成的步骤之一。一般来说，土壤气相抽提可以降低土壤中 TPH 的浓度至 10ppm 以下，BTEX 的浓度至 1ppm 以下。

### 9.3.4 水力压裂

水力压裂（Hyraulic Fracturing）本身不是一种修复技术，但有助于增加低渗透地层（包气带或含水层）的渗透性，使液体顺利循环。例如，当在黏土层中使用气相抽提时，若将高压气流注入井中，可增加土壤和风化岩石中的裂口。在初次压裂后可以进行吹砂以支撑打开的通道，如此土壤气便可由此通道进行抽提，并且抽提量和气流中 VOC 的含量都会随之增加。类似的程序也可以用于低渗水量的地层，其目的也是试图制造更多的空隙，以提高修复系统的效率。根据现场地质情况，裂缝可能会随时间移动、打开或闭合。水力压裂的总体效果取决于土壤类型或地层、建筑物位置、污染物类型和污染范围以及裂缝随时间的闭合程度。

### 9.3.5 分离相产物的移除

如果在监测井中观察到“游离”的分离相产物，那么需要对其先进行修复。可使用任何产品回收或汲取工具，需尽可能多地收集及移除分离相污染物，如此可立即减少污染物在地下水中的溶解量。正如其他讨论中所述，毛细带中游离相产物的质量是纯理论计算，而对监测井进行的提捞测试（Bailing Test）实际上可以得到更多有用的修复信息。土壤气相抽提系统也可有效增加分离相污染物的去除效率。实例显示，储油槽的泄漏可能会产生大量的分离相产物。LNAPL 或 DNAPL 的长期移除和地下水含量及地表回收容量成一定比例。当收集到足够数量的污染物时，可由进行回收的厂商进行处置。

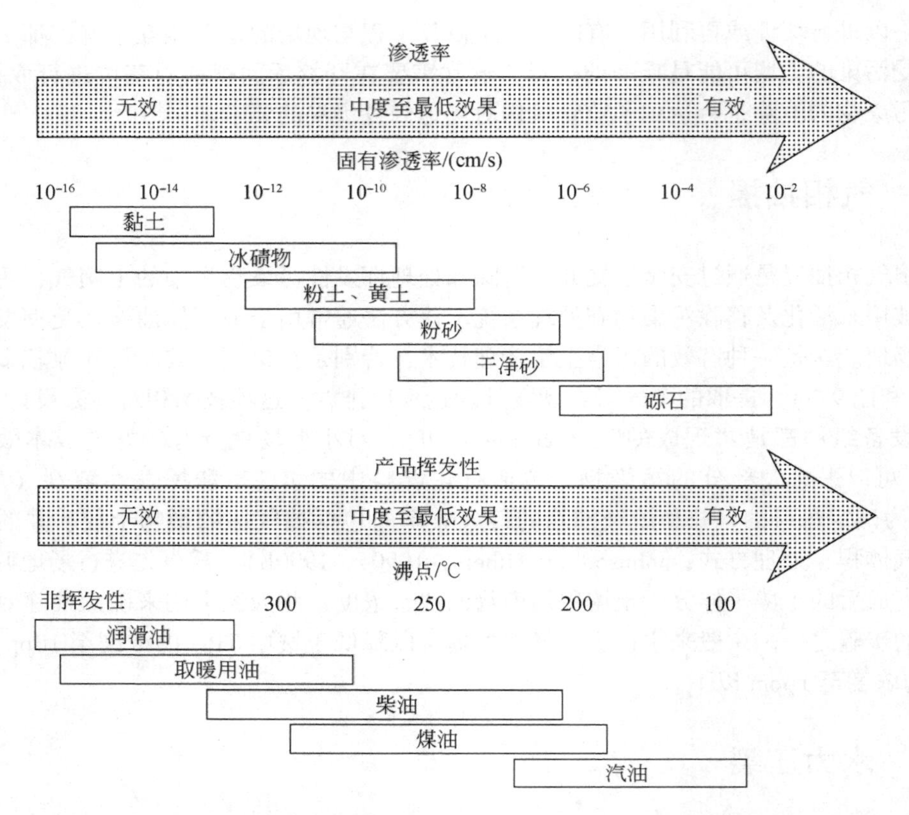


图 9-2　决定是否采用气相抽提前要对土壤渗透率和产品挥发性进行最初的筛选

资料来源：U. S. EPA，1994a

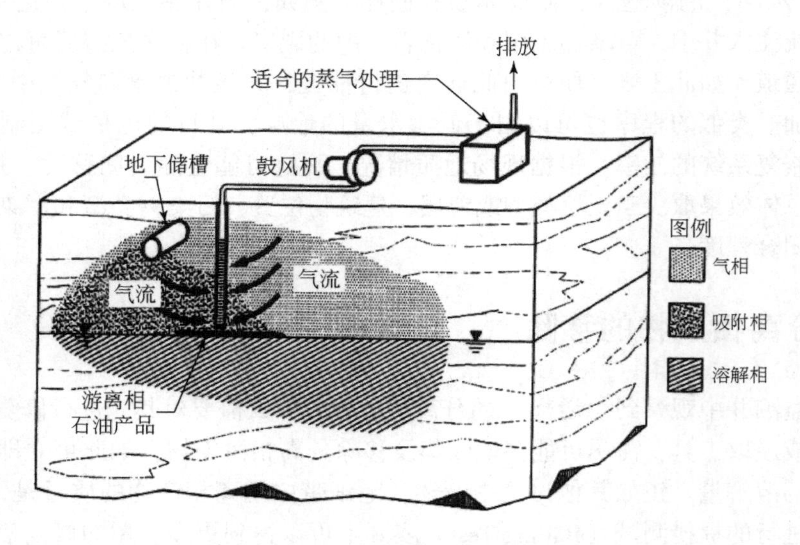


图 9-3　气相抽提系统操作概念图

资料来源：U. S. EPA，1993a

## 9.3.6 地下水阻隔

地下水阻隔不是一种修复方法，而是一种对受污染地下水进行物理拦截的技术。多年来，地下水阻隔技术已被用于深部建筑和坝基（如钢板桩、膨润土墙或注浆帷幕灌浆）的阻水。这种方法可用于地下水水量非常大的地方或污染物来源复杂的地方（如垃圾填埋场），或用于保护附近的饮用水井。阻隔墙是利用低渗透材料，如膨润土、黏土或水泥浆，建造一个深入到低渗透地层中的墙。然后，可以沿阻隔墙设置抽提井来捕集污染物。阻隔墙可以有效地为污染场地的修复赢得时间，但这种方法非常昂贵，并且需要精细的施工和监测以确保其阻隔的效果。对于资源有限的小型场地或缺乏资金的业主来说，这种控制方法通常在经济上是不可行的，因为阻隔墙的成本会增加抽出-处理的成本。阻隔墙可能会泄漏和移动，因此通常需要对阻隔墙进行岩土工程设计和控制，同时进行地下水监测。

## 9.3.7 地下水抽出-处理和水力阻隔

这种方法是将地下水抽至地表进行处理，并对溶解相污染羽进行水力阻隔，也包括对分离相污染物的捕获和回收（图 9-4）。监测井可用于监测抽水的范围大小并定期采样检测来评估系统效能。一旦完成地下水抽水试验和了解地下水特征后，就可以对抽水井布置和抽水量进行建模，确定最佳的抽水井数量及其位置（Keely，1982，1984，1989）。地下水抽出时，不但污染羽范围内的地下水被抽出，污染羽边界外未受污染的水也会被抽出，所以抽出的地下水中污染物的浓度较低。尽管抽出-处理的成本高昂且费时，但与先安装帷幕再进行抽出-处理相比，仍比较便宜。

通常，溶解相污染物浓度的长期趋势类似于渐近线，先是去除大部分污染物，然后需要长时间去除残留物。问题是，即使不考虑成本，此时继续抽出地下水还会有效果吗？答案是取决于污染物类型、污染物在地下的存在时间、现场水文地质以及污染物的吸附和降解趋势。监测数据（图 9-5）显示，污染物浓度的长期趋势为持续下降而不会增加（除了季节性降雨引起的短期淋溶）。污染物浓度有望能降至修复目标值。

抽出-处理技术可以与许多不同的处理技术（如空气注入、土壤气相抽提和物理阻隔）协同使用，也可以同时在一口或多口抽水井操作。有时，土壤气和地下水都可以从同一口井中抽出，并送到地表设备处理。水平井是一种较新的技术，可安装长的“廊道”式井，以获得较大的影响范围，这种技术也可用于低渗透地层和环境中。水平井在地表有建筑物存在或大型污染场地具有很大的应用空间（Wilson，1994，1995）。Bartow 和 Davenport（1995）发表一篇论文回顾了加利福尼亚州圣塔克拉拉谷地下水修复的效果。发现抽出-处理能成功降低地下水中挥发性有机物浓度，但在将溶解相浓度降低到 MCLs 以下时，收效甚微。

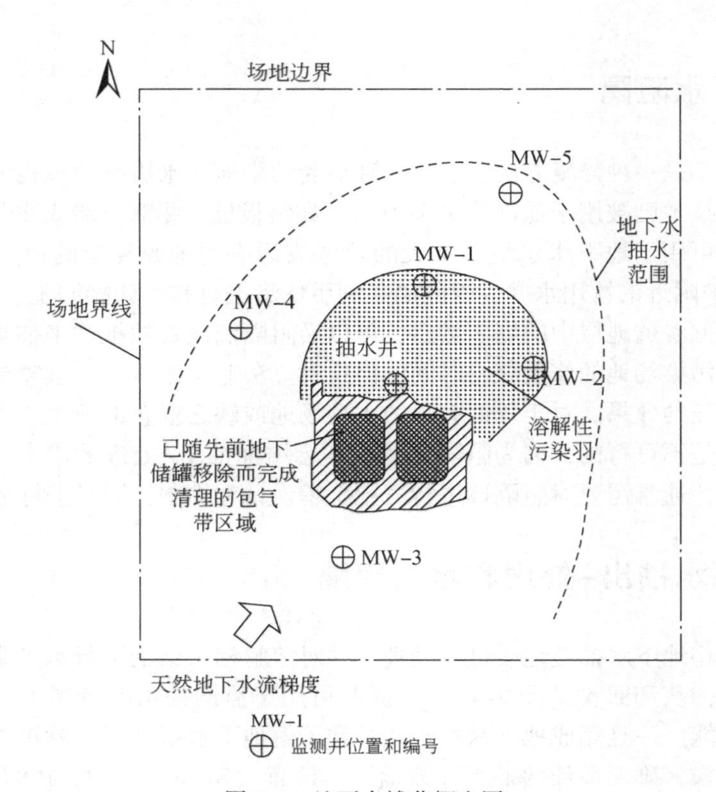


图 9-4 地下水捕获概念图

地下水抽提井位于污染源附近，抽采的影响或程度足以将溶解的污染羽包围起来。捕获区为椭圆形并形成低水位区，因此自然流动的污染地下水将被抽提泵所捕获。捕集范围的大小可能取决于坡度倾角和泵的流量

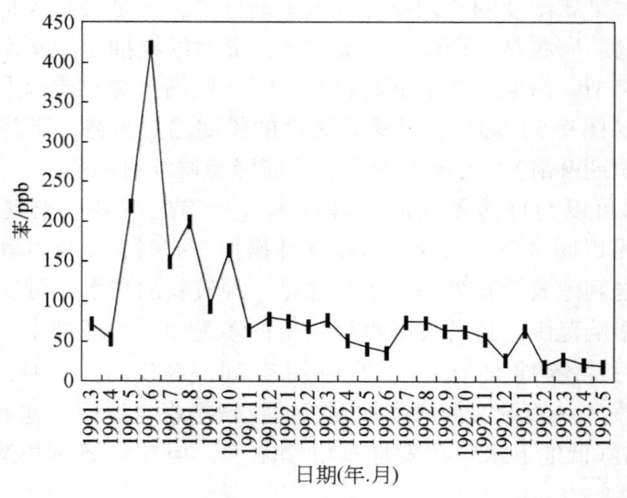


图 9-5 1991 年 3 月至 1993 年 5 月，地下水抽出-处理系统记录的苯含量的数据

最大的移除量发生于抽出的早期阶段，其后便逐渐下降。波动的原因可能是季节性降雨及淋溶所导致的污染物排出

## 9.3.8 空气注入

空气注入是一种相对较新的修复技术，是将空气注入地下水水位面以下，促使溶解相污染物挥发，再通过土壤气相抽提进行回收。空气的注入和流动有助于地下水中污染物的挥发及其向土壤气相抽提井和地下水抽提井的移动（图 9-6）。其优点是在使用空气冲洗受影响区域来加快清理速度的同时冲洗含水层和包气带，加快修复速度。一旦污染场地调查完成，许多井将设置完成，空气注入源可以被放置在现有的井内或额外设置的井内。当空气注入和土壤气相抽提同时使用时，可以捕获挥发性污染物，并有助于将含水层中的不易移动的污染物提取到地表处理。在某些情况下，空气通道短流和喷射效果不完全的问题也会出现。在部分案例中，空气注入法的修复效果会受到质疑，因为这项技术需要在多孔和渗透性好的地质条件下运行。因此，进行污染场地现场调查时，需要针对空气注入、土壤气相抽提和地下水抽水进行测试，以确保设计合理。Dahmani（1994）和 Ji 等（1994）曾对空气注入和使用及其局限性进行研究。

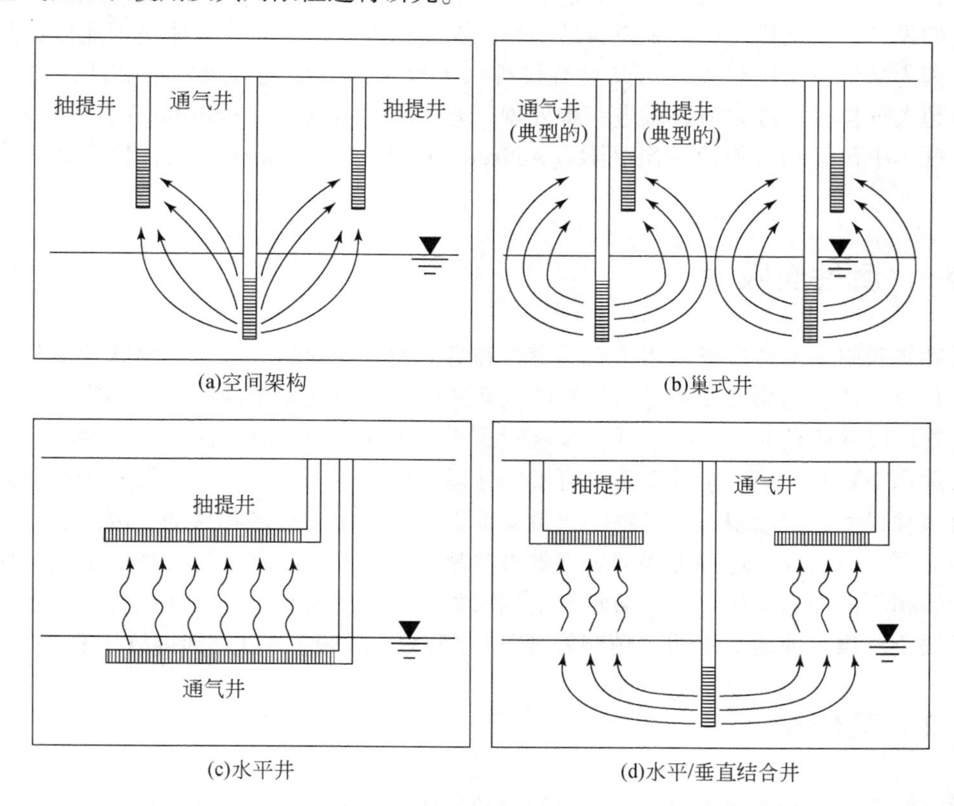


图 9-6 空气井和抽提井阵列概念图

井的位置必须设置在不会因操作而导致污染羽扩散的位置

资料来源：U. S. EPA，1994

## 9.3.9 土壤清洗

土壤清洗（Soil Flushing）使用许多相关技术（注水、表面活性剂、蒸气注入等）来去除土壤中的污染物。当土壤被冲洗时，污染物变得具有移动性，会被带入地下水中，再被抽取至地表。但必须注意的是，要避免污染物转移到包气带的土壤或地下水中，从而使污染扩散到原污染羽范围之外。这就需要对地质特征进行深入的了解和监测，使剩余污染物能保留在原地。除了了解场地包气带地质条件外，定期常规监测也不可缺少。

## 9.3.10 空气吹脱

空气吹脱（Air Stripping，也称汽提）是一个地表处理系统，污染的地下水往下游流动时，通过注入管将高速气体注入地下水中，使挥发性污染物从水中剥离后加以收集。该技术对长时间受挥发性污染物污染的地下水非常有效，目前有许多实际应用经验，且可利用现成的设备进行操作。相对来说容易操作、安装和维护。然而，气体是否能排放是关键问题，因为从地下水中移除的污染物直接排入大气中，会受到排放标准和法律法规的限制，当超大气排放标准时需要做进一步处理［也称为“精制”（Polishing)］，一般处理方式是将气体中污染物采用活性炭吸附（Activated Carbon Adsorption）或者焚烧处理达标后排放。

## 9.3.11 活性炭吸附

活性炭吸附是一种广泛应用于石油燃料和溶剂地表处理的方法。利用活性炭具有大表面积的特点，使被污染介质通过活性炭的表面来吸附水或气流中的挥发性污染物。去除不同污染物所需的停留时间不一。活性炭吸附罐通常串联使用，以确保在第一个处理罐无法有效去除污染物时，第二个处理罐仍可继续处理，此时可以移除和更换第一个处理罐。处理罐有多种尺寸，可以根据污染物的含量来确定大小，便于运输和移动，废活性炭可根据需要活化再生或丢弃。这种方法的处理效果非常有效，但可能因为污染物的浓度和所需活性炭的体积不同而非常昂贵。它通常与空气吹脱、空气注入和土壤气相抽提一起使用，联用主要用于土壤气或地下水的“精制处理”（去除极低浓度），以达到排放标准。

## 9.3.12 焚烧法

焚烧法是一种利用热能燃烧污染物的处理方法。它可以用于多种污染物，包括生活垃圾。燃烧的效能可通过监测污染物的停留时间来估算，并与污染物的种类及使用设备有关。该方法的优点是可完全处理污染物，而剩余的无机灰渣则进行填埋处理（有效地减少废弃物体积，更易于填埋）。该系统需要安装尾气洗涤净化装置，并监测燃烧程度以及尾气中的气溶胶，以确保符合空气质量排放要求。一旦污染物焚烧处理完成后，业主便可以得到完成修复的证明。

## 9.3.13 原位稳定化

原位稳定化（In Situ Stabilization）是利用稳定化技术以防止污染物淋溶至土壤中的一种修复技术。其较常用于包气带修复而不是地下水的修复，且对重金属的修复比对有机污染物的修复更有效。此技术是在污染区域内使用固定污染物的固化剂。固化剂包括化学固定剂、水泥、地面冻结剂和蜡。其他正在开发的新技术还有在土壤中通入高电流使土壤玻璃化（基本上是将土壤融化成玻璃状），防止污染物淋溶和迁移。但这是一个非常昂贵的处理方式。如果将污染土壤挖出后进行处理，成本可能会下降，而且处理过的污染土可再加以掩埋或储存。美国环境保护署有许多使用这项技术的场地和示范项目，读者可洽询Kerr实验室（Ada，OK）和美国环境保护署技术转让部（俄亥俄州辛辛那提，U. S. EPA，1994b）。

## 9.3.14 生物修复

生物修复是利用土著微生物的呼吸作用，微生物将污染物作为能源，经其呼吸作用将污染物转化为无害的二氧化碳和水，并提供氧气和其他营养源（如氮和磷）供微生物在污染区生长。此方法已被证明可有效去除土壤和地下水中的石油燃料污染物，且已广泛用于地表土壤的修复。在适宜的地质条件下，地下水循环泵送系统可用于含水层的清理。而地表“被动的生物修复”是对土壤进行翻耕，并添加营养源和水，促使碳氢化合物降解更经济有效。此外，生物通气（Bioventing）是生物修复的另一种变体，将空气通入土壤堆或地下，提供足够的氧气帮助微生物生长（图9-7）。

生物修复技术已在污水处理领域应用多年，从20世纪60年代末开始应用于石油类污染物的处理，它对分子量较小、无氯和含少量氯的碳氢化合物相当有效。由于此技术在污染场地现场就可进行操作，故现已被广泛使用，在几天到几周内就可将污染物降解到可接受的水平（取决于天气和初始浓度），并且修复后的土壤或地下水能够用成本较低的方法进行处置，如进行回填、用于沥青集料或道路基层材料。读者可参考Norris等（1993）对生物修复行动的化学和地质的讨论。

## 9.3.15 自然衰减

自然衰减（Natural Attenuation）是污染物在地下自然降解的过程，可由监测井追踪污染物浓度的下降变化趋势。当进行持续的监测时，污染物浓度会下降，直至不会影响人体健康，且残留污染物的浓度会持续下降。这种方法对石油类和BTEX等污染物非常有用，BTEX是典型的溶于水后会直接对人体健康构成威胁的污染物。众所周知，碳氢化合物在含水层中会随时间自然降解的（Norris et al.，1993）。

Norris等（1993）的研究发现，碳氢化合物可以通过好氧和厌氧反应降解，过程中微

有利因素

化学特性

少量有机污染物
非毒性浓度
微生物种群多样性
合适的电子受体条件
pH 6~8

水文地质特征

粒状多孔介质
高渗透率($K>10^{-4}$cm/s)
均一的矿物相
均匀介质
饱和介质

不利因素

化学特性

大量的污染物
无机和有机化合物的复杂混合物
毒性浓度
稀少的微生物活动
缺少合适的电子受体
极端pH

水文地质特征

裂隙岩体
低渗透率($K>10^{-4}$cm/s)
复杂的矿物质
非均匀介质
不饱和-饱和条件

图 9-7　对原位生物修复的有利及不利的化学因素和水文地质因素（资料来源：U. S. EPA，1994a）

生物将碳氢化合物作为能源进行利用。大多数的碳氢化合物都可以由好氧反应降解，其限制降解的因素有氧气含量、可用营养源、温度和 pH。当污染羽随地下水向低浓度区域迁移时，好氧反应就会开始，直到可用氧气被用尽为止。因为污染羽会移动，所以污染羽周围有更多的高含氧量地下水与之混合，污染羽周围的生物降解比中心区域的速度要更快(图 9-8)。这一过程持续的时间与地质环境有关，如果能在地层中注入足够的营养源和氧气，这一反应过程会被强化。降解效果取决于场地特征条件，如污染物来源、地质环境和污染存在时间。尽管如此，通常利用此法在砂质地层中进行修复比在黏性地层中更容易。

一般来说，污染羽中的 BTEX 迁移速度略快于大部分石油碳氢化合物。此外，苯和乙苯的降解速率比甲苯和二甲苯更快（Barker et al.，1987）。随着时间的推移，苯系物会降解至 ppb 级或无法检出的程度。此方法污染物浓度的拖尾现象可能会由降解反应和含水层中残留污染物产生。

## 9.3.16　风险评估

这种方法是对相关数据进行研究和评估，以确定污染物留在场地内的风险是否可以接

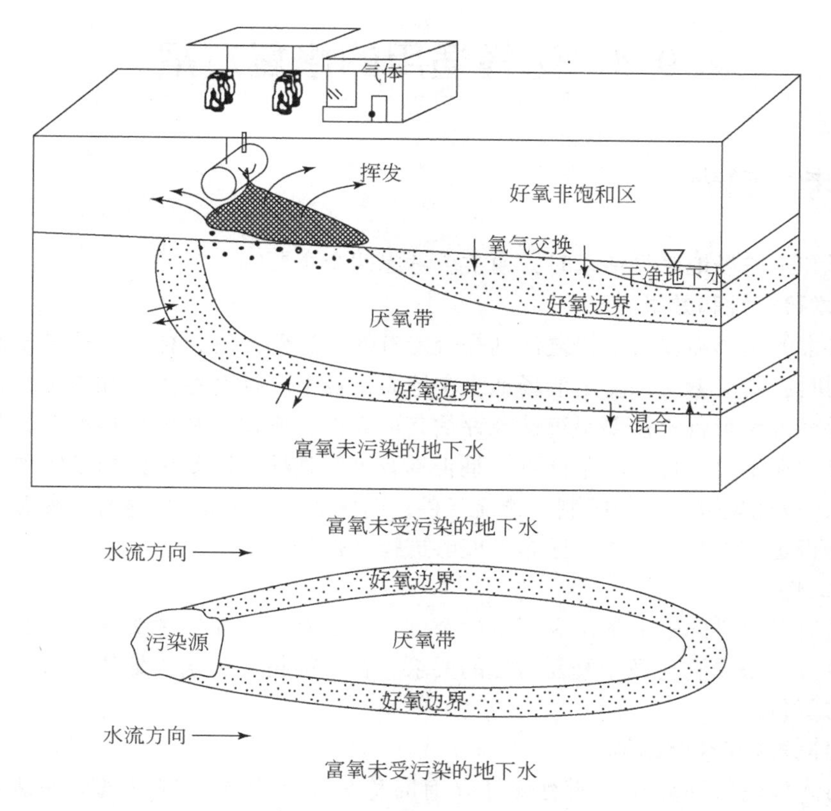


图 9-8　地下水中石油烃污染羽自然生物修复过程（Norris，1993）

受否则需要进行修复的一种评估方式。土壤和岩石、地表水和地下水、栖息地、工业、农业、娱乐、流域以及其他用途的土壤、水和土地均可以为风险评估提供参考依据。风险评估包括剂量研究（空气、水、土壤中污染物的可接受剂量）。评估方法是基于污染物的暴露和摄入途径以及人体的暴露量来进行的。风险评估可以是修复工作或场地验收计划的一部分，也可以是一项独立的工作。基于风险评估来进行场地修复和验收已经在俄勒冈州、得克萨斯州、加利福尼亚州和其他州采用。

风险评估模型中的假设是基于可接受的健康数据和场地特征数据，通常是使用统计后的数据资料来进行评估。与其他模拟技术一样，假设和数据处理可用于支持或反驳所选择的评估模型。风险评估可用以制定合理化的修复方案，避免过度修复，或根据风评结果与管理机构进行协商。俄勒冈州和得克萨斯州制定的修复标准和风险评估程序就是根据场地特征条件、污染物类型和浓度，以及未来的土地用途来制定的可变标准。风险评估也可用于限制土地开发行为（或自然衰减研究），若现场仍然存在一定程度的污染物，如前所述，定期监测自然衰减或许可以降低污染物的浓度。当使用风险评估作为场地修复的参考时，必需确认其是以保护人体健康为目的，并达到可接受的范围。但是我们要了解，无论提供何种保护，始终存在一定程度的风险。

# 9.4 选择适用的修复方案

## 9.4.1 考虑因素

在选择和考虑场地修复活动时，通常会考虑四个主要因素。

**1）技术可行性和效果**

修复方案的选择需要考虑修复计划是否能有效地达到修复目标以及达到修复效果所需的时间。同时，需要考虑在特定的场地水文地质条件下，针对污染物和修复目标，选择的修复技术方案是否可行？需要系统性地评估其可靠性、操作性和可维护性及该技术的使用经验。此外，在不符合理想的条件下，是否具有可调整性？还要考虑施工需要具备的条件（施工许可、投标规范、空间限制、物流条件、时间表）。例如，所选择的修复方式在建造和使用时是否足够安全？在住宅区是否能够进行焚烧处理？

**2）合规性**

根据政府对污染问题的指南和污染的类型，以及对“多干净才算干净”这一问题的协商，该修复技术必须满足现场修复目标的要求。在目前技术和水文地质条件下是否能修复至制定的修复目标？

**3）人体健康和环境因素**

必须对人体健康和环境的所有受体（有时称为潜在受体）进行风险评估。所有受体（人、环境、地表和地下水、大气、栖息地等）都考虑到了吗？

**4）成本**

因为场地污染责任方必须出资进行修复，而且并非所有费用都是显而易见的，所以成本是一个关键的考虑因素。需进行成本和效益分析，初始的修复成本主要用于收集分析现有资料和选择修复技术。同时，在评估和招标时选择合适的修复公司。投标者需要预估修复所需要的费用，成本分析时包含修复技术选择的分析。最佳的修复目标和技术可能会使业主望而却步，有时甚至会遭到公众的抵制。技术的选择、成本和实施通常需要综合考虑上述所有因素。需建立运行维护的资金和计划，并留出对系统进行故障排除的费用。电气设备、污水处理、设备折旧和系统运转等花费都需要考虑进来。

## 9.4.2 修复和修复后监测的持续时间

修复工作一开始就存在修复系统需运行多长时间的问题。修复所需时间是基于目前修复技术修复至修复目标所需时间及施工过程中遇到最少问题来预估的。修复阶段所需的时间往往比调查阶段更耗时。例如，开挖和清除可能会持续数周和数月，但后续仍需进行采样和撰写报告。土壤气相抽提项目可能长达数月至数年；去除地下水污染物的时间可能长达几年或几十年（包含修复和后续的监测）。有时，业主可能会因为资金或其他原因希望加速修复进度，缩短修复时间。这种使用“蛮力”的方法是有效的，但需要花费大量的资金，并且最终的修复时间往往与修复工作如何有效达到修复目标有关。

## 9.5 筛选适用的修复方案

筛选修复方案时，须根据环境和人体健康、技术特点和成本等条件，去除不适用且无法完全满足修复要求的方案，以获得最终的筛选结果。

（1）依据环境和人体健康进行筛选。确认污染物对受体的不利影响，了解场地和污染物可能的暴露途径，确定潜在受体，估计暴露浓度，并提出预期的修复时间表。

（2）基于技术可行性、现场地质条件、现场工程和系统设计、含水层特性、地下水流量、土壤污染程度、污染物类型和浓度等因素选出各种修复方案后再进行比较，以确定是排除还是采用。

（3）通过成本预算筛选排除昂贵的修复方案，再估算场地修复的费用。筛选时将价格和其他因素一起考虑，并选择经济实惠的方式来加以执行。成本考虑的因素包括许可证（道路使用权或地段权、国家污染排放许可证、修复许可和土地使用权）及其申请费用、文件打印费用、工程和施工费用、运营和维护费用、应急方案、监测和化学分析及报告、场地验收费用等。

## 9.6 改进措施的实施

一旦修复方案选定并获批准后便可施行。在“修复方案”中，需对为何选择这一方式进行解释。场地的管理公司和修复单位之间需协调合作，双方均需注意修复的启动时间和相关许可文件等问题。需定期提交监测报告给相关管理部门。

修复工程安装并启动后，须评估其修复效果是否能达到预期。当出现预期之外的问题，则场地的管理公司和修复单位须对修复系统加以改善以解决这些问题。若是以改善修复效果为目的时，可将系统进行调整。最后，对修复效果进行监测和抽样包括对土壤气、土壤和地下水的采样，以确认修复的效果，并观察污染物的浓度降低情况。通过定期监测追踪修复效果，一旦达到修复目标，即可启动修复效果评估，该程序需提交额外的修复结果报告或证明给政府监管部门，并进行最终的采样和分析工作。

## 9.7 修复方案的确定

通常在开始修复之前会协商并决定以下问题，并且根据现场条件或地方政府要求的不同，可能还需要增加额外的步骤，如在各个阶段可能需要公开召开专家咨询会或公众会。以下说明修复方案所包含的典型步骤及合同或预算上的考虑。

（1）界定修复区域及零污染（或未检出）线。若未清楚定义修复的界线，需与管理部门达成共识，并须进行额外的调查和修复。若场地调查评估不完善，可能需要按初期的调查方式补充调查，以补充水文地质和工程信息。

（2）修复方案需经管理部门认可（必要时进行公开质询）。修复方案需包括污染范围、修复方法、修复成本、修复技术的选定和相关工程设计的内容。解决这些问题可能需要数年时间，而且可能因为新的技术方法进行重大变更（甚至可能是新的调查方式）。

（3）从相关机构获得所需的许可证，可能包括清挖、建井、废弃物清理转运。

（4）根据需要制定现场安全计划，必要时进行人员医疗健康检查。

（5）确定修复费用。修复费用取决于修复方法，可能包括清理、维护、监测和场地验收的预算。修复成本通常很高，动辄高达几万或几十万美元（不包括未来的监测或其他工作）。通常是选择最经济有效的修复方案。费用可能因初期未考虑到的额外设备需求、管理部门的额外审查、初期修复的效果或地表情况状况变化而有所改变。

（6）通过招投标的方式选择修复承包商。投标书包含修复计划和资料收集方式，确认承包商能经济有效地开展工作，并对不可预见的突发事件或问题所需的额外经费进行协商。

（7）确认实体设备或修复设备，包括工程设计和图纸、工作时间表、安全计划和其他现场程序文件。

（8）为现场工作设立除污区，或安装所需的处理、监测和安全设备（包括校正设备、长期维护等）。

（9）修复过程中定期取样评估现场修复效果，包括定期报告（通常是每季度一次）以及管理部门的监督报告。

对于管理部门来说，需要环境咨询公司提供上述详细的修复计划或场地验收计划，组成示例如下。

（1）历史背景：污染物污染的原因和位置、如何发现污染、估计污染存在时间和污染量，以及现场泄漏设备设置的方式。

（2）场地特征：地下勘探和土壤取样方法、地下水监测井设计、地下水取样方法及水位测量、取样程序（分析化学实验室、流转文件、样品保存等）、分析设施，以及检测方法。

（3）土壤和地下水污染程度：地下污染的垂直和水平范围、钻孔的数量和位置、监测井数量及位置、定义分离相产物，以及定义溶解相污染物。

（4）水文地质条件：地下岩性、原生和次生渗透率，含水层特征，含水层和隔水层的关系，地下水流向及坡降，季节性和每日的地下水位变化，地质剖面，优先污染途径，以及包气带渗透特性。

（5）地下水的利用：地下水使用现状与未来用途，地下水流域规划要求，潜在受体/风险评估，达到修复标准的能力，以及现存的地下水问题。

（6）修复措施：临时修复措施、制定各种修复方案、筛选修复方案/技术/工程、选定修复措施的理由、土壤修复方法（开挖、曝气等）、地下水修复方法，以及修复措施的潜在或现有影响——风险评估。

（7）修复效果：修复标准是否符合国家/地方政府导则、确认监测计划，以及残留污染的潜在影响。

（8）场地验收：验收计划须经过主管机构审查、审核验证监测数据，以及“签字认可”（无须进一步工作；停止监测）。

# 9.8 “有毒物质”场地关闭的案例

## 9.8.1 问题

一家大型电子公司用一栋商业大楼作为研发印刷电路板制造的实验室。这个场地位于一个商业区内，园区内有其他类似的公司和装配厂。此公司仅将该场地用于研发，不做任何生产制造。实验室使用了一些溶剂，且有库存记录储存在大楼之内。印刷电路板操作地区建有一污水池，但不接收溶剂废液。当公司决定搬迁时，曾在建筑底板下采取土壤样，以确定是否存在金属和有机污染物；其中一个土壤样品检测出三氯乙烷（TCA）、甲苯和苯，而安装在污水池下游处的地下水监测井取样显示，TCA、1,1-二氯乙烷（1,1-DCA）、1,1-二氯乙烯（1,1-DCE）、PCE、TCE 和 Freon-113（电子制造中常用的溶剂和化合物）的浓度均超过国家饮用水标准。然而只有 TCA 和 Freon-113 曾在本场地使用过。由于地下水监测井显示此类有机化学物具有毒性，管理部门要求该公司出具未使用该化学物的证明，并停止关厂行动。

## 9.8.2 问题解决方法

解决这个问题的方法有两个方向。首先，因为初步调查只安装了一口地下水监测井，为了确定流向和水质，需增设两口井。其次，场地历史和记录以及对现场人员的访谈显示，现场工作中从未使用过额外的化学品（TCE、1,1-DCE、TCA、1,1-DCA 和 PCE）。所以应该是使用的溶剂（1,1-DCE 和 1,1-DCA）的降解产物或者有其他的污染羽位于场地附近。场地许多文件能证明污染问题并非由该企业造成。

在得到进一步的工作计划和许可后，额外设立的两口地下水井的取样结果显示存在 1,1-DCA、1,1,1-TCA、PCE、1,1-DCE、TCE、氯仿、Freon-113 和 Freon-123A，在地下水中发现存在更多该公司未使用过的有机化合物。地下水水位坡降（图 9-9）显示，地下水流直接通过建筑物下方，并经过污水池流出场外。对监管文件进行审查后发现，在本场地上游有几个地下水污染羽，其中几个较大且含有 1,1-DCA、1,1,1-TCA、PCE、1,1-DCE、TCE 和氯仿，它们也可能是 Freon-123A 的来源（但尚未得到证实）。进一步追踪发现，距离本场地 1mi（1.6km）外才有一条明渠，且场地下游 1mi（1.6km）范围内没有抽水井。

报告中说明了上游存在其他有机化学品的来源，且工厂操作记录也可证明场地外有其他的污染源；污染物前端的浓度及降解产物都证明其来自场外污染物。该公司仅利用最少的监测井和一年的地下水监测，便向地方管理部门证明污水池并非污染源。关键点在于该公司保持有良好的操作记录和化学品使用记录，并有自行监测记录。这些可以证明本场地并非污染来源，避免该公司被卷入一场污染责任归属的争论中。

提出上述报告后，地方管理部门即会允许其停止监测，并签署关厂许可。此报告包含了所有的基本要素：场地历史和操作记录、土壤和地下水质量、地下水监测、其他化学污染问题存在的支撑性论述、追踪已知的污染源并以清晰、不混淆的文字加以说明。污染问题解决后，本场地可以被出售或租赁，公司和地方管理部门获得双赢。

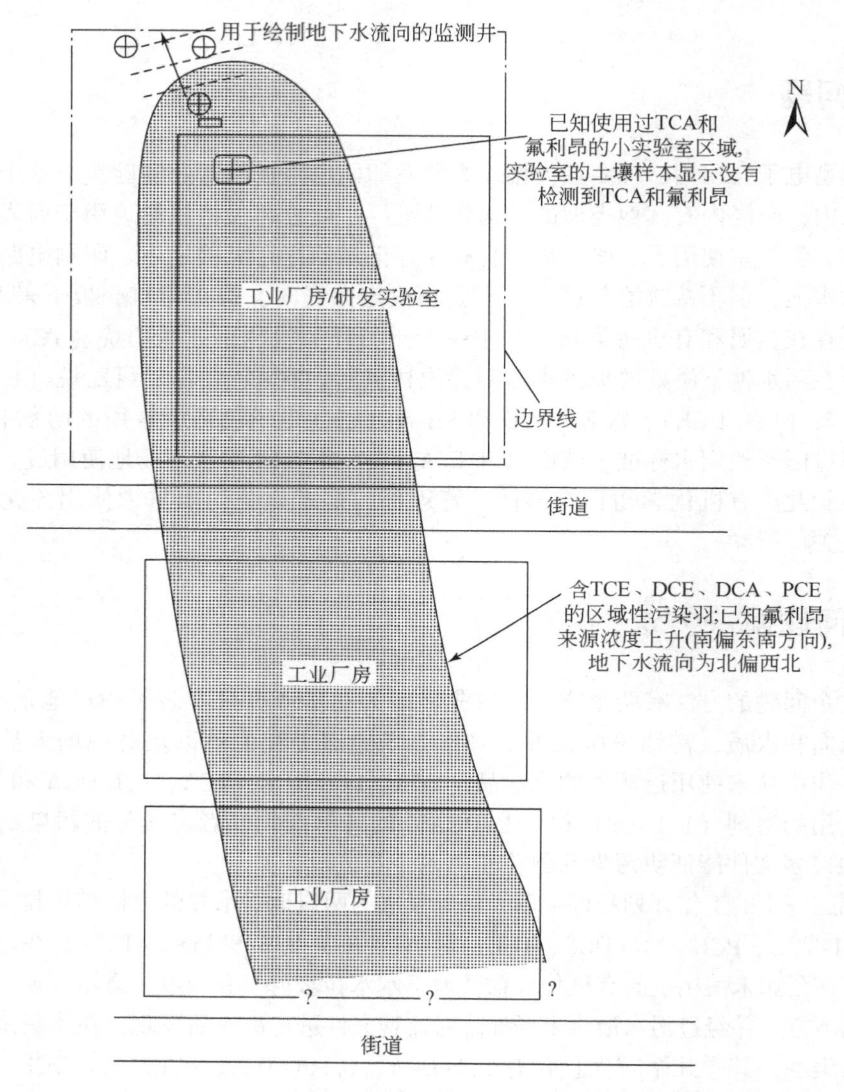


图 9-9　场地附近污染羽、地下水流和实验室位置

## 9.9　有限资金和边际场地条件下的土壤气清理案例

### 9.9.1　问题

一个有两个燃料储槽工业设备的场地，该储槽装填油料至少已 25 年。测试管道和地

下储油罐后，发现有泄漏产生，遂移除泄漏罐和受污染的土壤，并更换了新储油罐。由于一段时间的经济衰退，仅能提供有限的资金来执行初期的整治工作。虽然已经进行了调查工作并且管理部门也要求进行整改，但业主的财力有限，故管理部门要求，至少要根据规范导则解决地下储油罐泄漏问题。

## 9.9.2 方法

采用浅层土壤钻孔（30～35ft，9.14～10.67m）来调查现场，以确定包气带土壤污染的程度。土壤取样结果显示，在储罐附近的土壤中存在 TPH 污染物，TPH 用石油（TPH-G）、苯、甲苯、乙苯和二甲苯（BTEX）之和表示，浓度为 10～15 000ppm（平均值）（图 9-10）。该公司遂安装了一口地下水监测井，地下水埋深为 80ft（24.38m），取样显示土壤污染仅及地表下约 35ft（10.67m）处，故推测地下水并未被影响。该场地地层是一个中至高度塑性的固结黏土夹薄砂质层，虽多年来缓慢地向下渗漏，但污染物未至土壤深部。初步估计泄漏的燃料量在 15 000～25 000gal（56.78～94.64$m^3$）（由于现场没有严格的库存控制，总量未知）。

该公司选择土壤气相抽提进行修复，可以在不开挖的情况下清除 TPHG 和 BTEX（若开挖会干扰现场生产作业，从而造成更多的经济损失）。尽管黏土类型的地层不利于气相抽提，仅能限制污染物不再移动，但可维持该公司正常运行，以便业主有收入来维持修复工作。场内共设置了五口抽提井，并采用地面便携式焚化炉（Incinerator），调节燃料使其与进流的石油混合后仍能正常运转。这对小型场地来说是一种较为经济有效的修复技术，尾气排放也能符合空气排放标准。

## 9.9.3 系统运行

现场抽提情况比预期的结果更好，由于污染羽及黏土含薄砂层，在抽气井使用 19～30in（48～76cm $H_2O$，35.5～56.1mmHg）水柱的真空度抽气时，影响半径在 20～40ft（6.10～12.19m），在运行的前 6 个月，进入焚化炉的约包括 1000ppm 的 TPHG 和 1ppm 的苯。测量抽气井的影响范围时发现，其中一口井的影响范围几乎是其他井的两倍还多，部分原因是该处的砂质夹层比较厚，虽然导致了抽气井“短路”的问题，并抽取了污染羽外的气体，但大体来说仍可涵盖所有的污染区域。经过 15 个月的运行，共清除约 13 000gal（49$m^3$）的燃料，TPH-G 降至约 100ppm，苯浓度减少到 10ppb 以下（其他 BTEX 浓度也同样下降）。修复后的土壤钻孔和采样结果显示，TPH-G 和 BTEX 局部浓度仍然很高，这是场地的土壤类型和部分抽气井的“短路”现象造成的，但这结果是可以预见的。在停止土壤气相抽提系统之前，增设额外的三口抽气井以持续去除更多的污染物。本系统将继续运行，直到土壤气完成修复，估计抽除的污染物总量达 25 000gal（94.64$m^3$）以上。

## 9.9.4 结语

诚然，这并不是一个理想的修复方法，而且现场条件不利于高效去除污染物。然而，

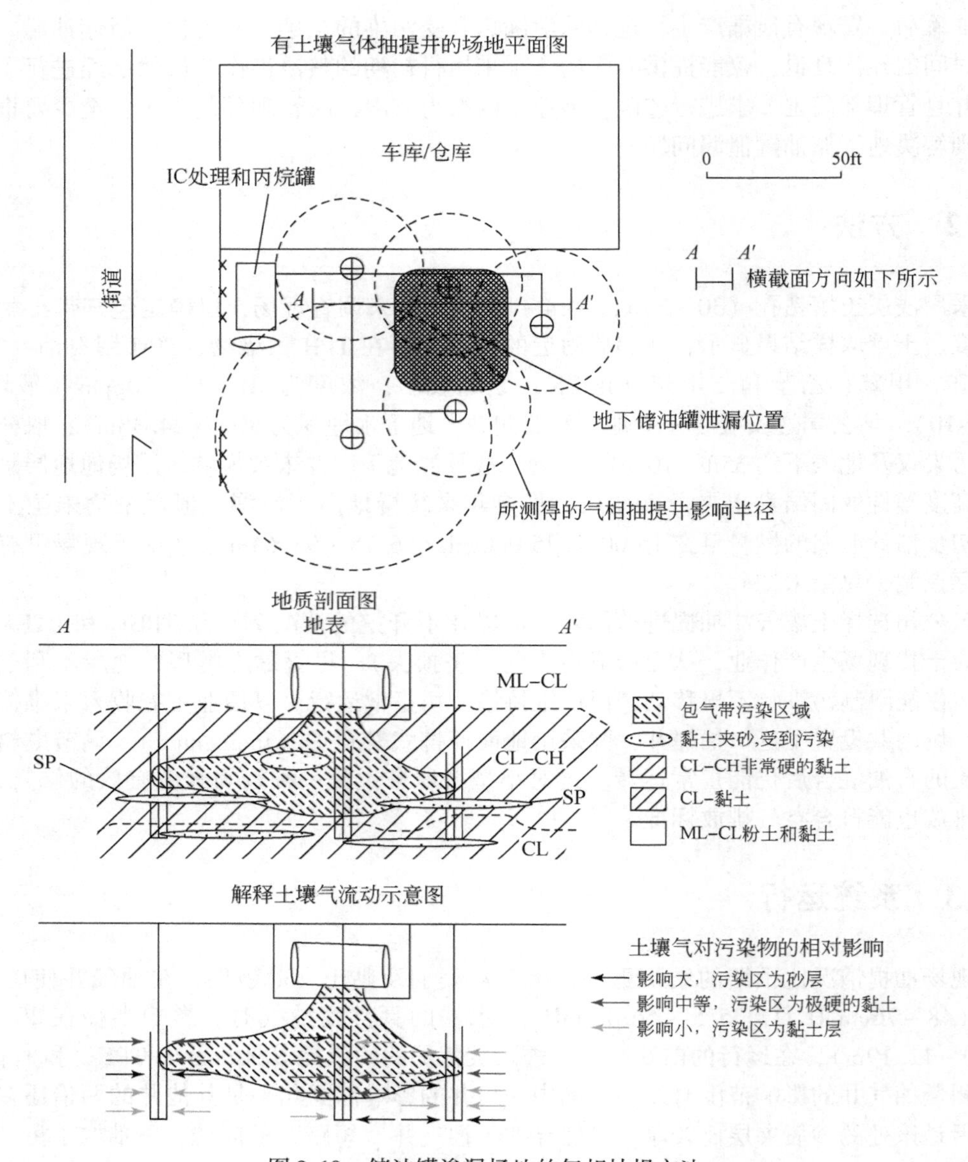


图 9-10　储油罐渗漏场地的气相抽提方法

这却是此公司能接受的结果。尽管修复工作是地方管理部门授权过的，但一定要让该公司不破产才能维持修复工作。此种处理方式和操作方法已得知了土壤污染的范围，并了解到地下水没有受到影响，以及已经清除了近一半的泄漏量。更重要的是，迁移性较强的BTEX浓度已显著下降，可预见地降低了未来对地下水的威胁。值得注意的是，不光需要考虑责任公司的财力，修复公司的能力也需要考虑。很多时候，现场条件不尽理想，污染物的最终去除率也低于预期，环境调查工程师和修复人员经常要处理这种问题，有时需要做出妥协，只能得到相对较好的修复效果。

## 9.10 地表下闭环地下水生物修复净化实例

加利福尼亚州中部海岸地区的一个加油站泄漏了约1000gal（3.8$m^3$）的汽油（图9-11），部分泄漏物残留在包气带的土壤中。当加油站重建和更换地下储油罐时，该部分土壤已被挖除。之后进行了地下水调查，主要为了确定地下水的污染情况。最初建议采用气相抽提法修复地下水，但因为排放浓度过高，该建议遭到当地空气质量委员会的否决。因此，建议采用地表下闭环地下水生物修复方法（Closed-loop Subsurface Bioremediation Groundwater Cleanup），如图9-12所示。生物修复成功的关键是要有一个多孔和高渗透率的含水层，能让水不断地被抽出和重新注入，以便将水和营养盐输送到受污染的区域。场地的地质为沙丘和海相阶地沉积物，具有多孔性和高渗透性，故适合生物修复（图9-13）。

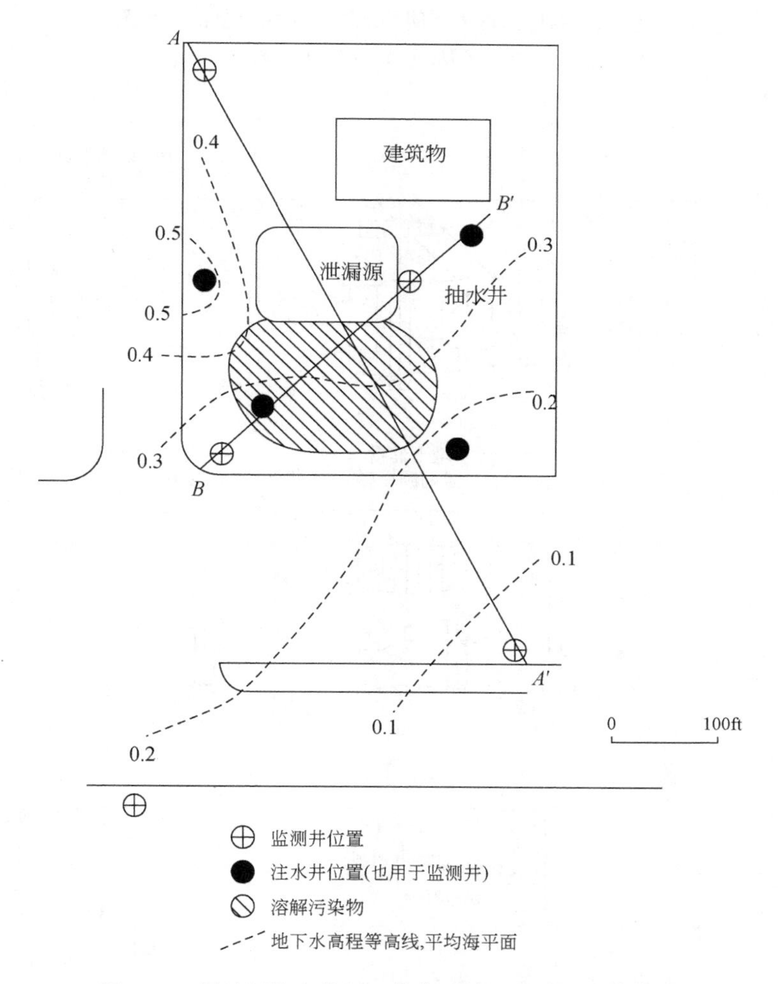


图9-11 场地污染羽位置、井位及抽取前地下水等高线

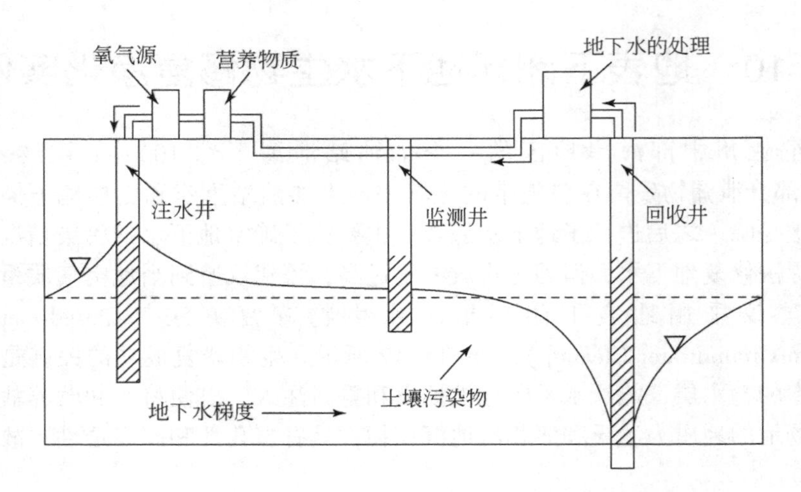


图 9-12 场地内地表下闭环地下水生物修复的概念图
资料来源：U. S. EPA，1994a

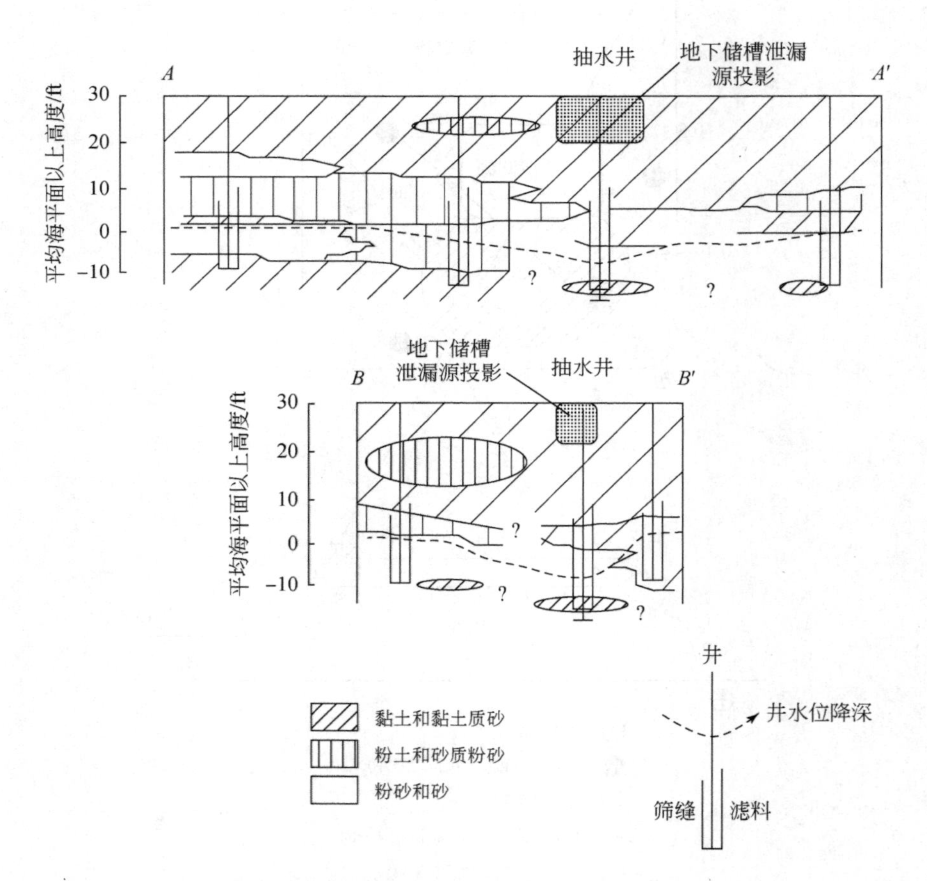


图 9-13 生物修复场地的地层剖面图

## 9.10.1 问题方法

由于在地下注入受污染的水需要加利福尼亚州区域水质控制委员会（Regional Water Quality Control Board，RWQCB）批准，且要勾绘出含水层情况，以表明要修复的含水层为独立区域且地下水非饮用水水源（1974 年《安全饮用水法案》）。TPHG 浓度范围为 10～30ppm，苯为 100～200ppb（最敏感的污染物），由于受污染的地下水为上层滞水，因此经过协商，苯修复目标值被提高到 7ppb（是当时标准规定修复目标值 0.7ppb 的 10 倍）。

其他调查结果显示，场地下方的地下水为半滞水层，且与地下含水层呈非连续性的连通（图 9-13）。需要采集土壤样品来培养土著微动物，并估算含水层孔隙中的汽油量。含水层动态试验可以确定抽提井的最优出水量，观察抽提井降落漏斗的影响范围，并使用这些数据推估营养物质的注入速率。利用分布式和定量抽水试验，确定 13gpm（0.05$m^3$/min）的抽水量即可用降落漏斗捕捉污染羽（图 9-14）。模拟回注速率以及造成的水丘，

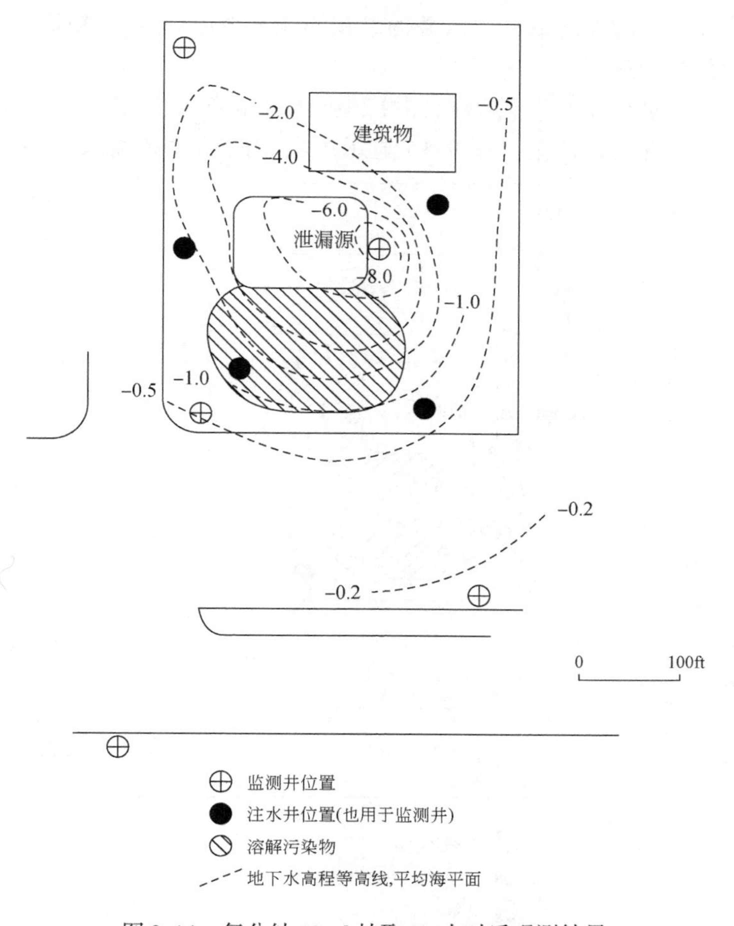


图 9-14 每分钟 13gal 抽取 24 小时后观测结果

可以决定最大的补注量，并维持降落漏斗和它的影响范围。抽出的地下水需加入所需的养分和氧气（如过氧化物），于降落漏斗周边回注到抽水井，再回到抽提井。系统将垂直设置，地下水开始循环后便进行修复。初期利用计算机的模拟结果显示：利用抽出和回注的方式将污染羽控制在局部，并使微生物在污染区域生长，需要 18 个月。

## 9.10.2 系统启动、改进和有效性

系统启动后需要加以调整，以平衡水流和限制井内的淤泥。地下水的过滤和洗井工作是为了清除淤泥，保持流速在设计范围内，运行 6 个月后，污染浓度开始下降，此后每月都可观察到持续下降。根据加利福尼亚州区域水质控制委员会的要求，现场必须严格监测污染羽的位置、酚类的产生（由过氧化物产生）和从微生物表面活性剂释放的自由产物。监测频率第一个月每周一次，然后下降到每月一次，运行三个月后则每季度一次。启动期间的问题包括从微生物活动中释放汽油（被抽出井捕获）和含水层的粉砂进入注入井造成的淤积。在安装井口过滤器之后，注入井的淤积问题才得以解决。然而，这种额外的维护会造成现场运行预算的透支。

系统会在区域含水层水位下降到监测井和抽水井底部时关闭，一旦地下水在秋季回升，系统将重新启动并进行调整。图 9-15 显示了典型的回注和抽水循环。场地负责人决

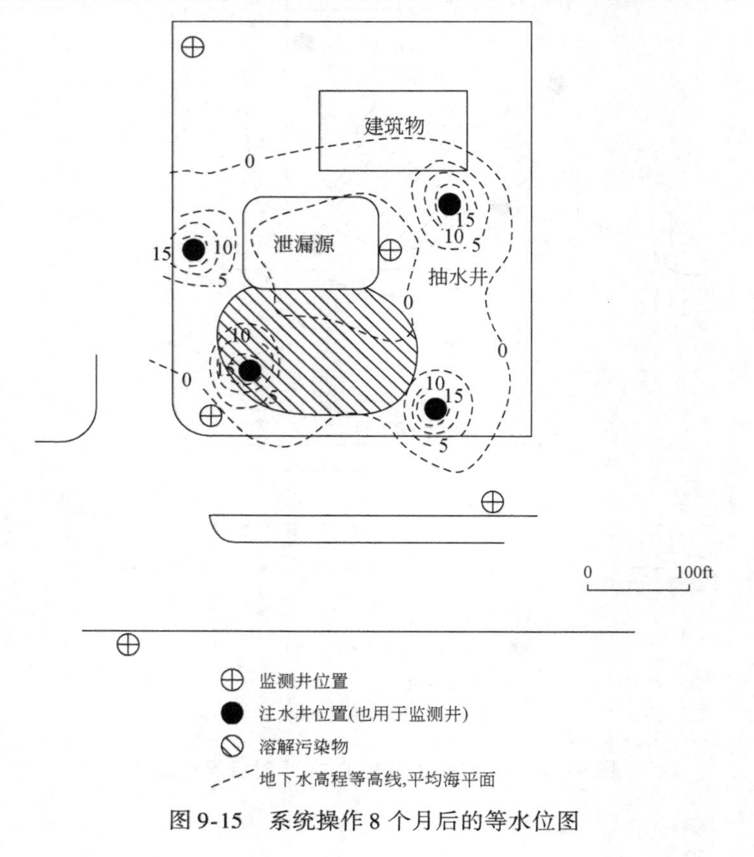


图 9-15　系统操作 8 个月后的等水位图

定加快养分输送速度以加速修复，运行一年后，所有污染物的浓度均降至检测限以下，故关闭系统。之后一年每月持续监测，以确保修复工作完成。现场调查、测试、系统运行、维护至系统关闭的总成本约为 27 万美元（1989 年）。

生物修复对清除该场地含水层中的石油烃是相当有效的。成功的关键在于抽注系统中地下水循环的能力。营养物质和氧气的输送速率必须与原生微动物代谢污染物的能力相匹配，地下水必须可以在地层中流动，否则修复效率很低。该场地的生物修复能够降解溶解相污染物和含水层中的污染物，并保护下层的唯一饮用水源。

# 9.11 2,4-D 泄漏的土壤净化修复计划制定案例 (After Blunt, 1988)

## 9.11.1 问题

1978 年，加利福尼亚州中部的一个大型转运和产品加工厂发生了 2,4-二氯苯氧乙酸（2,4-D）的大规模泄漏。多次钻探勘查（36 个土壤钻孔）确定液体 2,4-D 已渗透进入浅层包气带的砂质和砾质沉积物中，深度为 10 ~ 20ft（3.05 ~ 6.10m），现场地下水监测井显示地下水未受影响。通过土壤钻探和样品分析，最终确定了污染物的浓度范围和深度（图 9-16）。为了清除泄漏物，需要制定一个修复实施计划，采用有效的 2,4-D 清除方法，将周围居民区的暴露风险降到最低。

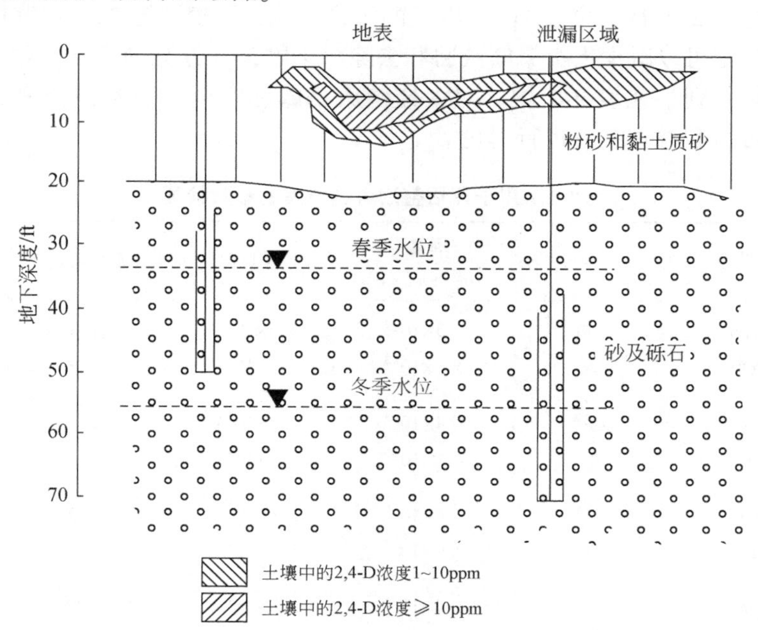


图 9-16 土壤被 2,4-D 污染

场地水文地质情况显示污染仅止于浅层土壤，并在最高的地下水位之上。地层中的黏土及粉砂含量较高，使污染物无法向下移动

### 9.11.2　暴露风险与污染途径识别

当该农药泄漏后，便成为有害废弃物，州政府管理部门规定其浓度需在100ppm以下。2,4-D已知对人类有急性、亚慢性和慢性的毒性作用，可能引起胃溃疡和动物畸形儿，也可能是人类致癌的物质（但尚未证实）。因此，该化合物的健康风险评估需考虑人类接触途径的致病可能性。人体暴露途径包括皮肤接触、吸入和饮食摄入，因此必须估计可能的暴露浓度及致癌风险是否达到可接受水平。

2,4-D的暴露途径可根据化合物的化学性质来探讨。该化合物具有较低的蒸气压，通过蒸气扩散的途径可以忽略不计（Jury et al.，1983）。尽管2,4-D不太可能以蒸气的形式传输，但它可能通过空气尘埃的形式传输，并通过液体淋溶进入土壤。一旦进入土壤，运动机制将通过质量流、液化扩散和气体扩散（Hem and Melancon，1986）的方式迁移。而其一旦进入包气带，2,4-D便可进一步渗透到地下水中，而地下水有可能被抽出作为饮用水供民众饮用。土壤类型和有机质含量对农药的迁移率和持久性都有影响。虽然农药可向下渗透至土壤中，但其过程缓慢且仅可移动极短的距离（Norris，1966）。

### 9.11.3　制定修复备选方案

一旦确定包气带受到了污染，就需要采取修复措施进行现场清理。针对现场修复共制定五种方案：①仅监测；②生物修复和强化生物修复；③挖除2,4-D浓度在10ppm以上的污染土壤；④挖除2,4-D浓度在1ppm以上的污染土壤；⑤挖除至2,4-D浓度<1ppm的污染土壤。这些措施可以减少人类暴露威胁和去除污染物，各方案的安全系数、修复持续时间和成本均计算并列举在表9-1中。对人体健康暴露和安全的成本与修复的成本进行权衡，这些信息可由利益相关方进行讨论。

**表9-1　用于评估整治可选方案的参数摘要**

| 序号 | 2,4-D浓度 | 介质[a] | 剂量[b] /[mg/(kg·d)] | 致癌风险[c] | 安全系数[d] | 修复费用/美元[e] |
|---|---|---|---|---|---|---|
| 1 | 1600ppm | 土壤 | $2.3\times10^{-3}$ | $4.5\times10^{-10}$ | 1.3 | 72 400 |
|  | 100ppb | 水 | $3.1\times10^{-3}$ | $6.1\times10^{-10}$ | 0.9 |  |
| 2 | 100ppm | 土壤 | $1.4\times10^{-4}$ | $2.8\times10^{-10}$ | 2.1 | 1 158 000 ~ |
|  | 110ppb | 水 | $3.1\times10^{-3}$ | $6.1\times10^{-10}$ | 1.1 | 720 000 |
| 3 | 10ppm | 土壤 | $1.4\times10^{-5}$ | $2.8\times10^{-12}$ | 210 | 470 000 |
|  | 10ppb | 水 | $2.9\times10^{-4}$ | $5.7\times10^{-11}$ | 10 |  |
| 4 | 1ppm | 土壤 | $1.4\times10^{-6}$ | $2.8\times10^{-12}$ | 2 100 | 600 000 |
|  | 1ppb | 水 | $2.9\times10^{-5}$ | $5.7\times10^{-11}$ | 100 |  |

续表

| 序号 | 2,4-D 浓度 | 介质[a] | 剂量[b] /[mg/(kg·d)] | 致癌风险[c] | 安全系数[d] | 修复费用/美元[e] |
|---|---|---|---|---|---|---|
| 5 | 1（<1）ppm<br>0（<1）ppb | 土壤<br>水 | $<1.4\times10^{-6}$<br>$<2.9\times10^{-5}$ | $<2.8\times10^{-13}$<br>$<5.7\times10^{-12}$ | >2 100<br>>100 | 1 210 000 |

a. 摄入暴露。

b. 以体重为70kg的成年人计算，经口摄入，单位为mg/（kg·d）。

c. 基于一天最大暴露点计算。

d. MCL剂量与场地计算剂量（0.1mg/L×2L/70kg/理论场地剂量）2,4-D的比值。

e. 按照1988年的价格计算，所有费用计算均假设修复和监测期10年。

“仅监测”的方案成本最低，但不会清除任何污染物。Blunt等（1988）曾计算出农药自然降解到可接受范围所需的时间，与其他方案比起来需较长时间，其安全系数为1.3。生物修复方案并非专为此污染物发展的技术，需进一步研究该技术的有效性。生物修复过程和模型的研究指出，农药可能会迁移，最终的修复效果可能无法确定。三种开挖方法可以去除农药，随着开挖面积增大，安全系数上升，暴露风险随之降低。因此达到何种暴露风险的费用需要加以考虑，安全系数随着开挖面积的增加而增加，直到所有污染物都被移除。

### 9.11.4 修复措施选择

比较修复方案后，建议三种开挖方案能最快解决问题，并使现场免受长期暴露的影响。农药高浓度的地区将被开挖并运至危险废物填埋场。残留的少量农药将用不透水的覆膜覆盖，以防止渗入水将农药淋滤到更深的地层，并减少污染物的含量及大大减轻其垂直移动的能力，其可减少未来的费用支出和避免进行额外的工作。最终的选择通过协商决定，第三种方案可能是对所有利益相关方的最佳妥协方案。

## 9.12 小结

场地修复是基于适用法规、水文地质资料及分析、污染物最终修复浓度、修复实施计划各种方案的协商、成本和修复计划执行情况的一种折中方案。顾问和承包商不能完全清除场地下的所有污染物，需要评估修复工作的安全风险和比较成本与效益。修复实施计划要基于准确的地下信息、采用政府导则规定的方式、可行的技术和预算而决定。考虑到即使是小规模的修复也面临着无数的法律、科学和工程问题，强求一个无法实现的修复目标既无效又费钱。使用有效的技术，获得足够的经费，并获得完整的场地水文地质信息，往往可使我们选择最佳的修复方案。

# 参考文献


Abdul, A. S. , Gibson, T. L. , and Rai, D. N. , 1990, Laboratory studies of the flow of some organic solvents and their aqueous solutions through bentonite and kaolin clays, *Ground Water*, 28, 524-533.

Aller, L. , Bennett, T. W. , Hackett, G. , Petty, R. J. , Lehr, J. H. , Sedoris, H. , Nielson, D. M. , and Denne, J. E. , 1989, *Handbook of Suggested Practices for the Design and Installation of Groundwater Monitoring Wells*, U. S. EPA, Las Vegas, NV, in cooperation with the National Water Well Association, Dublin, Ohio; EPA/600/4-89/034, 398pp.

Aller, L. T. , Bennett, T. , Lehr, J. H. , Petty, R. J. , and Hackett, G. , 1987, DRASTIC: a *Standardized System for Evaluating Groundwater Pollution Using Hydrogeologic Settings*, U. S. EPA, EPA/600/2-87/035.

American Society of Testing Methods, 1988, *Annual Book of ASTM Standards*, Section4, Construction, Vol. 04. 08, Soil and Rock, Building Stones; Geotextiles; Methods D 420-487, D 653-687, D 2487-2485, D 2488-2484; revised periodically, American Society of Testing Methods, Philadelphia.

Anderson, K. E. , 1993, *Ground Water Handbook*, National Groundwater Association, Dublin, Ohio, 401pp.

Association of Engineering Geologists, 1981, Professional Practices Handbook: Special Publication No. 5.

Barcelona, M. J. and Helfrich, J. A. , 1986, Well construction and purging effects on groundwater samples, *Environ. Sci. Technol.* , 20, 11, 1179-1184.

Barker, J. F. , Patrick, G. C. , and, Major, D. , 1987, Natural attenuation of aromatic hydrocarbons in a shallow sand aquifer, *Groundwater Monitoring Rev.* , 6, 64-71.

Bartow, G. and Davenport, C. , 1995, Pump-and-treat accomplishments: a review of the effectiveness of groundwater remediation in the Santa Clara Valley, California, *Groundwater Monitoring and Remediation*, 15, 140-146.

Bear, J. , Tsang, C. , and Marsily, G. , 1993, *Flow and Contaminant Transport in Fractured Rock*, Academic Press, San Diego, 560pp.

Behnke, J. , Palmer, C. M. , Peterson, D. , and Peterson, J. L. , 1990, *Groundwater Contamination and Field Investigation Methods*; Workshop Notebook, California State University, Chico.

Birkeland, P. W. , 1984, *Soils and Geomorphology*, Oxford University Press, New York, 372pp.

Bjerg, P. L., Rugge, K., Pederson, J. K., and Christensen, T. H. 1995, Distribution of redox-sensitive groundwater quality parameters downgradient of a landfill (Grindsted, Denmark), *Environmental Science and Technology*, 29, 1387-1394.

Blunt, D., Costello, S., and McCardell, B., 1988, Delineation and Remedial Action Planning-a spill of the-pesticides 2, 4-A and 2, 4, 5-T, in Proc. of Haymacon 88, Association of Bay Area Governments, Anaheim, 571-585.

Boulon, N. S., 1963, Analysis of data from non-equilibrium pumping tests allowing for delayed yield storage, Proceedings Institutional Civil Engineers, 26, 469-482.

Bouwer, H., 1989, The Bower and Rice Slug Test-An Update, *Groundwater*, 27, 304-309.

Bouwer, H., and Rice, R. C., 1976, A slug test for determining hydraulic conductivity of unconfined aquifers with completely or partially penetrating wells, *Water Resources Research*, 12, 3, 423-428.

Brusseau, M. L., 1993, Complex mixtures and groundwater quality: Environmental research brief, U. S. Environmental Protection Agency, EPA/600s-93/004, 15pp.

Casagrande, A., 1948, Classification and identification of soils, *Transactions*, *American Society of Civil Engineers*, 113、901-930.

Conrad, S. H., Hagan, E. F., and Wilson. J. L., 1987, Why are residual saturations of organic liquids different above and below the water table?, National Water Well Association Petroleum Hydrocarbon Conference, Houston, 19pp.

Cooper, H. H., Jr., Bredehoeft, J. D., and Papadopulas, I. S. 1967, Response of a finite-diameter well to an instantaneous charge of water, *Water Resources Research*, 3, 1, 263-269.

Cooper, H. S., Jr. and Jacob, C. E., 1946, A generalized method for evaluating formation constants and summarizing well-field history, Transactions American Geophysical Union, 27 (4), 526-534.

Creasey, C. L. and Dreiss, S., 1985, Soil water samplers: Do they significantly bias concentrations in water samplers?, in *Proc. NWWA Conf. on Characterization and Monitoring* of the Vadose (Unsaturated) Zone, Denver, Nov. 1985, 173-181.

Davis, S. H., 1987, What is hydrogeology?, *Groundwater*, 25, 2-3.

Davis, S. N. and DeWeist, R. J. M., 1966, *Hydrogeology*, John Wiley & Sons, New York, 463pp.

DeRuiter, J., 1982, The static cone penetrations test, state of the art report, in*Proc. 2nd European Symposium on Penetration Testing*, Amsterdam, Vol. 2. 389-405.

Domenico. P. A. and Schwartz, F. W., 1990, Physical and Chemical Hydrogeology, John Wiley & Sons, New York, 824pp.

Dragun. J., 1988, *The Soil Chemistry of Hazardous Waste*, Hazardous Materials Control Research Institute, Silver Spring, MD, 458pp.

Driscoll, F. G., 1986, *Groundwater and Wells*, 2nd ed., Johnson Filtration Systems, H. M. Smyth Co., St. Paul, MN, 1089pp.

Dunlap, L. E. , 1985, Sampling for trace level dissolved hydrocarbons from recovery wells rather than observation wells, *Proc. Petroleum Hydrocarbons and Organic Chemicals in Ground Water-Prevention, Detection, and Restoration*, 223-235.

Dupuit, J. , 1863, Etudies theroriques et pratiques sur le mouvement des eaux dans les canaux decouverts et a travers les terrains permeables: 2eme ed. , Dunot, Paris, 304pp.

Elliott, J. , *The Toxics Program Matrix 1988-1995* (California, Florida, Illinois, New Jersey, Ohio, Pennsylvania, Texas) with yearly updates, Specialty Publishers, Toronto, Canada. Everett, L. G. , Wilson, L. G. , and Hoylman, E. W. , 1984, Vadose Zone Monitoring for Hazardous Waste Sites, Noyes Data Corp. , Park Ridge, NJ, 360pp.

Ferris, J. G. and Knowles, D. B. , 1954, The slug-injection test for estimating the coefficient of transmissivity of an aquifer, U. S. Geological Survey Water Supply Paper 1536- J. Fetter, C. W. , J. , 1988, *Applied Hydrology*, C. E. Merrill, New York, 488pp.

Freeze, R. A. and Cherry, J. A. , 1979, *Groundwater*, Prentice- Hall. Englewood Cliffs, NJ, 604pp.

Gear, B. B. and Connelley, J. P. , 1985, Guidelines for monitoring well installation, in *5th National Symposium and Exposition on Aquifer Restoration and Groundwater Monitoring*, 83-104.

Gibs, J. and Imbrigiotta, T. E. , 1990, Well- purging criteria for sampling purgeable organic compounds, *Groundwater*, 28, 68-78.

Gierke, J. S. , Hutzler, N. J. , and Crittenden, J. C. , 1985, Modeling the movement of volatile organic chemicals in the unsaturated zone, in *Proc. NWWA Conf. on Characterization and Monitoring of the Vadose (Unsaturated) Zone*, No. 19-21, 352-371.

Gillham, R. W. and Cherry, J. A. , 1982, *Contaminant Migration in Saturated Unconsolidated Geologic Deposits*, Geological Society of America Special Paper 189, 31-62.

Gillham, R. W. , Baker, M. J. L. , Barker, J. F. , and Cherry, J. A. , 1983, *Groundwater Monitoring and Bias*, American Petroleum Institute Publication 4367, 206pp.

Glass, R. , Steenhur, E. , and Parlange, J. , 1988, Wetting front instability as a rapid and farreaching hydrologic process in the vadose zone, Journal of Contaminant Hydrology, 3, 207-226.

Gustafson, G. and Krasny, J. , 1994, Crystalline rock aquifers: Their occurrence, use and importance, *Applied Hydrogeology*, 2, 64-75.

Gymer, R. G. 1973, *Chemistry: An Ecological Approach*, Harper and Row, New York, 801pp.

Hackett, G. , 1987, Drilling and constructing monitoring wells with hollowstem augers: Part I-Drilling considerations, *Groundwater Monitoring Review*, 7, 51-62.

Hantush, M. S. , 1956, Analysis of data from pumping tests in leaky aquifers, American Geophysical Union Transactions, 37, 702-714.

Hantush, M. s. , 1960, Modification of the theory of leaky aquifers, *Journal of Geophysical Research*, 65, 3713-3725.

Hantush, M. S., 1962, Aquifer tests on partially penetrating wells, American Society of Civil Engineers Transactions, 127 (1), 284-308.

Harrill, J. R., 1970, Determining transmissivity from water-level recovery of a step-drawdown test, U. S. Geological Survey Professional Paper 700-C, C212-C213.

Hatheway, A. W., 1994, Computer modeling, Part 1; Accept its use and value with reasoned skepticism, in*Association of Engineering Geologists News*, 37 (winter), 31-34.

Healy, B., 1989, Monitoring well installation misconceptions about mud rotary drilling, in*National Drilling Buyers Guide*, U. S. Govt. Printing Office, Bonifay, FL, 24pp.

Heath, R. C., 1982, Basic *Groundwater Hydrology*, U. S. Geological Survey Water Supply Paper 2220, 85pp.

Heath, R. C., 1984, Ground-water Regions of the United States, U. S. Geological Survey Water Supply Paper 2242, 78pp.

Heath, R. C. and Trainer, F. W., 1981, *Introduction to Groundwater Hydrology*, Water Well Journal Publishing, 285pp.

Hem, J. D., 1985, Study and Interpretation of the Chemical Characteristics of Natural Water, U. S. Geological Supply Paper 2254, 3rd ed., USGPO, 263pp.

Hern, S. C. and Melancon, S. M., 1986, *Vadose Zone Modeling for Organic Pollutants*, Lewis Publishers, Chelsea, MI, 295pp.

Hillel, D., 1980, *Fundamentals of Soil Physics*, Academic Press, New York, 413pp.

Hitchon, B. and Bachu, S. Eds., 1988, Proc. 4th Canadian/American Conference on Hydrogeology. National Water Well Association, Dublin, Ohio, 283pp.

Hodapp, D., Sagebiel, J., and Teeter, S., 1989, *Introduction to Organic Chemistry for Hazardous Materials Management*, University of California, Davis.

Jacob, C. E., 1963, Correction of Drawdowns Caused by a Pumped Well Tapping Less than a Full Thickness of an Aquifer, U. S. Geological Survey Water Supply Paper1536-I, 272-282.

Jenkins, D. N. and Prentice, J. K., 1982. Theory of aquifer test analysis in fractured rocks under linear (nonradial) flow conditions, Ground Water, 20, 1-21.

Ji, W., Dahmani, A., Ahfeld, A., Lin, J., and Hill, E., 1994, Laboratory study of air sparging: Air flow visualization, *Groundwater Monitoring and Remediation*, 13, 115-126.

Johnson, R. L., Johnson, P. C., McWhorter. D. B., Hinchee, R. E., and Goodman, L., 1994, An overview of in situ air sparging, *Groundwater Monitoring and Remediation*. 13, 127-135.

Johnson, P. C., Kembloski, M. W., and Colthart, J. P., 1990a, Quantitative analysis for the cleanup of hydrocarbon contaminated soils by in-situ soil venting, Ground Water, 28, 403-412.

Johnson, P. C., Stanley, C. C., Kembloski. D. L. Byers, D. L., and Colthart, J. P., 1990b, A practical approach to the design. operation and monitoring of in situ soil-venting systems, *Groundwater Monitoring Review*, 10, 159-178.

Jopling, A. V. and McDonald, B. C., 1975, *Glaciofluvial and Glaciolacustrine Sedimentation*, Society of Economists, Paleontologists and Mineralogists Special Pub. No. 23, Tulsa, OK, 320pp.

Jury, W. A., Spencer, W. F., and Farmer, W. J., 1983, Use of model for predicting relative volatility, persistence, and mobility of pesticides and other trace organics in soil systems, in *Hazardous Assessment of Chemicals*, Vol. 2, Academic Press, New York.

Keely, J. F., 1982, Chemical time series sampling, *Groundwater Monitoring Review*, 2, 29-38.

Keely, J. F., 1984, Optimizing pumping strategies for contaminant sites and remedial actions, *Groundwater Monitoring Review*. 4, 63-74.

Keely, J. F., 1989, Performance evaluations of pump- and- treat remediations, U. S. EPA Groundwater Issue, October 1989, EPA/540/4-89/005, 19pp.

Keely, J. F. and Boateng, K., 1987, Monitoring well installation, purging and sampling techniques- Part I: Conceptualizations: Groundwater, 25. 300-313.

Keys, W. S. and MacCary, L. M., 1971, Application of Borehole Geophysics to Water Resource Investigations, Tech. of Water Resources Inv., U. S. Geological Survey, Chapter E1, Book 2.

Kostecki, P., Calabrese, E., and Oliver, T., 1995, State Summary of Cleanup Standards, *Soil and Groundwater Cleanup*, November, 16-54.

Kruseman, G. P. and DeRidder, N. A., 1990, Analysis and Evaluation of Pumping Test Data, ILRI- ISBN 90-70260-808, Bulletin No. 11, International Institute for Land Reclamation and Improvement, Wageningen, The Netherlands. 200pp.

Kueper, B. H., Redman, D., Starr, R. C., Reitsma, S., and Mah, M., 1993, A field experiment to study the behavior of tetrachloroethlyene below the water table: Spacial distribution of residual and pooled DNAPL, Ground Water, 31, pp. 756-766.

MacKay, D. M., Roberts, P. U., and Cherry, J. A., 1985, Transport of organic contaminants in groundwater, *Environmental Science ′Technology*, 19, 1-9.

Marbury, R. E. and Brazie, M. E., 1988, Groundwater Monitoring in Tight Formations, in Proc. 2nd Annual Outdoor Action Conference on Aquifer Restoration Groundwater Monitoring and Geophysical Methods, Vol. I, Las Vegas, NV, 483-492pp.

Maslia M. L. and Randolph, R. B., 1990, Methods and computer program documentation for determining anisotropic transmissivity tensor components of two- dimensional groundwater flow: U. S. Geological Survey Water Supply Paper 2308, 1-16.

Matthess, G., 1982, *The Properties of Groundwater*, John Wiley & Sons, New York, 406pp.

Mathewson, C. W., 1979, *Engineering Geology*, Charles E. Merrill, Columbus, OH, 450pp.

Mathewson, C. C., 1981, *Engineering Geology*, Bell & Howell Co., Columbus, OH, 410pp.

McAlony, T. A. and Barker, J. F., 1987, Volatilization losses of organics during groundwater sampling from low permeability materials, *Groundwater Monitoring Review*, 7, 63-68.

McCray, K. B. , 1986, Results of survey of monitoring well practices among groundwater professionals, *Groundwater Monitoring Review*, 6, 37-38.

McCray, K. B. , 1988, Contractors optimistic about monitoring business, *Water Well Journal, NWWA*, May, 45-47.

Merry, W. and Palmer, C. M. , 1985, Installation and performance of a vadose monitoring system, in *Conf. on Monitoring the Unsaturated (Vadose) Zone*, National Water well Association, Denver, 107-125.

Miller, D. W. , Ed. , 1980, *Waste Disposal Effects on Ground Water*, Premier Press, Berkeley, CA, 511-512.

Montgomery, J. H. and Welkom, L. M. , 1989, *Groundwater Chemicals Desk Reference*, Lewis Publishers, Chelsea, MI, 640pp.

Moore, J. W. and Ramamoorthy, S. , *Organic Chemicals in Natural Waters, Applied Monitoring and Impact Assessment*, Springer-Verlag, New York, 289pp.

Morris, D. A. and Johnson, A. I. , 1967, Summary of hydrologic and physical properties or rock and soil materials, as analyzed by the Hydrologic Laboratory of the U. S. Geological Survey 1948-1960, U. S. Geological Survey Water Supply Paper 1839-D, 42pp.

Morrison, R. D. , 1989, Uncertainties associated with the transport and sampling of contaminants in the vadose zone, paper presented at Association of Engineering Geologists Meeting, Sacramento, CA, March, 12pp.

Neretnieks, I. , 1993, Solute transport in fractured rock-Applications to radionuclide waste repositories, in*Flow and Contaminant Transport in Fractured Rock*, AcademicPress, San Diego, 39-128.

Neuman, S. P. , 1972, Theory of flow in unconfined aquifers considering delayed response of the water table, *Water Resources Research*, 8, 1031-1045.

Neuman, S. P. , 1975, Analysis of pumping test data from anisotropic unconfined aquifers considering delayed gravity response, *Water Resources Research*, 11 (2), 329-342.

Newsom, J. M. , 1985, Transport of organic compounds dissolved in ground water, *Ground water Monitoring Review*, 3, 41-48.

Nielson. , D. M. and Johnson, A. I. , Eds. , 1990, Groundwater and vadose zone monitoring,
American Standard Testing Methods Symposium, Albuquerque, American Society for Testing Materials, Ann Arbor, MI, 313pp.

Nielson. , D. M. and Teates G. L. , 1985, A comparison of sampling mechanisms available for small-diameter groundwater monitoring wells, in *5th National Symposium and Exposition on Aquifer Restoration and Groundwater Monitoring*, 237-270.

Norris, L. A. , 1966, Degradation of 2, 4-D and 2, 4, 5-T in forest litter. *Journal of Forestry*, 64, 475.

Norris, R. B. , Hinchee, R. E. , Brown, R. , Semprini, L. , Wilson, J. T. , Kampbell, D. H. , Reinhard, M. , BouWer, E. J. , Borden. R. C. , Vogel, E. J. , Thomas, J. M. , and Ward, C. W. , 1993, In-Situ Bioremediation of Groundwater and Geologic Materials: A Review of Technologies, U. S. EPA, EPA/600/R-93/124, 252pp.

Palmer. C. M. and Elliott, J. F. , 1989, Now My Land's Contaminated: Whom Must I Tell and What Must I Do?, in *Proc. Hazard*, *West*, *Long Beach*, *CA*, Tower-Boner Pub. , 537-539.

Palmer, C. M. Peterson, J. L. , and Behnke. J. , 1992, *Principles of Contaminant Hydrogeology*, Lewis Publishers. Chelsea. MI. 211pp.

Parker, B. L. , Gillham, R. W. , and Cherry. J. A. , 1994, Diffusive disappearance of immiscible-phase organic liquids in fractured geologic media, Ground Water, 32, 805-820.

Parker, L. V. , 1994, The effects of groundwater sampling devices on water quality: A literature review, *Groundwater Monitoring and Remediation*, 14, 120-129.

Patrick, R. , Ford, E. , and Quarles, J. , 1987, Federal statutes relevant to the protection of ground water, in *Legal Issues in Groundwater Protection.* American Law Institute-American Bar Association. Philadelphia, 6-45.

Pearsall, K. A. and Eckhardt. , D. A. V. , 1987, Effects of selected sampling equipment and procedures on the concentrations of Trichloroethylene and related compounds in ground water samples, *Groundwater Monitoring Review.* 6, 64-73.

Peterec, L. and Modesitt, C. , 1985, Pumping from multiple wells reduces water production requirements: Recovery of motor vehicle fuels, Long Island, NY, in *Proc. Petroleum Hydrocarbons and Organic Chemicals in Ground Water*-Prevention, Detecionand Restoration, 358-373.

Randall, A, D. , Francis, R. M. Frimpter. M, H. , and Emery, J. M. , 1988, Region 19, Northeastern Appalachians, in Back, W. , Rosenshein, J, S. , and Seaber, P. R. , 1988. Hydrogeology: Geological Society of America, The Geology of North America. Vol. 0-2, Geological Society of America, Boulder. CO, 177-188.

Reed, J. E. , 1980, Type curves for selected problems of flow to wells in contined aquifers. U. S. Geological Survey Techniques of Water Resources Inv. , book 3. chap, B3, 106. Reineck, H, E, and Singh. I. B. , 1986, *Depositional Sedimentary Environments*, Springer-Verlag, Berlin, 551pp.

Richards, D, B. , 1985, Ground-Water Information Manual: Coal Mine Permit Applications: U. S, Department of the Interior, Office of Surface Mining Reclamation and Enforcement, and U. S, Geological Survey, U. S, Government Printing Office, Washington, D. C. , 275pp.

Robbins, G, A, and Gemmell, M. M. , 1985, Factors requiring resolution in installing vadose zone monitoring systems. in *5th National Symposium and Exposition on Aquifer Restoration and Groundwater Monitoring*, 184-196.

Robertson, W, D, and Blowes, D, W. , 1995, Major ion and trace metal geochemistry of an acidic septic system plume in silt, *Ground Water*, 33, 275-283.

Rosenshein, J, S. , Gonthier, J, B. , and Allen, W, B. , 1968, Hydrologic characteristics and sustained yield of principal ground-water units, Potowomut-Wickford area, RhodeIsland,

U. S. Geological Survey Water Supply Paper 1775, 38pp.

Rugge, J., Bjerg, P, L., and Christensen, T, H., 1995, Distribution of organic compounds from municipal solid waste in the groundwater downgradient of a landfill (Grindsted, Denmark): *Environmental Science and Technology*, 29, 1395-1400.

Santa Clara Valley Water District, 1989, Investigation and remediation at fuel leak tanks-Guidelines for investigation and technical report preparation, San Jose, CA (March 1989 guidance documentation and later revisions).

Sara M. N., 1994, *Standard Handbook for Solid and Hazardous Waste Facility Assessments*, Lewis Publishers, Boca Raton, FL, sections 1-12.

Sax, N. I. and Lewis, R. J., 1987, *Hawley's Condensed Chemical Dictionary*, Van Nostrand Reinhold, New York, 2188pp.

Schmelling, S. G. and Ross, R. R., 1989, Contaminant transport in fractured media: Models for decision makers (EPA Superfund Issue Paper): U. S. Environmental Protection Agency, EPA/540/4-89/004, 9pp.

Schmidt, K. P., 1982, How representative are water samples collected from wells?, in Proc. of the 2nd National Symposium on Aquifer Restoration and Groundwater Monitoring, National Water Well Assoc., Columbus, OH, 117-128.

Schneider, W. J., 1970, Hydrologic implications of solid- waste disposal, U. S. Geological Survey Circular 601-F, 10pp.

Schwille, F., 1988, *Dense Chlorinated Solvents in Porous and Fractured Media*, Lewis Publishers, Chelsea, MI, 146pp.

Sen, Z., 1986, Aquifer test analysis in fractured rocks with linear flow paths: Ground Water, 24, in*Fracture Flow Anthology*, National Ground Water Association, April 1992, Dublin, Ohio, article 4.

Skoog, D. A. and West, D. M., 1971, *Principals of Instrumental Analysis*, Holt, Rinehart and Winston, New York, 710pp.

State of California, 1984 (1973), Design Manual, Department of Transportation (revised by University of California, Berkeley).

State of California, 1995, Title 23 Waters, Chapter 3, Subchapter 16- Underground Tank Regulations, articles 1-10.

Stephenson, D. A., Fleming, A. H., and Mickelson, D. M., 1988, Glacial deposits, in Back, W., Rosenshein, J. S., and Seaber, P. R., Eds., *Hydrogeology: Geological Society of America*, *The Geology of North America*, Geological Society of America, Boulder, CO, Vol. 0-2, 301-314.

Streltsova, T. D., 1974, Drawdown in a compressible unconfined aquifer, *Journal Hydraulics Division*, Proceedings of American Society of Civil Engineers, 100 (11), 1601-1616.

Sullivan, C. R., Zinner, R. E., and Hughes, J. P., 1988, The occurence of hydrocarbon on an unconfined aquifer and implications for liquid recovery, in NWWA Conference on Petroleum

Hydrocarbons, Houston, 135-155.

Sykes, A. L., McAllister, R. A., and Homolya, 1986, Sorption of organics by monitoring well construction materials, *Groundwater Monitoring Rev.*, 4, 44.

Testa, S. M. and Winegardner, D. L., 1991, *Restoration of Petroleum Contaminated Aquifers*, Lewis Publishers, Chelsea, MI, 269pp.

Theis, C. V., 1935, The relationship between the lowering of the piezometric surface and the rate and duration on a well using groundwater storage, American Geophysical Union Transactions, 16 (2), 519-524.

Todd, D. K., 1980, *Groundwater Hydrology*, 2nd ed., John Wiley & Sons, 535pp.

Toth, J., 1984, The role of regional gravity flow in the chemical and thermal evolution of groundwater, in 1*st Canadian/American Conf. on Hydrogeology*, Banff, Canada, 3-39.

Trussell, R. R. and DeBoer, J. G., 1983, Analytical Techniques for Volatile Organic Chemicals, in*Occurrence and Removal of Volatile Organic Chemicals from Drinking Water*, American Water Works Association, Coop. Research Dept., Denver, CO, 67-86.

University of Missouri, Rolla, 1981, Seminar for Drillers and Exploration Managers: Short Course Note Set, December 14-16, Phoenix.

U. O. P. Johnson, 1975, *Ground Water and Wells*, U. O. P. Johnson, Saint Paul, MN, 440pp.

U. S. Department of Agriculture, 1979, Field Manual for Research in Agricultural Hydrology, Ag. Handbook No. 224, 547pp.

U. S. Department of the Interior, 1981, Ground Water Manual- A Water Resources. Technical Publication: Water and Power Resources Service, U. S. Government Printing Office, Washington, D. C., 480pp.

U. S. Department of the Interior, 1985, Ground- Water Information Manual: Coal Mine Permit Applications, Vol. I by David B. Richards, Office of Surface Mining Reclamation and Enforcement.

U. S. Department of the Interior, 1990, Engineering Geology Field Manual: Bureau of Reclamation, Denver Office, Geology Branch, 598pp.

U. S. Environmental Protection Agency, 1984a, Permit Guidance Document on Unsaturated Zone Monitoring, for Hazardous Land Treatment Units, EPA/530-800-84-016.

U. S. Environmental Protection Agency, 1984b, Soil Properties Classification and Hydraulic Conductivity Testing, EPA SW-925.

U. S. Environmental Protection Agency, 1985a, Practical Guide for Groundwater Sampling, EPA/600/2-85/10.

U. S. Environmental Protection Agency, 1985b, Seminar Publication, September 1985, Protection of Public Water Supplies from Ground-water Contamination: EPA Center for Environmental Research, Cincinnati, EPA/625/4-85/016, 182pp.

U. S. Environmental Protection Agency, 1986a, EPA RCRA Ground-Water Monitoring Technical Enforcement Guidance Document, 246pp. (revised September 1992).

U. S. Environmental Protection Agency, 1986b, Test Methods for Evaluating Solid Waste Physical/Chemical Methods, EPA SW-846, Vols. 1A, 1B, and 1C.

U. S. Environmental Protection Agency (Aller, L. T., et al.), 1987a, Drastic: A Standardized System for Evaluating Ground Water Pollution Potential Using Hydrogeologic Settings. EPA-600/2-89-035, 455pp.

U. S. Environmental Protection Agency, 1987b, Underground Storage Tank Corrective Technologies, Hazardous Waste Engineering Research Laboratory, EPA/625/6-87-015.

U. S. Environmental Protection Agency, 1987c, Handbook: Groundwater, EPA/625/6- 87/016, 212pp.

U. S. Environmental Protection Agency. 1989, *Transport and Fate of Contaminants in the Subsurface*, Center for Environmental Research Information. Cincinnati. and RobertS. Kerr Environmental Laboratory. Ada, OK, 148pp.

U. S. Environmental Protection Agency, 1991a. Site Characterization for Subsurface Remediation, Seminar Publication, EPA/625/4-91/026, 228pp.

U. S. Environmental Protection Agency, 1991b. Description and Sampling of Contaminated Soils, a Pocket Guide, EPA/625/12-91/009, 122pp.

U. S. Environmental Protection Agency, 1992, RCRA Groundwater Monitoring: Draft Technical Guidance, Nov. 1992 revision, EPA/530-R-93-001.

U. S. Environmental Protection Agency, 1993a, Guidance for Evaluating the Technical Impracticability of Groundwater Restoration, Interim Final, September. Directive 9234. 2-25, 26pp.

U. S. Environmental Protection Agency, 1993b, Wellhead Protection: A Guide for Small Communities, Seminar Publication, EPA/625/R-93/002, 144pp.

U. S. Environmental Protection Agency, 1993c, Norris. R. D., Hirchee, R. E., Brown. R., McCarty. P. L., Semprini, L., Wilson, J. T., Kampbell. D. H., Reinhard. M., Bouwer, E. J., Borden. R. C., Vogel, T. M., Thomas, J. M. and Ward. C. W., In-Situ Bioremediation of Ground Water and Geological Material: A Review of Technologies, EPA/600/R-93/124, 252pp.

U. S. Environmental Protection Agency, 1994a, How to Evaluate Alternative Cleanup Technologies for Underground Storage Tank Sites: Solid Waste and Emergency Rcsponsc, Office of Underground Storage Tanks, EPA 510-B-94-003.

U. S. Environmental Protection Agency, 1994b, Superfund Innovative Technology Evaluation Program, Technology Profiles, 7th ed., November, EPA/540/R- 94/526 (and earlier releases).

U. S. Soil Conservation Service, 1978, Groundwater, Water Resources Publications, National Engineering Handbook, Section 18. Engineering Division, Washington, D. C., sections 1-6.

Vishner, G. S., 1965, Use of vertical profile in environmental reconstruction; *Bulletin of the American Association of Petroleum Geologists*, 49, 49-61.

Walton, W. C., 1962, Selected analytical methods for well and aquifer evaluation, Illinois State Water Survey Bulletin 49.

Walton, W. C., 1970, *Groundwater Resource* Evaluation, McGraw-Hill, New York, 664pp.

White, W. B., 1988, *Geomorphology and Hydrology of Karst Terrains*, Oxford University Press, Oxford, UK, 464pp.

Williamson, D. A., undated, *The Unified Rock Classification*, U. S. Forest Service, Williamette National Forest, Eugene, OR, 8pp.

Wilson, C. G., 1980, Monitoring in the Vadose Zone: a review of technical elements and methods, U. S. EPA, Las Vegas, EPA-600/7-80-134.

Wilson, D. D., 1994, Horizontal wells, *Water Well Journal*, 48, 45-47.

Wilson, D. D., 1995, Alternative technologies require new project skills, *Groundwater Monitoring and Remediation*, 15, 75-77.

Zemo, D. A., Bruya, J. E., and Graf, T. E., 1995, The application of petroleum hydrocarbon fingerprint characterization in site investigation and remediation, *Groundwater Monitoring and Remediation*, 15, 147-155.

# 附　　录

附表　单位换算因子（Conversion Factors）

| 英制单位 | 乘上单位换算因子 | 公制单位 |
| --- | --- | --- |
| acre | 0. 404 | $hm^2$ |
| acre ft | 1233 | $m^3$ |
| atmospheres | 14. 7 | $lb/in^2$ |
| British thermal units | 252 | cal |
| Btu | 1055 | J |
| $Btu/ft^3$ | 8905 | $cal/m^3$ |
| Btu/lb | 2. 32 | J/g |
| Btu/lb | 0. 555 | cal/g |
| Btu/sec | 1. 05 | kW |
| Btu/ton | 278 | cal/t |
| calories | 4. 18 | J |
| calories | $3.9\times10^{-3}$ | Btu |
| cal/g | 4. 19 | kJ/kg |
| $cal/m^3$ | $1.12\times10^{-4}$ | $Btu/ft^3$ |
| cal/tonne | $3.9\times10^{-3}$ | Btu/ton |
| in | 0. 0254 | m |
| feet | 0. 305 | m |
| ft/min | 0. 00508 | m/s |
| ft/sec | 0. 305 | m/s |
| $ft^2$ | 0. 0929 | $m^2$ |
| $ft^3$ | 0. 0283 | $m^3$ |
| $ft^3$ | 28. 3 | L |
| $ft^3/sec$ | 0. 0283 | $m^3/s$ |
| $ft^3/sec$ | 449 | gal/min |
| ft lb（force） | 1. 357 | J |
| ft lb（force） | 1. 357 | Nm |
| gallons | $3.78\times10^{-3}$ | $m^3$ |

续表

| 英制单位 | 乘上单位换算因子 | 公制单位 |
|---|---|---|
| gallons | 3. 78 | L |
| gal/day/$ft^2$ | 0. 0407 | $m^3$/（d・$m^2$） |
| gal/min | 2. 23×$10^{-3}$ | $ft^3$/s |
| gal/min | 0. 0631 | L/s |
| gal/min | 0. 227 | $m^3$/h |
| gal/min | 6. 31×$10^{-5}$ | $m^3$/s |
| gal/min/$ft^2$ | 2. 42 | $m^3$/（ch・$m^2$） |
| million gal/day | 43. 8 | L/s |
| million gal/day | 3785 | $m^3$/d |
| million gal/day | 0. 0438 | $m^3$/s |
| grams | 2. 2×$10^{-3}$ | lb |
| horse power | 0. 745 | kW |
| inches | 2. 54 | cm |
| inches of mercury | 0. 49 | lb/$in^2$ |
| inches of mercury | 3. 38×$10^3$ | N/$m^2$ |
| inches of water | 249 | N/$m^2$ |
| joule | 0. 239 | cal |
| joule | 9. 48×$10^{-4}$ | Btu |
| joule | 2. 78×$10^{-7}$ | kW・h |
| joule | 1 | Nm |
| J/g | 0. 430 | Btu/lb |
| J/sec | 1 | W |
| lb（mass） | 2. 2 | kilo grams |
| t | 1. 1×$10^{-3}$ | kg |
| g/$m^2$ | 0. 1 | kg/ha |
| kg/hr | 0. 998 | kg/hr |
| kg/$m^2$ | 2. 62×$10^{-3}$ | kg/$m^3$ |
| kJ | 3600 | kWh |
| $ft^3$ | 0. 0353 | liters |
| gal | 0. 264 | liters |
| gal/min | 15. 8 | liters/sec |
| mgd | 0. 0288 | liters/sec |
| ft | 3. 28 | meters |
| yd | 1. 094 | meters |

续表

| 英制单位 | 乘上单位换算因子 | 公制单位 |
| --- | --- | --- |
| ft/s | 3. 28 | m/sec |
| ft/min | 196. 8 | m/sec |
| $ft^2$ | 10. 74 | $m^2$ |
| $yd^2$ | 1. 196 | $m^2$ |
| $ft^3$ | 35. 3 | $m^3$ |
| gal（vs） | 264 | $m^3$ |
| $yd^3$ | 1. 31 | $m^3$ |
| gal/d | 264 | $m^3$/day |
| gpm | 4. 4 | $m^3$/hr |
| gpm | $6.38\times10^{-3}$ | $m^3$/hr |
| $ft^3$/s | 35. 31 | $m^3$/sec |
| gal/min | 15850 | $m^3$/sec |
| mgd | 22. 8 | $m^3$/sec |
| miles | 1. 61 | km |
| $mi^2$ | 2. 59 | $km^2$ |
| mph | 0. 447 | m/s |
| milligrms/liter | 0. 001 | kg/$m^3$ |
| million gallons | 3. 785 | $m^3$ |
| mgd | 43. 8 | L/s |
| mgd | 157 | $m^3$/h |
| mgd | 0. 0438 | $m^3$/s |
| newton | 0. 225 | lb（force） |
| newton/$m^2$ | $2.94\times10^{-4}$ | inHg |
| newton/$m^2$ | $1.4\times10^{-4}$ | lb/$in^2$ |
| newton meters | 1 | J |
| newton sec/$m^2$ | 10 | poise |
| pounds（force） | 4. 45 | N |
| pounds（force）/$in^2$ | 6895 | N/$m^2$ |
| pounds（mass） | 454 | g |
| pounds（mass） | 0. 454 | kg |
| pounds（mass）/$ft^2$/yr | 4. 89 | kg/（$m^2$ · a） |
| pounds（mass）/yr/$ft^3$ | 16. 0 | kg/（a · $m^3$） |
| pounds/acre | 1. 12 | kg/$hm^2$ |
| pounds/$ft^3$ | 16. 04 | kg/$m^3$ |

续表

| 英制单位 | 乘上单位换算因子 | 公制单位 |
|---|---|---|
| pounds/in$^2$ | 0.068 | atmospheres |
| pounds/in$^2$ | 2.04 | inHg |
| rad | 0.01 | Gy |
| rem | 0.01 | Sv |
| tons（2000Ib） | 0.907 | t（1000kg） |
| tons | 907 | kg |
| ton/acre | 2.24 | t/hm$^2$ |
| tonne（1000kg） | 1.10 | t（2000lb） |
| tonne/ha | 0.446 | t/acre |
| yd | 0.914 | m |
| yd$^3$ | 0.765 | m$^3$ |
| watt | 1 | J/s |

## 附录B　索引

续表

续表

续表

续表

续表

续表

续表

| 英文 | 中文 | 页次 |
| --- | --- | --- |
| Leakage | 渗漏 | 102 |
| Light nonaqueous phase liquid（LNAPL） | 轻质非水相液体 | 27 |
| Limits | 限制 | 143 |
| Location of monitoring wells | 监测井位置 | 71 |
| Locking box | 闭锁盒 | 77 |
| Logging | 日志 | 36 |
| Logistical problems | 后勤问题 | 43 |
| Low-permeability fracture skins | 低渗透性裂隙 | 35 |
| **M** | | |
| Macropore | 大孔隙 | 4 |
| Magnetometers | 磁力仪 | 46 |
| Match point method | 泰斯曲线拟合法 | 129 |
| Maximum Contaminant Levels（MCLs） | 最高污染物浓度值 | 148 |
| Meandering river（MR） | 曲流河 | 9 |
| Measurenent intervals | 测量间隔 | 126 |
| Metal casing | 钢制套 | 74 |
| Miniaquifers | 迷你含水层 | 5 |
| Miscibility | 溶解度 | 21 |
| Mixers | 混合物 | 25 |
| Monitoring | 监测 | 32 |
| Monitoring wells | 监测井 | 16 |
| Motor oil | 机油 | 25 |
| Mud rotary drilling | 泥浆旋转钻法 | 81 |
| Municipal contaminants | 城市污染物 | 19 |
| Municipal landfill leachate | 城市垃圾填埋场渗滤液 | 29 |
| **N** | | |
| Naphthalene | 萘 | 41 |
| National Ambient Water Quality Criteria（NAWQC） | 国家环境水质标准 | 111 |
| Natural attentuation | 自然衰减 | 150 |
| Natural leakage | 自然渗漏 | 35 |
| Negotiations | 谈判 | 100 |
| Nested completion | 巢式井 | 83 |
| Nitrate loading | 硝酸盐负荷 | 36 |
| Nonpumping tests | 非泵送试验 | 150 |
| Nonsaturated environments | 非饱和环境 | 95 |

续表

| 英文 | 中文 | 页次 |
| --- | --- | --- |
| **O** | | |
| Oils | 油类 | 115 |
| Optical electronic devices | 光电子仪器 | 92 |
| Organic carbon | 有机碳 | 114 |
| Organic chemicals | 有机化学品 | 156 |
| Oxbow lake | 牛轭湖 | 10 |
| Oxidation reaction | 氧化反应 | 21 |
| Oxidation/reduction reactions | 氧化还原反应 | 21 |
| **P** | | |
| Partition coefficient | 分配系数 | 20 |
| Partitioning | 划分 | 36 |
| Passive bioremediation | 被动的生物修复 | 150 |
| PCBs | 多氯联苯 | 30 |
| PCE | 四氯乙烯 | 30 |
| Peat deposits | 泥炭沉积物 | 10 |
| Penetrating screens | 贯穿式筛网 | 74 |
| Penetrometer | 贯穿仪 | 54 |
| Perched aquifers | 贯穿含水层 | 12 |
| Perched lens | 透镜状 | 5 |
| Perchloroethylene（PCE） | 四氯乙烯 | 30 |
| Permeability | 渗透率 | 1 |
| Permits | 许可证 | 38 |
| Pesticides | 农药 | 20 |
| Petroleum hydrocarbons | 石油碳氢化合物 | 151 |
| pH | 酸碱度 | 21 |
| Photochemical breakdown | 光化学分解 | 20 |
| Physiocochemical processes | 物理化学过程 | 20 |
| Plastic casing | 塑料套管 | 58 |
| Point bar deposit | 点砂坝沉积 | 64 |
| Polishing | 精制处理 | 149 |
| Polychlorinated biphenyls（PCBs） PCBs | 多氯联苯 | 30 |
| Polyvinyl chloride（PVC） | 聚氯乙烯 | 74 |
| Porosity | 孔隙率 | 47 |
| Portable analyzers | 便携式分析仪 | 24 |
| Potentially responsible parties（PRPs） | 潜在责任方 | 100 |

续表

续表

续表

续表

续表